国家自然科学基金项目(ID:71403255)

基于论文和专利资源的
技术机会发现方法

徐 硕 著

·北京·

图书在版编目（CIP）数据

基于论文和专利资源的技术机会发现方法 / 徐硕著. —北京：科学技术文献出版社，2018.1（2019.5重印）
ISBN 978-7-5189-3875-9

Ⅰ.①基… Ⅱ.①徐… Ⅲ.①论文—文献信息—信息资源—研究　②专利文献—文献信息—信息资源—研究　Ⅳ.① G312　② G306.4

中国版本图书馆 CIP 数据核字（2018）第 011241 号

基于论文和专利资源的技术机会发现方法

策划编辑：周国臻　　责任编辑：赵　斌　　责任校对：张吲哚　　责任出版：张志平

出 版 者	科学技术文献出版社
地 　　址	北京市复兴路15号　邮编 100038
编 务 部	（010）58882938，58882087（传真）
发 行 部	（010）58882868，58882870（传真）
邮 购 部	（010）58882873
官 方 网 址	www.stdp.com.cn
发 行 者	科学技术文献出版社发行　全国各地新华书店经销
印 刷 者	北京虎彩文化传播有限公司
版 　　次	2018年1月第1版　2019年5月第4次印刷
开 　　本	710×1000　1/16
字 　　数	232千
印 　　张	14.75
书 　　号	ISBN 978-7-5189-3875-9
定 　　价	68.00元

版权所有　违法必究

购买本社图书，凡字迹不清、缺页、倒页、脱页者，本社发行部负责调换

序　言

当前，全球技术发展日新月异，大量的技术创新活动为企业提供了比以往更多的技术发展机会，企业必须识别和把握可能出现的技术发展机会，才能提高企业的技术创新能力和国际竞争力。作为全球最大的技术信息源，论文信息资源通常被用于测度基础科学研究活动的水平，而专利信息资源则被用于测度产业技术的创新水平，具有生命力和潜在商业价值的技术机会在这两大信息源中通常会留下一定的足迹。因此，论文和专利信息资源的融合分析对于把握技术机会、理解科学和技术之间的联系、提高技术创新水平具有重要意义。

技术机会发现是指通过对特定领域内海量信息资源的深入挖掘和分析，在掌握已有技术发展趋势及其相互关系的同时，发现最新技术动向，推断该领域可能出现的技术形态或技术发展点。通过对论文和专利信息资源的融合分析，可以反映技术发展现状、挖掘研发热点、预测发展趋势、揭示竞争对手的技术实力与战略布局。

本书主要以作者带领团队所研发的大数据环境下多源信息融合的科技文献智能分析服务平台 SciTeMiner 为背景，系统阐述了该平台中技术机会分析模块所涉及的方法和技术。本书共分为四大部分：第一部分由第二章组成，主要涉及技术术语抽取方法研究；第二部分由第三章、第四章、第五章、第六章及第七章组成，主要研究技术术语间语义关系抽取方法；第三部分由第八章和第九章组成，主要探讨技术主题抽取及技术主题关联；第四部分由第十章、第十一章和第十二章组成，主要研判技术生命周期阶段及构建技术功效图。

本书得以顺利出版，要感谢国家自然科学基金的资助，同时，也要感谢作者原单位中国科学技术信息研究所，以及新单位北京工业大学各级领导和同事的大力支持。本书作者长期从事科学前沿探测、技术预见、数据挖掘、机器学习和大数据方面的研发工作，一直酝酿出版与技术机会发现方法有关的图书，但由于种种原因，直到今天才得以实现。本书凝聚了许多人的心血和智慧，在此要特别感谢中国科学技术信息研究所的韩红旗副研究员和张兆锋博士，以及本书作者曾指导过的研究生张晗、王新和王政同学。

由于作者水平所限，书中难免存在不足，欢迎读者批评指正。

目　录

第一章　绪　论 ··· 1
 1.1　背景及意义 ··· 1
 1.2　国内外研究现状 ·· 2
 1.3　平台及工具研发 ·· 7
 1.4　章节结构安排 ·· 9
 1.5　本章小节 ··· 11
 参考文献 ·· 11

第二章　专利技术术语抽取方法 ·· 16
 2.1　引　言 ··· 16
 2.2　术语的定义、分类和特征 ··· 16
 2.3　自动术语抽取的方法 ··· 19
 2.4　中文术语抽取研究的概述 ··· 21
 2.5　专利技术术语抽取模型 ·· 23
 2.6　实验结构及讨论 ··· 31
 2.7　本章小节 ··· 41
 参考文献 ·· 41

第三章　共现聚类分析的新方法：最大频繁项集挖掘 ································· 44
 3.1　引　言 ··· 44
 3.2　共现分析法 ··· 45
 3.3　最大频繁项集挖掘 ·· 50
 3.4　实验结果及讨论 ··· 53
 3.5　本章小结 ··· 56
 参考文献 ·· 56

第四章 基于双序列比对的中文术语语义相似度计算方法 …… 58

4.1 引 言 …… 58
4.2 《同义词词林》简介 …… 59
4.3 Ⅰ型问题的语义相似度计算 …… 61
4.4 Ⅱ型问题的语义相似度计算 …… 62
4.5 实验结果及讨论 …… 67
4.6 本章小结 …… 69
参考文献 …… 70

第五章 仅根据 Proximity 数据构建向量空间模型的方法 …… 72

5.1 引 言 …… 72
5.2 基于 MDS 的向量空间模型构建方法 …… 73
5.3 实验材料及数据 …… 76
5.4 实验结果及分析 …… 77
5.5 本章小结 …… 82
参考文献 …… 83

第六章 基于弱监督学习的语义关系抽取方法 …… 85

6.1 引 言 …… 85
6.2 国内外研究现状 …… 86
6.3 实体关系抽取模型 …… 91
6.4 实验结果及分析 …… 100
6.5 本章小结 …… 105
参考文献 …… 106

第七章 几种叙词表复杂逻辑错误检查算法研究 …… 109

7.1 引 言 …… 109
7.2 预备知识 …… 110
7.3 属/分关系中的逻辑错误检查算法 …… 111
7.4 参考关系中的逻辑错误检查算法 …… 113
7.5 本章小结 …… 115

参考文献……116

第八章 融合科技文献内外部特征的主题模型发展综述……117

8.1 引言……117
8.2 历史渊源及符号表示……119
8.3 融合科研人员特征……121
8.4 融合时间特征……126
8.5 融合参考文献特征……129
8.6 融合多个外部特征……133
8.7 本章小结……136
参考文献……137

第九章 论文和专利资源主题关联分析方法……141

9.1 引言……141
9.2 技术路线……142
9.3 技术主题抽取……143
9.4 词项和命名实体聚类……148
9.5 主题相似度计算……150
9.6 技术主题关联……152
9.7 实验结果及讨论……154
9.8 本章小节……159
参考文献……159

第十章 基于事实型数据的技术生命周期判断方法综述……164

10.1 引言……164
10.2 技术生命周期阶段划分……165
10.3 技术生命周期阶段判断方法……169
10.4 本章小结……177
参考文献……179

第十一章 面向情报技术领域的 Loglet 分析……182

11.1 引言……182

11.2 增长曲线模型 …………………………………………………… 183
11.3 实验数据选取 …………………………………………………… 186
11.4 LogletLab 简介 ………………………………………………… 190
11.5 实验结果及分析 ………………………………………………… 191
11.6 本章小结 ………………………………………………………… 195
参考文献 ……………………………………………………………… 195

第十二章 专利技术功效图智能构建进展 …………………………… 197

12.1 引 言 …………………………………………………………… 197
12.2 技术功效图概述 ………………………………………………… 198
12.3 技术功效图构建模式 …………………………………………… 200
12.4 关键技术研究进展 ……………………………………………… 203
12.5 本章小结 ………………………………………………………… 207
参考文献 ……………………………………………………………… 208

附录 1 词性说明 ……………………………………………………… 210
附录 2 FAO-780 数据集前 25 条高频术语组成的共现信息矩阵 C …… 212
附录 3 FAO-780 数据集挖掘得到的所有最大频繁项集 …………… 214
附录 4 原子术语及相应的编码 ……………………………………… 218

插图目录

图 1-1　技术机会分析工具截图 ⋯⋯⋯⋯⋯⋯⋯⋯⋯⋯⋯⋯⋯⋯⋯ 8
图 2-1　专利技术术语抽取模型 ⋯⋯⋯⋯⋯⋯⋯⋯⋯⋯⋯⋯⋯⋯ 24
图 2-2　某件燃料电池专利的名称和摘要 ⋯⋯⋯⋯⋯⋯⋯⋯⋯⋯ 26
图 2-3　某件燃料电池专利的名称、摘要分词和词性标注结果 ⋯⋯ 27
图 2-4　专利数据采集系统模型示意 ⋯⋯⋯⋯⋯⋯⋯⋯⋯⋯⋯⋯ 31
图 2-5　燃料电池技术术语各词长候选词语分布 ⋯⋯⋯⋯⋯⋯⋯ 32
图 2-6　C-value 和 PC-value 方法抽取的前 200 名不同
　　　　字长术语的对比 ⋯⋯⋯⋯⋯⋯⋯⋯⋯⋯⋯⋯⋯⋯⋯⋯ 34
图 2-7　C-value 和 PC-value 方法抽取术语的准确率对比 ⋯⋯⋯ 34
图 2-8　文档频率排名前 25 位的 3 字及以上技术术语 ⋯⋯⋯⋯⋯ 36
图 3-1　average-linkage 层次聚类过程 ⋯⋯⋯⋯⋯⋯⋯⋯⋯⋯⋯ 49
图 3-2　正确的 average-linkage 层次聚类结果 ⋯⋯⋯⋯⋯⋯⋯⋯ 50
图 3-3　项集 {A，B，C，D，E} 的子集空间 ⋯⋯⋯⋯⋯⋯⋯⋯ 52
图 3-4　项集 {A，B，D，E}、{A，C，D，E} 及
　　　　{B，C，D} 的子集空间 ⋯⋯⋯⋯⋯⋯⋯⋯⋯⋯⋯⋯⋯ 53
图 3-5　25 个高频术语通过共现聚类分析得到的聚类结果 ⋯⋯⋯ 54
图 4-1　《词林 2》五级分类结构示意 ⋯⋯⋯⋯⋯⋯⋯⋯⋯⋯⋯⋯ 60
图 4-2　与 c_1、c_2 有关的语义分类树片段 ⋯⋯⋯⋯⋯⋯⋯⋯⋯⋯ 61
图 4-3　组成 T_1 与 T_2 的原子术语间的对应关系 ⋯⋯⋯⋯⋯⋯⋯ 63
图 4-4　计算 T_1 与 T_2 间（a）及 T_3 与 T_4 间（b）最优比对的
　　　　打分矩阵 F ⋯⋯⋯⋯⋯⋯⋯⋯⋯⋯⋯⋯⋯⋯⋯⋯⋯⋯ 66
图 4-5　采用 NW 算法得到 T_1 与 T_2 间（a）及 T_3 与 T_4 间（b）的
　　　　对应关系，以及采用算法 1 得到的 T_1 与 T_2 间（c）及 T_3 与
　　　　T_4 间（d）的对应关系 ⋯⋯⋯⋯⋯⋯⋯⋯⋯⋯⋯⋯⋯⋯ 67
图 5-1　平面内 4 点及两两间的欧氏距离 ⋯⋯⋯⋯⋯⋯⋯⋯⋯⋯ 74
图 5-2　部分词汇的二维可视化表示 ⋯⋯⋯⋯⋯⋯⋯⋯⋯⋯⋯⋯ 77

图 5-3	对比实验路线 ··· 78
图 5-4	归一化 Rand 指标及聚类个数随参数 c 的变化 ············· 81
图 6-1	弱监督学习发展历程中的关键节点 ······························ 87
图 6-2	半监督学习训练过程 ··· 88
图 6-3	远程监督实体关系抽取可能遇到的各种情况 ··············· 90
图 6-4	Rel-LDA 和 Rel-TNG 模型的概率图模型表示 ············· 94
图 6-5	Type-LDA 模型的概率图模型表示 ······························ 97
图 6-6	Rel-LDA 和 Rel-TNG 模型的 F 值随语义关系数量 K 的变化情况 ··· 101
图 6-7	Type-LDA 和 Type-TNG 模型的 F 值随语义关系数量 K 和实体类型数量 $K^{(\mathrm{T})}$ 的变化情况 ······························ 102
图 6-8	4 种模型在 GENIA 数据集上的 F 值随"种子"文档比例变化的情况 ··· 104
图 6-9	4 种模型在 EPI 数据集上的 F 值随"种子"文档比例变化的情况 ··· 105
图 7-1	属/分关系中的逻辑错误示意 ······································ 112
图 7-2	参考关系中的逻辑错误示意 ·· 113
图 8-1	LDA 模型的概率图模型表示 ······································ 120
图 8-2	主题模型发展历程 ·· 120
图 8-3	AT 模型的概率图模型表示 ·· 121
图 8-4	ART 和 RART 模型的概率图模型表示 ······················ 123
图 8-5	APT 模型的概率图模型表示 ······································ 124
图 8-6	AIT 和 LIT 模型的概率图模型表示 ··························· 124
图 8-7	DTM 和 cDTM 模型的概率图模型表示 ····················· 127
图 8-8	ToT 模型的概率图模型表示 ······································ 128
图 8-9	Pairwise-Link-LDA 和 Link-pLSA-LDA 模型的概率图模型表示 ··· 130
图 8-10	RTM 模型的概率图模型表示 ···································· 131
图 8-11	LTHM 的概率图模型表示 ··· 132
图 8-12	ACT 和 AToT 模型的概率图模型表示 ······················ 134
图 8-13	coAT 和 CAT 模型的概率图模型表示 ······················ 135
图 9-1	标注命名实体的论文和专利样例 ······························ 143

图 9-2	论文和专利资源间主题关联分析技术路线	144
图 9-3	CorrLDA2 和 CCorrLDA2 模型的概率图模型表示	146
图 9-4	表 9-2 中论文和专利标题经过 Brown 聚类分析后得到的二叉树	150
图 9-5	词项聚簇、词汇主题、实体类别、实体主题以及实体聚簇组成的网络结构	151
图 9-6	论文和专利资源间的主题关联示意	154
图 9-7	论文资源中的技术主题 37	156
图 9-8	专利资源中的技术主题 45	157
图 9-9	论文与专利资源间的主题关联强度图谱	158
图 10-1	技术生命周期四阶段论	165
图 10-2	典型的四阶段论	166
图 10-3	高德纳公司的技术炒作曲线示意	168
图 10-4	韩国科学技术情报研究院研发的 InSciTe 系统截图	168
图 10-5	3 条等价曲线示意	169
图 10-6	技术就绪水平中技术成熟度的 9 个级别	170
图 10-7	专利技术生命周期图	172
图 10-8	相对增长率二维矩阵	173
图 10-9	监督判断法流程	174
图 10-10	表达式 ln(a) 和参数 b 的取值所对应的生命周期阶段	176
图 10-11	专利特性曲线	176
图 11-1	指数增长与 Logistic 增长曲线	184
图 11-2	菌落增长的 Logistic 增长曲线	185
图 11-3	Fisher-Pry 变换后菌落增长的 Logistic 增长曲线	186
图 11-4	Loglet Lab2 软件的工作界面	190
图 11-5	技术生命周期曲线分界点	192
图 11-6	论文总量、参与作者量、参与机构量、论文类型文献量的 Logistic 曲线拟合图	193
图 11-7	会议论文类型和有基金支持文献量的 Logistic 曲线拟合图	194
图 12-1	某技术主题的技术功效图	199
图 12-2	传统构建模式制作流程	201
图 12-3	智能构建模式流程	202

表格目录

表 2-1	中文术语构词规则	28
表 2-2	几个假术语例子	30
表 2-3	燃料电池技术术语候选词语的词长数量分布	32
表 2-4	燃料电池技术候选术语的词性分布	33
表 2-5	不同字长的文档频率前 5 名热点术语	35
表 2-6	燃料电池技术不同阶段的热点术语对比	37
表 2-7	增长率排名前 20 位的术语	38
表 2-8	下降率排名前 20 位的术语	39
表 2-9	只在一个阶段出现的术语	40
表 3-1	N 个高频术语形成的共词矩阵 C	46
表 3-2	用于共词分析的文档及对应的术语示例	49
表 3-3	FAO-780 数据集中标引术语数的分布情况	54
表 3-4	部分最大频繁项集挖掘结果	55
表 4-1	《词林 2》的词语编码表	61
表 4-2	实际应用中一些术语间的语义相似度	67
表 5-1	人工标注 ISTIC-NEV 分类的 1023 个词语的信息摘要	76
表 5-2	聚类结果 C 和 C' 形成的联列表	78
表 5-3	两种聚类结果的一致/不一致表	79
表 5-4	各种方法的聚类结果比较	82
表 6-1	与 "Gamma Knife" 和 "Elekta" 实体对有关的特征	91
表 6-2	语义关系抽取模型中的符号说明	92
表 6-3	GENIA 和 EPI 实验数据统计信息	101
表 6-4	GENIA 和 EPI 的准确率、召回率和 F 值	103
表 6-5	95% 置信度双尾配对样本 t 检验	103
表 7-1	逻辑错误列表	109
表 8-1	科技文献主要元数据及特征分类	118

表 8-2	符号及表示的意义	121
表 8-3	融合科研人员特征的主题模型比较	125
表 8-4	融合时间特征的主题模型的比较	128
表 8-5	融合参考文献特征的主题模型特点比较	133
表 9-1	实体主题模型中用到的符号及意义	144
表 9-2	两个论文和专利文档标题样例	149
表 9-3	论文和专利资源主题关联示例	153
表 9-4	CHEMDNER 和 CHEMDNER-patent 语料统计量信息	155
表 9-5	论文和专利资源主题关联效果比较	157
表 10-1	技术生命周期各阶段在论文和专利资源中的表现特征	170
表 10-2	专利指标的计算方法和含义	172
表 10-3	成长曲线及其特点	175
表 10-4	技术生命周期判断方法优缺点	177
表 11-1	2011 年国外图书情报类核心期刊的影响因子排名	187
表 11-2	文献统计分析归类实例	188
表 11-3	Logistic 拟合曲线参数	195
表 11-4	情报技术五阶段生命周期的分界点	195
表 12-1	构建模式对比	204

第一章 绪 论

1.1 背景及意义

当前,全球技术发展日新月异,大量的技术创新活动为企业提供了比以往更多的技术发展机会,企业必须识别和把握可能出现的技术发展机会,才能提高企业的技术创新能力和国际竞争力。论文和专利信息资源是全球最大的两个技术信息源,具有生命力和潜在商业价值的技术机会在这两大信息源中通常会留下一定的足迹,只是这些足迹不太明显,很难被觉察到,而且不同的信息资源揭示技术发展阶段的不同信息。

论文信息资源通常被用于测度基础科学研究活动的水平,而专利信息资源则被用于测度产业技术的创新水平,因此,论文和专利信息资源的融合分析对于把握技术机会、理解科学和技术之间的联系、提高技术创新水平具有重要意义,而且大量的实证研究[1-4]也表明,这两种资源的集成揭示分析有助于理解技术发展趋势、产学政关系、度量创新水平等。

技术机会发现是指通过对某领域内海量信息资源的深入挖掘和分析,在掌握已有技术发展趋势及其相互关系的同时,发现最新技术动向,推断该领域可能出现的技术形态或技术发展点。通过对论文和专利信息资源的融合分析,可以反映技术发展现状、挖掘研发热点、预测发展趋势、揭示竞争对手的技术实力与战略布局。

实际上,技术机会发现的有效性主要取决于两个因素:①多源异构信息资源的序化和关联程度。但在当前的文献服务体系中,论文与专利文献资源表现出明显的局部有序但整体无序的孤岛特征[5],两者之间没有进行有效的整合,造成了数据冗余、相互关联程度低,大量的信息孤岛出现。②数据分析与挖掘方法的效用。目前的研究及实证多是针对单一或同类信息资源,对多源异构信息资源尚缺乏有效的处理手段,导致分析结果存在较大偏差,从而经常错过真正有价值的技术机会。因此,有必要在增强论文和专利信息资源间的序化和关联程度的同时，突破多源异构信息资源深度融合分析的关键技术。

随着大数据时代的到来，机器学习和数据挖掘技术的飞速发展，以及新的技术机会发现理论和方法的涌现，为融合论文和专利信息资源的技术机会发现带来了新的机遇和挑战。相对于企业应用和产业政策制定的实际需求而言，对该问题的研究出现了较大的滞后，出现了大量如上所述的前沿问题有待人们加以解决，使得在多源异构信息的基础上发现技术机会成为一项极具研究意义的课题。把这些问题研究清楚，有助于洞察未来的技术机会，发现科学和技术之间的发展规律，为国家制定产业政策，为创新主体把握特定技术研发投资方向、寻找合适的战略合作伙伴等提供科技情报支撑。

1.2 国内外研究现状

从多源异构资源融合分析、技术机会发现及技术生命周期模型3个方面对国内外研究现状进行简单介绍。

1.2.1 在多源异构资源融合分析方面

20世纪70年代，CHI Research公司与美国国家科学基金委员会合作利用论文与专利指标评价公司的价值[6]。1980年，Narin团队[7]分析了专利对论文的引用在数量、时间和种类等方面的分布，有三大发现：当时美国专利对论文的引用很普遍，而且90%的引用都是基础和应用科学的论文，而非工程技术文献；专利所引用的论文平均发表于专利申请前的3~5年，而这个时滞与论文之间相互引用的时滞是相当的；专利引用的论文往往集中在SCI收录期刊的核心部分，这与论文引用很相似。Narin于1994年正式提出了"专利文献计量学"的概念（Patentometrics）[8]，并以专利分析与GDP之间的关系为例证，展示专利分析在研究国家生产方面的应用，说明包括专利分析在内的整个文献分析方法，都是技术创新研究的重要工具。Narin通过专利对论文的引用分析了技术与科学的联动。Leydesdorff等人[3,4]基于论文、专利及政策指标提出"产学官三螺旋管理"理论，探讨科学和技术之间存在的内在联系。

2005年，上海科技情报研究所整合发明专利申请和SCI论文收录情况，初步考察了中国高校的创新能力。2006年，清华大学涂俊和吴贵生运用三螺旋理论对中国校办企业和产学合作的问题进行了研究[9]。2008年，中国科学技术发展战略研究院刘辉锋和杨起全基于论文与专利指标评价当前我国的科技产出[10]。2009年，上海科技情报研究所卞志昕给出了固体氧化物燃料电池领域的专利—论文—时间曲线图[11-14]。谢黎等探讨了论文引用与专利引用的不同，研究表明，专利引用不同于科学论文引用。此外，专利引用的目的不同于论文引用的共享机制，它服务于竞争，而且不同的主体引用专利实现不同的功能[15]。

中国科学技术信息研究所赖院根和曾建勋提出了论文与专利资源的整合框架和链接方法[16,17]。本书作者提出了一种论文和专利资源领域深层主题关联分析的方法，针对新能源汽车领域构建了研究主题和发明主题的关联关系[18]；同时，本书作者以课题负责人身份曾承担"十二五"科技支撑计划课题"基于多源信息的电动汽车数据挖掘关键技术研究"。中国科学技术信息研究所佟贺丰[19]利用论文和专利结合分析了DNA测序技术领域，分析DNA测序技术是技术瓶颈而不是遭遇技术衰亡，同时预测了DNA测序技术的发展趋势：即论文数量可能在2010年前后再次达到一个高点，随后，约在2013年专利将达到高峰，可能有新的突破性测序技术产生，而在3年之后可能出现具有变革意义的新产品。

1.2.2 在技术机会发现方面

早在20世纪70年代，国外学者就提出使用专利资源来评估和预测技术的发展，但受当时资源条件限制，具体案例并不多见。随着国际文献数据库产业逐渐走向成熟，80年代中后期，利用大型电子文献数据库在科技政策领域开展文献计量研究逐渐发展起来，如美国斯坦福研究所在美国国家科学基金委员会的资助下，开展了对各国科技领域的分析研究[20,21]，包括1993年该所研究员Roberts对我国凝聚态物理和材料科学发展的评估报告等。

20世纪90年代起，佐治亚理工学院技术政策与评估中心由Porter领导的小组着手新兴技术识别方面的研究工作，提出了"技术机会分析"的概念[22]。Porter领导的小组将监测与文献计量分析相结合，并辅以专家智慧，提供对特定技术的见解。为说明可行性，Porter和Datampel以电子组装技术领域为例，借助具有独立知识产权的软件工具TOAK（Technology Opportunities Analysis Knowbot），介绍了对文献数据库进行技术机会分析的过程，后来该工具发展为成熟的商业化软件VantagePoint（https://www.thevantagepoint.com），并于近期将主要思想汇集成专著《通过大数据分析预测未来创新路径》[23]。Cantwell 和 Andersen 在构建技术创新指标体系时发现，专利增长速度越快，技术机会就越大[24,25]。

韩国科学技术情报研究院（KISTI）的 Jung 博士带领的团队以技术生命周期发现模型和技术成熟度模型为基础，提出了技术机会发现的新方法，并研发了智能科技信息服务系统 InSciTe[26,27]，在技术趋势分析和预测方面取得了较好的效果。本书作者在韩国 KISTI 做访问学者期间，与 Jung 博士及其团队成员进行了深入讨论和交流，基本掌握了 InSciTe 系统软件的工作原理。

国内的朱东华教授早在 1998 年就提出以科技管理为应用背景，结合应用数据网络、数据库分析等计算机技术，探索建立大规模数据采集、分析与专家评估相结合的技术机会分析系统化方法[28]。朱东华教授认为，该课题的研究可以对某些战略性技术领域进行动态跟踪、预警分析，提高对世界重大技术前沿的理解能力，为政府制定科技政策提供依据。2007 年，本书作者的博士后合作导师乔晓东研究员带领团队提出了基于科技文献的技术机会发现方法[29]。2012 年，冯仁涛等人[30]提出利用专利资源构建技术机会和技术产业化指标，探讨近 20 年来技术机会的分布及其与区域技术产业化的关系。

总体来说，技术机会发现正在形成一个相对系统、规范的研究范式，但是技术机会分析的理论及实证研究多是针对单一或同类科技信息资源开展的，没有充分利用多源异构资源的多维性和功能的多元性，也缺乏综合、系统的观点分析技术发展问题，所得结论较显单薄。同时，近年来涌现了新的技术机会发现理论和方法（以韩国 KISTI 为代表），为融合多源异构资源的技术机会发现带来了新的机遇。

1.2.3 在技术生命周期模型方面

每种事物都遵循自然发展的规律，要经历从萌芽到衰退的过程，技术本身也不例外。技术生命周期模型最初是由 Little 于 1981 年提出的，是指通过竞争影响力和产品或过程的整合力来衡量技术变化的过程[31]。判断技术生命周期，跟踪技术发展，了解技术各个阶段的发展特点，是在整个技术发展变革中有力的事实依据。随着技术的不断发展，技术作为产品的重要组成部分，已经成为决策者需要考虑的主要决策依据[32]。

关于技术生命周期阶段的划分理论，目前主流的观点有两种：四阶段论和五阶段论。四阶段论又进一步分为社会四阶段论[33-35]和自然四阶段论[34-36]。社会四阶段论与本课题的研究工作稍远一些，自然四阶段论的创始人是 Foster 教授[37]，他首先以时间与技术绩效为坐标轴，描绘出技术发展趋势，发现技术发展开始很缓慢，随后加速。由于极限的限制，增速不可避免地下降，与生物发展相似，呈典型的 S 形曲线状。自然四阶段论认为[38-41]，由于早期产业竞争和技术的不确定性，技术发展缓慢（萌芽期）；当技术发展的障碍得以解决，技术迅速发展（成长期）；当越来越接近外界的自然限制时，发展速度开始降低（成熟期）；技术变革和其他因素最终导致技术进入衰退的状态（衰退期）。

五阶段论比较有代表性的是著名咨询公司 Gartner 提出的 Hype Cycle 及韩国 KISTI 研发的 InSciTe 系统[26,27]。Gartner 认为，典型的新技术从出现到成为主流技术并不是简单上升的，而是经过一个相对曲折的过程。Gartner 将该过程分为 5 个典型阶段：技术触发期（Technology Trigger）、期望膨胀期（Peak of Inflated Expectations）、幻觉破灭期（Trough of Disillusionment）、复苏期（Slope of Enlightenment）、平稳成熟期（Plateau of Productivity）。通常，处于期望膨胀期并不意味着有高的市场份额，而在平稳成熟期的技术和产品将会有机会占据主要的市场份额。韩国 KISTI 的 InSciTe 系统是在 Gartner 五阶段论研究的基础上，利用决策树和统计特征分析的方法绘制了技术生命周期图，并将新兴技术标识在生命周期曲线上。

为判断特定技术所处的生命周期阶段，Makovetskaya 和 Bernadsky[42]以论文、专利和标准之间的数量比例关系为依托，Robert 和 Porter[43]将 9 种不同类型的出版物特征值指标对应于技术生命周期的不同阶段，认为一项技术从科学走向市场，其技术的生命周期可由不同出版物中的相应指标来衡量，并提出用 SCI 检索系统收录论文提取该技术相关联的科学研究成果、用 EI 检索系统收录论文代表工程技术、用专利代表应用技术、用报纸摘要代表市场信息。本书作者指导硕士研究生王新对基于事实型数据的技术生命周期阶段判别方法进行了全面梳理、分类，分析了每类方法的优缺点[34]，并开展了情报学领域相关技术生命周期阶段判别的实证研究[35]。

总体说来，国内外在技术生命周期模型方面开展了一些方法与工具的研究工作，并取得了一些阶段性成果，其中，Gartner 公司及韩国 KISTI 研发的 InSciTe 系统软件对本课题启示较大。直观上，类似技术应该符合类似的技术生命周期规律，同一技术的不同阶段应该存在一定的潜在联系。但是，目前许多技术生命周期阶段判别方法通常只考虑前者，而忽略了后者。

1.2.4 在技术主题演化分析方面

科技文献资源包含大量的隐含信息，如词与词之间的潜在语义关系、文献主题与作者的关系（作者的研究兴趣）和研究热点的兴起、成熟到逐渐衰退的过程等。传统的信息分析方法难以捕获这些潜在信息，因此无法满足用户对科技信息深层次的需求。近年来，以 Blei 等人提出的 LDA（Latent Dirichlet Allocation）模型[44,45]为代表的产生式模型在表示文档、模拟文档产生过程、处理文档降维、挖掘文档中隐含信息等方面取得了长足进步，已经被广泛应用于信息抽取、社会媒体挖掘和学术挖掘等领域。

2006 年，Blei 等人借助时间序列分析方法构建了 DTM（Dynamic Topic Model）模型[46]，将时间因素有机集成到主题模型中。DTM 将整个文档集划分到不同的时间窗口中，利用 LDA 模型对每个窗口内的文档子集进行建模分析。为降低计算复杂度，假设当前时间窗口的模型参数仅与前一时间窗口的模型参数有关，即不同时间窗口的模型参数服从一阶马尔科夫假设，最后利用状态空间模型实现主题演化分析。不过，由于 DTM 模型对时间的离散化处理，使得该模型的实际效果对时间粒度特别敏感。为此，Wang 等人利用布朗运动模型将文本的时间戳信息引入参数演化过程中，构建了连续时间版本的 DTM 模型（cDTM）模型[47]。然而，大量研究表明[48-50]，主题的演化过程经常呈现跳跃性，也就是说主题演化并不一定服从一阶马尔科夫假设。考虑到贝塔分布密度函数的形状比高斯分布更丰富，Wang 等假设时间服从贝塔分布，提出了与马尔科夫假设无关的 ToT（Topic over Time）模型[51]。

在科研人员研究兴趣挖掘方面，Rosen-Zvi 等人在 LDA 模型中引入作者隐变量，用作者—主题分布取代 LDA 模型中文档—主题分布，提出了 AT（Author Topic）模型[52-54]。该模型可以有效地挖掘作者与主题之间的联系，即科研人员的研究兴趣。然而，该模型隐式地假设每个科研人员只有一个研究兴趣，这有悖于实际情况。为克服这一限制，Mimno 等人在 AT 模型的基础上构建了 APT（Author Persona Topic）模型[55]。该模型将"身份"（Persona）与研究兴趣相对应，并给出了一种估计研究兴趣个数的启发式方法。实际上，AT 和 APT 模型在挖掘科研人员的研究兴趣时，只考虑了其撰写的文献（无论第几作者），而丢弃了与其研究兴趣类似的其他科研人员所撰写的文献。换句话说，AT 和 APT 模型是在局部而非全局信息的基础上挖掘科研人员的研究兴趣。Kawamae 提出的 AIT（Author Interest Topic）模型[56]，通过"文档类"的概念放宽了这种限制。本书作者在 AT 和 ToT 模型的基础上构建了作者主题演化（AToT）模型[57-59]，该模型集成了 AT 和 ToT 模型的优势，不仅可以揭示科技文献中隐含的主题、作者的研究兴趣，而且可以挖掘研究兴趣随时间变化的规律。

综上所述，现有技术主题演化分析工作主要以论文资源为研究对象，鲜有涉及专利资源，更没有基于多源异构信息的技术主题演化分析。本书将探讨构建论文资源的研究主题与专利资源的发明主题间的关联关系，并在此基础上开展技术主题的演化分析工作。

1.3 平台及工具研发

本书作者受国家自然科学基金"基于论文和专利资源的技术机会发现方法研究"（ID：71403255）和"十二五"科技支撑计划"基于多源信息的电动汽车数据挖掘关键技术研究"等项目资助，带领团队成功研发了大数据环境下多源信息融合的科技文献智能分析服务平台 SciTeMiner。该平台有机集成了维基百科、科技类新闻、国际期刊论文、会议论文及专利题录数据，并规范了大量的人名、机构名及相应的专业术语，构建了领域本体和科研本体相融合的本体模型，并成功应用于 6 个领域：可再生能源和可替代技术、水稻、肿瘤、光电、煤化工、生物医药。

目前，SciTeMiner 平台可提供的功能主要包括 5 个方面：①领域专家分析，查询专家的个人简历，揭示专家的合作网络关系及研究兴趣演化情况，同时推荐具有类似研究兴趣的专家等；②文献分析，查询特定文献的基本信息，揭示该文献中涉及的技术主题及其分布情况、提及的技术所处的技术生命周期阶段，同时推荐具有类似技术主题内容的其他文献等；③技术主题分析，深入揭示特定领域涉及的技术主题、相应的热点词汇及技术主题的演化规律，同时一体化地展示与技术主题相关的领域专家、母体文献、论文、专利和网页等信息；④机构分析，结合论文和专利等资源，绘制特定机构的技术研发轨迹图，揭示其核心技术，以及其看好的具有一定市场前景的技术等；⑤技术机会分析，将技术划分为 5 个阶段：萌芽期、膨胀期、转折期、稳步上升期和成熟期。绘制特定领域技术成熟度曲线，展示特定技术及相关技术所处的阶段和达到成熟期所需要的大致时间等，如图1-1所示。

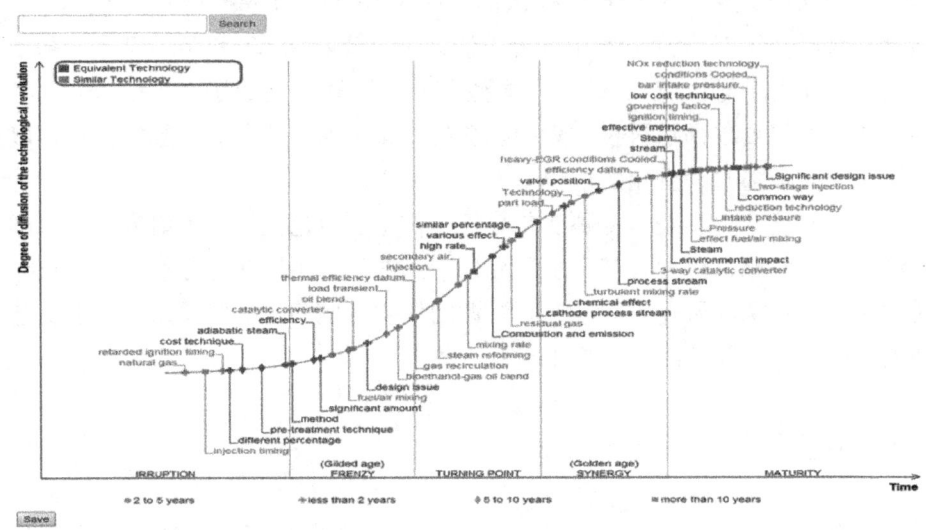

图1-1　技术机会分析工具截图

图1-1绘制了"可再生能源与可替代技术"领域与"gas recirculation"有关的技术成熟度曲线，描述了该技术从诞生到成熟的过程，并将现有各种技术及相关技术所处的发展阶段标注在图上，可以从一定程度上预测行业下一步的发展，为项目立项和资金投入提供一定的参考。该图参照Gartner公司的Hype Cycle曲线模型，将技术分为5个阶段：萌芽期、膨胀期、转折期、稳步上升期和成熟期。

萌芽期和膨胀期：属于理论研究阶段，以基础理论研究为主，理论突破频繁、成果大量涌现。转折期：基础理论基本成熟，研究成果的总量已经很多，理论探索空间越来越小。此后，理论工作者对该项技术的关注程度逐渐降低，而此时，该项技术在产业上的应用尚未成熟。稳步上升期：随着新技术在产业应用中的逐渐成功，产业技术的研究热潮使得该项技术的受关注程度再次增加，并将其带入一个持续发展的上升期。相对于理论研究而言，产业技术研究的内容要细致和深入得多。成熟期：随着基本产业技术的成熟，应用技术研究进入稳定应用期。

为了绘制各项技术的成熟度曲线，需要从论文和专利资源中抽取技术术语及技术术语间的语义关系，通过论文和专利资源的相关指标（如相对增长率等）的计算，利用技术术语和指标建立相应的关联矩阵，并通过机器学习算法确定技术所处的阶段及达到成熟期所需要的大致时间。

1.4 章节结构安排

本书详细描述了图 1-1 中技术机会分析模块所涉及的方法和技术，共分为四大部分：第一部分由第二章组成，主要涉及技术术语抽取方法研究；第二部分由第三章、第四章、第五章、第六章及第七章组成，主要关于技术术语间语义关系抽取方法；第三部分由第八章和第九章组成，主要探讨技术主题抽取及技术主题关联；第四部分由第十章、第十一章和第十二章组成，主要研判技术生命周期阶段及构建技术功效图。

第一章：为绪论部分，主要介绍本书的研究背景与研究意义，综述了国内外研究现状，并简单介绍了本书作者带领团队所研发的平台及工具，最后给出了本书的章节结构。

第二章：技术术语是进行技术机会发现研究的最基本要素，本章从技术术语定义、分类和特征入手，综述了目前常用的技术术语抽取，特别是中文技术术语抽取方法，在 C-value 方法的基础上提出了 PC-value 方法，有效解决了专利技术术语的抽取问题。

第三章：对于生背景语料，可通过一定方式对其进行术语抽取或标引，然后进行共现分析。然而，经仔细分析发现，传统共现分析法在术语收集阶段和共现频率计算阶段都存在一定的问题，本章引入了关联规则挖掘中的最大频繁项集挖掘法，可以很好地克服这些问题。

第四章、第五章：给定语义知识库的条件下，计算复合术语间语义相似的传统方法做了一个隐式假设，即假设组成两个复合术语的原子术语的顺序大体是一致的。然而，实际应用中许多术语对并不满足这一假设，针对这种情形，提出了一种全局双序列比对的语义相似度计算方法。并在此基础上，利用多维尺度分析法将术语映射到一个高维空间，从而方便在该空间内进行聚类分析。

第六章：为了从大量无结构或者半结构的语料中构建知识库或知识图谱，弱监督语义关系抽取方法得到了迅速发展。Rel-LDA 和 Type-LDA 模型将语义关系抽取问题建模为主题挖掘问题，明显提升了语义关系抽取模型的效果，扩大了概率主题模型的适用范围。本章工作受 Rel-LDA、Type-LDA 及 TNG 模型的启发，提出了 Rel-TNG 和 Type-TNG 模型，并给出了吉布斯采样算法，有机融合了多元语法特征，使其更符合实际情形。

第七章：尽管本书提出了许多技术术语语义关系（半）自动构建方法，但其中仍然会涉及一定的手工构建工作，如关系的明晰和细化，因此，难免会出现各种逻辑错误。本章借助图论的相关知识，设计了几种复杂的逻辑错误检验算法，并给出了相应的时间复杂度分析。

第八章：以 LDA 为代表的主题模型经常被用于抽取技术主题，并且随着研究的不断深入，产生了大量有代表性的研究成果。本章从融合单一外部特征和同时融合多个外部特征两个角度综述了一些典型主题模型，并对其进行了客观分析和评价。所涉及的外部特征主要包括：科研人员、时间、参考文献、母体文献及合著关系等。经本文深入分析发现，目前融合单一外部特征的主题模型研究已经趋于成熟，而同时融合多个外部特征的主题模型研究仍处于起步阶段，应加大研发力度。

第九章：为了理解科学与技术之间的关系，本章致力于构建论文和专利资源之间的主题关联关系，提出了一种新的统计实体主题模型（CCorrLDA2 模型）用于揭示论文和专利资源中的技术主题，利用吉布斯采样算法估计模型的参数。而且，为了减缓论文和专利资源的异构性对主题相似度计算带来的负面影响，在计算主题相似度之前对单词和命名实体进行聚类分析，然后将主题关联问题变换为最优运输问题进行求解。本章的主题关联类似于超链接，源于任意资源的每个主题都可以链接到另外一种资源的多个主题，而且主题关联是非对称的。

第十章：了解技术所处的生命周期，跟踪技术发展，是技术决策者的主要决策依据，也是整个技术发展变革中有力的事实支撑。本章综述了技术生命周期阶段划分方法论，分析了科技论文和专利两大科研产出事实型数据在各阶段的表现；随后归纳了常用的技术生命周期判断方法，分析各个方法的优缺点，并形成系统的方法体系。

第十一章：情报技术的快速发展，给整个情报工作的开展注入新的生机与活力。了解情报技术的生命周期，跟踪情报技术的发展轨迹，是更好利用情报技术的基础。国内外对于技术生命周期的判断主要是基于专利文献，而期刊文献作为理论研究的重要载体，往往被忽略，本章尝试利用 Loglet 分析技术从期刊文献的角度对情报技术的发展进行深入分析。

第十二章：为了分析技术功效图智能构建存在的问题和挑战，从而提出研究建议，明确未来研究方向，本章在梳理技术功效图基本概念和应用基础上，分析智能构建模式和关键技术研究进展，综合分析目前存在的问题，提出了针对性的建议，以便促进技术功效图在技术机会发现方面的应用研究。

1.5 本章小节

论文和专利信息资源是全球最大的两个技术信息源，具有生命力和潜在商业价值的技术机会在这两大信息源中通常会留下一定的足迹，因此，论文和专利信息资源的融合分析对于把握技术机会、理解科学和技术之间的联系、提高技术创新水平具有重要意义。本章从多源异构资源融合分析、技术机会发现、技术生命周期模型及技术主题演化分析等方面综述了国内外研究现状，并简单介绍了本书作者带领团队所研发的平台及工具，最后给出了本书的章节结构。

参 考 文 献

［1］Jibu M. An analysis of the achievements of JST operations through scientific patenting：Linkage between patents and scientific papers ［C］// Proceedings of the Conference on Science and Innovation Policy，Atlanta，2011：1－7.

［2］Lee M，Lee S，Kim J，et al. Decision-making support service based on technology opportunity discovery model ［C］// Kim T H，Adeli H，Ma J，et al，editors. FGIT-UNESST 2011，Communications in Computer and Information Science，2011（264）：263－268.

［3］Leydesdorff L，Meyer M. The scientometrics of a triple helix of university-industry-government relations ［J］. Scientometrics，2007，70（2）：207－222.

［4］Leydesdorff L. The triple helix of university-industry-government relations ［J］. Scientometrics，2003，58（2）：191－203.

［5］马文峰，杜小勇. 数字资源整合：理论、方法与应用 ［M］. 北京：北京图书馆出版社，2007.

［6］钟士芳. 专利计量的由来与发展历史 ［EB/OL］.（2008－12－29）. http://www.slideshare.net/pychou/ss-1739200.

［7］Carpenter M P，Cooper M，Narin F. Linkage between basic research literature and patents ［J］. Research Management，1980，23（2）：30－35.

［8］Narin F. Patent bibliomatrics ［J］. Scientometrics，1994，30（1）：147－155.

[9] 涂俊, 吴贵生. 三重螺旋模型及其在我国的应用初探 [J]. 科研管理, 2006, 27 (3): 75-80.

[10] 刘辉锋, 杨起全. 基于论文与专利指标评价当前我国的科技产出 [J]. 科技管理研究, 2008, 28 (8): 48-50.

[11] 卞志昕. 固体氧化物燃料电池专利分析 (一): 国内外整体发展态势对比 [EB/OL]. (2009-12-04). http://www.istis.sh.cn/list/list.aspx?id=6327.

[12] 卞志昕. 固体氧化物燃料电池专利分析 (二): 区域分布 [EB/OL]. (2009-12-04). http://www.istis.sh.cn/list/list.aspx?id=6328.

[13] 卞志昕. 固体氧化物燃料电池专利分析 (三): 竞争对手分析 [EB/OL]. (2009-12-04). http://www.istis.sh.cn/list/list.aspx?id=6335.

[14] 卞志昕. 固体氧化物燃料电池专利分析 (四): 技术布局与发展趋势 [EB/OL]. (2009-12-04). http://www.istis.sh.cn/list/list.aspx?id=6351.

[15] 谢黎, 邓勇, 张苏闽. 论文引用与专利引用比较研究 [J]. 情报杂志, 2012, 31 (4): 19-22.

[16] 赖院根, 曾建勋. 期刊论文与专利文献的整合框架研究 [J]. 图书情报工作, 2010, 54 (4): 109-112.

[17] 赖院根. 期刊论文与专利文献的链接研究 [J]. 图书情报知识, 2011 (1): 63-69.

[18] Xu S, Zhu L, Qiao X, et al. Topic linkages between papers and patents [C]// Proceedings of the 4th AST International Conference on Advanced Science and Technology, SERSC, Daejeon, 2012: 176-183.

[19] 佟贺丰. 情报分析与战略研究实践 [R]. 中国科学技术信息研究所, 2010.

[20] Kostoff R N. Database tomography: Origins and applications [J]. Competitive Intelligence Review, 1994, 5 (1): 7-12.

[21] Kostoff R N. Research impact quantification [J]. R&D Management, 1994, 24 (3): 9-13.

[22] Porter A L, Detampel M J. Technology opportunities analysis [J]. Technological Forecasting and Social Change, 1995, 49 (3): 237-255.

[23] Daim T U, Chiavetta D, Porter A L, et al. Anticipating future innovation pathways through large data analysis [M]. Berlin: Springer, 2016.

[24] Cantwell J, Andersen B. A statistical analysis of corporate technological leadership historically [J]. Economics of Innovation and New Technology, 1996, 4 (3): 211-234.

[25] Shapira P, Gök A, Salehi F. Graphene enterprise: Mapping innovation and business development in a strategic emerging technology [J]. Journal of Nanoparticle Research, 2016, 18 (9): 269.

[26] Jung K, Hwang M, Jeong D-H, et al. Technology trends analysis and forecasting application based on decision tree and statistical feature analysis [J]. Expert Systems with Applications, 2012, 39 (16): 12618-12625.

[27] Jung K, Jeong D-H, Lee D H, et al. User-centered innovative technology analysis and prediction application in mobile environment [J]. Multimedia Tools and Applications, 2015, 74 (20): 8761-8779.

[28] 朱东华, 吴慈生, 毛家杰. 基于数据网络环境的技术机会分析 [J]. 工业工程, 1998, 1 (4): 14-17.

[29] 李辉, 乔晓东. 基于科技文献的技术机会分析方法初探 [J]. 情报杂志, 2007, 26 (5): 74-76.

[30] 冯仁涛, 余翔, 金泳锋. 基于专利情报的技术机会与区域技术专业化分析 [J]. 情报杂志, 2012, 31 (6): 13-18.

[31] Little A D. The strategic management of technology [M]. Cambridge: Cambridge Mass, 1981: 321-324.

[32] Kaplan S, Tripsas M. Thinking about technology: Applying a cognitive lens to technical change [J]. Researcher Policy, 2008, 37 (5): 790-805.

[33] Anderson P, Tushman M L. Technological discontinuities and dominant designs: A cyclical model of technological change [J]. Administrative Science Quarterly, 1990, 35 (4): 604-633.

[34] 王新, 乔晓东, 徐硕, 等. 基于事实型数据的技术生命周期判断方法综述 [J]. 数据图书馆论坛, 2013 (12): 35-42.

[35] 王新. 基于期刊论文的情报技术生命周期判断研究 [D]. 北京: 中国科学技术信息研究所, 2013.

[36] Ford D, Ryan C. Taking technology to market [J]. Harvard Business Review, 1981, 59 (2): 117-126.

[37] Foster R N. Innovation: The attacker's advantage [M]. New York: Summit Books, 1986.

[38] Haupt R, Kloyer M, Lange M. Patent indicators for the technology life cycle development [J]. Research Policy, 2007, 36 (3): 387-398.

[39] Campbell R S. Patent trends as a technological forecasting tool [J]. World Patent Information, 1983, 5 (3): 137-143.

[40] 高丽丹. 基于专利文献的技术生命周期分析模式研究 [D]. 西安: 西安交通大学, 2008.

[41] Gao L, Porter A L, Wang J, et al. Technology life cycle analysis method based on patent documents [J]. Technological Forecasting and Social Change, 2013, 80 (3): 398-

407.

[42] Makovetskaya O, Bernadsky V. Scientometric indicator for indentification of technology system life cycle phase [J]. Scientometrics, 1994, 30 (1): 105 – 116.

[43] Robert J W, Porter A L. Innovation forecasting [J]. Technological Forecasting and Social Change, 1997, 56 (1): 25 – 47.

[44] Blei D M, Ng A Y, Jordan M I. Latent Dirichlet allocation [C]// Advances in Neural Information Processing Systems 14. Cambridge: MIT Press, 2002.

[45] Blei D M, Ng A Y, Jordan M I. Latent Dirichlet allocation [J]. Journal of Machine Learning Research, 2003, 3 (1): 993 – 1022.

[46] Blei D M, Lafferty J D. Dynamic topic models [C]// Proceedings of the 23rd International Conference on Machine Learning, New York, 2006: 113 – 120.

[47] Wang C, Blei D, Heckerman D. Continuous time dynamic topic models [C]// Proceedings of the 24th Conference in Uncertainty in Artificial Intelligence, 2008: 579 – 586.

[48] Iwata T, Yamada T, Sakurai Y, et al. Sequential modeling of topic dynamics with multiple timescales [J]. ACM Transactions on Knowledge and Discovery from Data, 2012, 5 (4): 19.

[49] Nallapati R, Cohen W, Ditmore S, et al. Multiscale topic tomography [C]// Proceedings of the 13th ACM SIGKDD International Conference on Knowledge Discovery and Data Mining, New York, 2007: 520 – 529.

[50] Wei X, Sun J, Wang X. Dynamic mixture models for multiple time series [C]// Proceedings of the 20th International Joint Conference on Artifical Intelligence, San Francisco, 2007: 2909 – 2914.

[51] Wang X, McCallum A. Topics over time: A non-markov continuous-time model of topical trends [C]// Proceedings of the 12th ACM SIGKDD International Conference on Knowledge Discovery and Data Mining, New York, 2006: 424 – 433.

[52] Rosen-Zvi M, Chemudugunta C, Griffiths T, et al. Learning author-topic models from text corpora [J]. ACM Transactions on Information Systems, 2010, 28 (1): 1 – 38.

[53] Rosen-Zvi M, Griffiths T, Steyvers M, et al. The author-topic model for authors and documents [C]// Proceedings of the 20th Conference on Uncertainty in Artificial Intelligence, Arlington, 2004: 487 – 494.

[54] Steyvers M, Smyth P, Rosen-Zvi M, et al. Probabilistic author-topic models for information discovery [C]// Proceedings of the 10th ACM SIGKDD International Conference on Knowledge Discovery and Data Mining, New York, 2004: 306 – 315.

[55] Mimno D, McCallum A. Expertise modeling for matching papers with reviewers [C]// Proceedings of the 13th ACM SIGKDD International Conference on Knowledge Discovery

and Data Mining, New York, 2007: 500 – 509.

[56] Kawamae N. Author interest topic model [C]// Proceedings of the 33rd International ACM SIGIR Conference on Research and Development in Information Retrieval, New York, 2010: 887 – 888.

[57] Xu S, Shi Q, Qiao X, et al. Author-topic over time (AToT): A dynamic users' interest model [C]// Proceedings of the 2nd International Conference on Ubiquitous Context-Awareness and Wireless Sensor Network, Jeju, 2013: 227 – 233.

[58] Xu S, Shi Q, Qiao X, et al. A dynamic users' interest discovery model with distributed inference algorithm [J]. International Journal of Distributed Sensor Networks, 2014 (4): 1 – 11.

[59] 史庆伟, 乔晓东, 徐硕, 等. 作者主题演化模型及其在研究兴趣演化分析中的应用 [J]. 情报学报, 2013, 32 (9): 912 – 919.

第二章 专利技术术语抽取方法

2.1 引言

早期的专利分析大多建立在结构化的著录项目数据的基础上,这影响了对专利数据的深层次分析。近些年兴起的文本挖掘技术能够对半结构化和非结构化的文本信息进行处理,为深层次的专利分析带来了新的机遇,但先前的研究大多采用依附于文档的标记或文档中包含的单词或关键词进行[1]。科技论文中一般由作者提供关键词,方便读者进行文献检索和了解论文的研究领域,但专利文献一般不提供关键词,所以必须首先采取一定的方法对专利标题、摘要、权利要求和全文等非结构化文本中所包含的技术术语进行提取,才能利用这些方法。与文档中的其他单词相比,术语更能准确地表达专利文本的技术特性,更能反映专利的技术特征,是了解专利技术类别和技术的重要途径。技术术语分析是反映萌芽技术和破坏性技术最灵敏和有效的方式,是了解产业技术发展和变化状况的有效途径之一。通过对专利中技术术语的简单统计分析,可以初步了解产业技术的发展状况及趋势,从专利中抽取的技术术语亦是进行技术机会分析的重要基础。

本章概述了国内外提出的主要的术语提取方法,在此基础上引入了 C-value 方法,并修改了术语构词规则和术语度(Termhood)计算公式,提出了更适合于中文专利技术术语抽取的 PC-value(C-value for Patents)方法。

2.2 术语的定义、分类和特征

2.2.1 术语的定义

按照中华人民共和国国家标准 GB/T 10112—1999 和 GB/T 15237.1—2000,"术语是专业领域中概念的语言指称"[2],或者说,术语是一个主题领域的概念的语言学表示[3]。自然语言处理（Nature Language Process，NLP）领域的术语概念有广义和狭义之分[4]。广义概念的术语（Term）指的是像词或短语之类的索引单元项；狭义概念的术语一般指技术术语[4]，是在一个学科领域中使用的、表示学科领域内概念或关系的词语，是定义明确的专业名词，是领域专家用来刻画、描述领域知识的基本信息承载单元[2]。本章所提到的技术术语是狭义概念的术语。

术语是人类科学知识在自然语言中的结晶，人类科学探索的成果都要以术语的形式在自然语言中记录下来[5]。术语集中体现和负载了一个学科领域的核心知识，术语的变化在一定程度上反映了一个学科领域的发展变化[6]。随着科学技术的快速发展和在全球范围的传播，新的理论、概念、方法、技术、材料、工艺等层出不穷，同时，也产生了大量的术语，这些术语对于了解领域科技进步有着重要的价值，然而，信息时代文献的大爆炸使得人们很难追踪术语的演化[7]，迫切需要自动化的术语抽取技术（Automatic Term Recognition，ATR）来解决这个问题。

在自动术语抽取领域，术语表示由两个或两个以上的字所组成的具有一定语法关系的、有确切意义的语言单元[4]。术语可以是词，也可以是短语。术语可以只在一个学科领域中存在，也可并存于多个学科领域中。自动术语抽取在自然语言处理方面有着重要的作用，它是许多应用的起点，如机器翻译、检索、词典构建、知识组织等[8]。术语提取对于信息检索、信息提取、数据挖掘等语言信息处理的研究，以及了解、把握一个学科领域的发展现状、未来趋势等具有重要的理论和现实意义。术语是数字图书馆中重要的要素，是知识库中的核心成员，也是本体构成的基本单元。术语自动提取技术是大规模本体工程从人工构建到半自动和自动构建的关键技术之一[2]。

2.2.2 术语的分类

按照不同的研究和应用目的，术语的分类方法有多种。例如，按照学科来分类，术语可以分为物理学术语、化学术语、数学术语、文学术语等；按技术领域进行分类，术语可以分为计算机技术术语、新材料技术术语、新能源技术术语、纳米技术术语等；按照术语出现的时间，可以将术语分为一般术语和新术语。

在自动术语抽取的研究领域，比较公认的分类方法是将术语分为单词术语和多词术语，也有些学者把其分别称为简单术语和复杂术语[4]，或者简单术语和复合术语。单词术语或简单术语指的是术语的任何一个部分不能构成一个较短的术语,而多词术语或复合术语指的是那些包含较短术语或由较短术语组合而成的术语。Frantzi等人[3,9,10]按照一个术语是否被其他术语包含,对术语进行了分类,把那种被更长的术语包含的术语称为被嵌套术语(Nested Term)。也有学者认为,术语提取的实质是确定术语的前界和后界,因此,按照术语的前后界有无明显标记,可以将术语分为3类:有前后界标记的、有前界或后界标记的、无前后界标记的[6]。

2.2.3 术语的特征

术语的特征有助于了解术语的性质,把握术语的本质。术语是在特定领域中使用的专业名词,多词术语由一般词语和简单术语构成,表明术语有两个基本的特征:领域特征和语言学特征。术语的语言学特征可以通过分析部件的语法结构获取,领域特征可以通过分析部件是否是领域部件获取[11]。

领域特征:术语的领域性是国内外学者对术语普遍的认识[2],术语的主要特征在于术语的领域特异性。一个学科领域的词语集合由术语和一般词语构成。一般词语是在各个领域都广泛使用的词语,并没有明显的领域相关性或偏好性,而术语是表示某一学科领域概念或关系的词汇,和领域是密切相关的,一般只在一个或几个特定的领域流通,在流通领域具有很高的流通度,即有较高的词频,而在其他领域的流通度一般趋近于零[12]。

语言学特征:术语的语言学特征表现在有些术语常常和一些词语相伴存在,多词术语的组成部件结合紧密,存在一定的语言学结构等特征。在语料库中,有些术语的前面或后面存在明显的界限词,例如,"称为""叫作"等词后的词语很可能是术语,又如括号前出现的词语很可能是术语,括号中的内容是对前面词语的说明。术语伴随词或标记的存在为术语的识别提供了很好的途径,但是一个词或标记是否和术语相伴存在,往往和语料内容有关,很难为全部语料指定统一的界限词。

自动术语抽取多数以英语为研究背景,也有以法语[13,14]、西班牙语[15]、日语等语言为背景,尽管所研究的背景语言不同,但外国学者普遍认为大多数术语是复合词,复合词术语由不同词性的简单词语和术语构成。Nakagawa和Mori[16]认为领域中绝大多数术语是复合名词,大约占术语总数的85%,复合名词包括15%左右的单个名词,剩余的由单个名词组合搭配而成。有些文献只认为长度为2以上的"名词–名词"(noun-noun)序列

（即包含两个以上名词）形式的词语为术语[17]，并用此规则进行了自动术语抽取，达到了较高的抽取准确率，但召回率较低，因此，有的学者建议把形容词或介词和名词组合的复合词作为候选术语[18]，而有些文献只接受"形容词|介词-名词"（adj|prep-noun）序列形式的候选术语，以减少"坏"术语的抽取，如 Feldman 等人[1]在开发的 Document Explorer 中采用了 noun-noun 和 adj-noun 两种形式，但允许插入限定词、介词或从属连词。

2.3 自动术语抽取的方法

Firth 在 1957 年最早对术语现象开展研究工作，提出了上下文理论，强调了上下文的重要性[4]。Choueka 等人[19]较早开展了术语抽取方面的研究，Church 和 Hanks[20]首次引入互信息（Mutual Information）评价两个词的结合能力。截至目前，国内外学者对自动术语抽取进行了大量的研究，提出了各种术语自动抽取的方法，这些方法可以归纳为3种：①基于语言学规则方法；②基于统计学方法；③混合方法。

2.3.1 语言学规则方法

基于语言学规则的方法通过分析术语上下文的特殊的语法结构，主要利用词法、句法信息识别术语[2]，是自动术语抽取研究早期采用的一种方法。Daille[13]所开发的术语抽取软件 LEXTER 采用了浅层语法分析，将抽取过程分为分析和解析两个阶段。在分析阶段，采用一组规则来识别术语的"前标记"，从而识别文本中最长的名词字符串；在解析阶段，分析抽取的最长名词字符串，根据语法结构和位置来抽取那些很可能是术语的子串，并将抽取的候选术语交给专家确认。Frantzi 和 Ananiadou[10]提出了一种术语抽取方法，并利用术语上下文的名词、动词和形容词来改善术语的抽取准确率。文献[17, 18]给出了一个较为普遍的多词术语句法模板，如果一个词语序列满足这个模板，并且在上下文中多次出现，则该词语序列被判定为术语。

语言学规则给出了识别术语的简单方法，但由于语言学规则难以发现，且大部分依赖于人工的研究成果，特别是对开放语料而言，构词方法更是灵活，语言学规则更是难以得到准确的应用[4]。尤其是现代科技的快速发展，新的术语层出不穷，发展速度非常快，单靠人工来研究其语言学规律变得不可行和不可能，因此限制了此方法的进一步应用。

2.3.2 统计学方法

由于基于语言学规则的自动术语抽取方法存在语料的依赖性，难以有效地扩展到其他语料的处理，术语抽取的准确率也难以达到较高的水平，研究者们开始尝试一些新的方法。随着计算语言学的发展，统计学的方法在实验上取得了比基于语言学规则的方法更好的结果，因此，20世纪80年代以后，语言学规则这一基础性的方法论逐渐让位于统计学方法。与基于语言学规则的方法相比，统计学的方法以统计学理论为基础，较少人工干预，具有更强的适用性和移植性。

基于统计学的方法有互信息、对数似然（Log Likelihood）、Chi-squared、Z-score等方法。Damerau[21]采用了互信息来确定词语之间的搭配关系；文献[17，18]在提出的方法中采用候选字符串的出现频率作为衡量术语的似然度。为了评估一个词语是不是术语，研究者提出了术语度（Termhood）这一概念[3]。Cohen[22]提出了一种较为通用的术语抽取方法，不采用停用词和词根处理，利用n-gram计数达到了词根处理的效果，但比词根处理更通用，采用对数似然参数来避免一些低频词的遗漏，并采用这种方法对英语、西班牙语、德语、俄语和日语等处理，也证明了这种方法的通用性和可移植性；Tseng等人[23]提出了一种独立于语料库和词典的关键词和词语抽取方法，并把这种方法用于专利分析中，此方法不采用其他任何语言学规则，只使用了停用词表，从文献中抽取最长的词语作为关键词。

2.3.3 混合方法

基于语言学规则的方法简单有效，但依赖手工处理；基于统计学的方法适用性强，但较为复杂、烦琐。因此，后来的研究者们在自动术语抽取的过程中既采用了语言学规则方法，又采用了概率统计方法，因此被称为混合方法。如Daille[13]提出的自动术语抽取方法分为两步，首先采用语言学规则过滤器获取候选术语，然后采用概率统计方法选定术语。实际上，近些年提出的自动术语抽取算法大多采用了混合方法。研究者们采用的语言学规则方法主要有利用词性（Part of Speech，PoS）标注、采用语言学过滤准则、采用停用词等方法；统计学方法一般是根据统计抽取候选术语，或采用某种方法（如互信息等）来评价抽取的候选术语的术语度（Termhood）。

在采用混合方法提高术语的抽取准确率上，早期的研究者们也提出了各种方法。例如，Sui 等人[11]采用了词性标注和术语部件库来提高抽取效果；Fahmi 等人[24]提出利用已知术语提供的信息来提高抽取的性能。然而，早期的一些方法多集中在基于互信息等信息理论的方法来衡量词语的搭配，采用一些基于可接受的词性序列的浅层语言学准则，尽管这些方法能有效地抽取术语，但对于嵌套术语的解决上往往差强人意[7]。嵌套术语中的一些词尽管也符合概率上的术语度的规定，但它们不能称为术语。

英国曼彻斯特城市大学的 Frantzi 提出的 C-value 和 NC-value 方法[3,9,10]，目标在于精确抽取术语，较好地解决了嵌套术语的抽取问题。C-value 方法组合了语言学知识和概率信息形成了一个词组的术语度测量准则，C-value 值越大，候选术语是一个真术语的可能性就越大。C-value 因为考虑了术语的长度因素，在非嵌套术语识别上改进了效果。与纯粹的共现频率方法相比，C-value 方法能够更精确地提取术语，尤其是对嵌套术语的提取。Frantzi 等人[3]用该方法对医药领域文献中的术语进行了提取，达到了较好的抽取效果。Milios 等人[7]采用该方法对计算机科学语料库进行了术语提取，实验结果和 Frantzi 等人的实验结果具有同等的性能，证明了 C-value 和 NC-value 方法在其他领域也是可行的。

2.4 中文术语抽取研究的概述

近些年，随着信息检索、信息过滤、机器翻译等领域研究的持续深入，其关键技术难点都集中到了中文术语或双语术语对的抽取，中文术语抽取也越来越受到重视，面对开放语料的中文术语抽取开始得到广泛的研究。然而，和英文语料库的术语抽取相比，中文术语抽取有其特点和难点，主要在于：①中文的词汇缺乏形态变化。中文词与词之间的搭配不存在语法形式的约束，只要意义上、逻辑上说得过去就可以搭配在一起，非常自由、灵活、方便，术语的结构也就异常丰富。正因为如此，学习和研究词语的关系就显得异常困难。②中文词汇之间没有边界标记，新词或新的短语比英文更难识别，也严重干扰了中文分词的准确率[4]。

冯志伟[25,26]认为，从语言学的角度来看，科学技术术语可以分为两类：单词型术语和词组型术语，词组型术语都是由单词组合而成的，在一个术语系统中绝大多数是词组型术语。词组型术语的组成部件紧密相关，紧密关系可以通过计算组成部件的静态关联率确定。在现代汉语中可以充当术语组成成分的词类有名词、动词、形容词、区别词、方位词等[27]。词组型术语的抽取是自动术语抽取研究的重点。对多词术语的识别往往考虑组成术语的词与词之间的结合紧密程度，在领域度计算上，则通常依赖于统计方法进行局部特征的提取。罗盛芬和孙茂松[28]比较了计算词与词结合紧密程度的9种常用统计量，对比它们在汉语自动抽词中的表现之后，得出以下结论：①上述统计量并不具有良好的互补性；②通常情况下建议直接使用互信息进行抽词，简单有效。

王强军等人[6]主要研究了无前后界标记术语的提取，提出了一种"领域相减"的术语提取方法，利用术语在不同领域中的不同流通度值进行术语提取。其技术路线如下：①确定待提取术语的领域，称作待处理领域；②选定一个在术语使用上与待处理领域区别较大的领域，称作对照领域；③计算各领域词语的流通度；④对两个领域内词语流通度相减，确定阈值，去除一般词语，得到处理领域的候选术语表；⑤重复步骤①至步骤③，直到去除的一般词语数量极少时停止；⑥利用其他手段进一步缩小候选术语表的范围。这种方法的局限性在于需要确定一个在术语使用上与待处理领域区别较大的"对照领域"，而且实验初步结果并不是非常理想，准确率只有30%，召回率是54.2%。

何燕等人[2]认为单词术语识别一般采用语料库比较方法，即选择一个通用的平衡语料库与领域语料库相比较。多词术语的提取方法主要有3种类型：基于语言学规则的方法、基于统计学的方法、基于规则+统计的方法。何燕提出了一种结合术语部件库的术语提取方法，这种方法结合使用语言学规则和统计学方法，选择了互信息计算词与词之间的结合紧密程度，使术语提取的正确率和召回率都有了很大的改善，但此方法的局限性在于事先需要一个术语部件库。

Sui等人[11]提出的方法分为两个阶段。①机器学习阶段，从文档集中获取术语部件之间的关联信息，从术语库中获取术语内部的语法（文法）结构信息，从文档集和术语库中获取术语部件的领域信息；②候选术语抽取阶段，用基于概率和规则组合的方式自动抽取候选术语。在整个术语抽取过程中使用了3种资源：术语库、语料库、分词软件和词性标注软件。Sui等人提出的自动抽取术语方法可以归纳如下：①通过计算候选术语的组成部件的静态关联率，从大型语料库中抽取紧密相关的片段；②按照语法结构规则过滤候选术语；③按照领域特征规则过滤候选术语；④交替构建术语库，从候选术语中选择一个高可信度的词语插入到术语库中，根据新术语库对语料库重新分词和词性标注，返回第①步抽取更高层次的语言单位。

相对于学术论文和网页资源，对专利资源开展术语抽取的研究较少。余丰[29]采用隐马尔科夫模型（Hidden Markov Model，HMM）对专利摘要中的技术关键词进行了抽取，他提出的方法包括数据预处理、词法分析、句法分析、命名实体识别和结果生成与模板填充等步骤。由于 HMM 是一种监督型方法，需要事先建立一个训练集，而选择合适的训练集是一个问题。余丰在实验中使用了 50 篇样本训练集，在训练阶段的准确率、召回率和 F-measure 值分别是 47.41%、38.16% 和 42.29%，经过训练改进之后的系统，在召回率和准确率方面都得到了非常明显的提高，3 项值分别是 57.05%、51.66% 和 54.22%。

2.5 专利技术术语抽取模型

先前提出的大多数自动术语抽取方法在应用时存在一定的前提条件，如 HMM 需要一个训练集；基于"领域相减"的方法需要一个平衡语料库，基于术语部件的抽取方法需要一个术语部件库或领域知识库。相比而言，C-value 方法不需要这些前提条件，它是一种独立于领域的、多词语的自动术语抽取方法，而且在嵌套术语的识别上有较高的准确率[3]。因此，本章选用 C-value 方法抽取专利中的技术术语。

Frantzi 等人[3]提出的 C-value 方法的研究对象是英文，用于医药方面的术语抽取，Barrón-Cedeño 等人[15]对此方法进行了修改并应用于西班牙语中术语的抽取，也取得了不错的效果，Milios 等人[7]采用该方法对计算机科学语料库进行了术语提取，取得了与 Frantzi 实验同等的效果，说明 C-value 方法具有较好的领域独立性和语言独立性。本章在这些研究的基础上，对 C-value 进行了改进，使其能适应中文专利技术术语的抽取任务，提出的自动术语抽取算法流程模型（图 2-1）分为 4 个阶段：①分词和词性标注；②运用语言学规则取得可能术语集；③计算词语的术语度值（用 PC-value 表示），取得候选术语列表；④领域专家评估并确定术语。

2.5.1 分词和词性标注

与西文相比，中文信息的处理存在 3 个主要的障碍[30]：①输入问题，

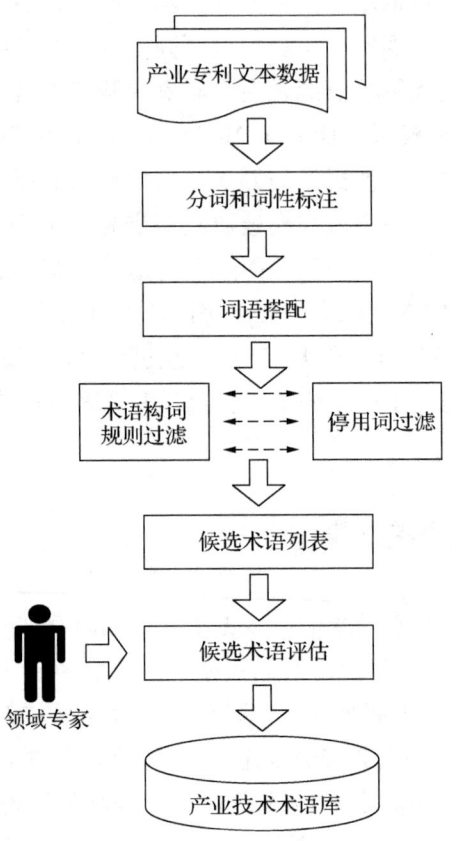

图 2-1 专利技术术语抽取模型

汉字不是拼音文字,而是象形文字或音形结合的文字;②分词问题,多数中文句子是一长串连续的汉字,而不是以空格或其他分隔标记分开的单词,并且词汇缺少明显的形态变化;③句法分析问题。其中第一个障碍已基本解决,而第二个和第三个障碍虽然在一定程度上得到克服,但仍然存在。

分词是汉语所特有的研究课题,也是中文信息处理技术中最基础、最重要的一个问题。中文信息处理的很多项目都涉及分词问题,如汉语和外语机器翻译、中文文献自动标引、自动分类、中文文献库全文检索等[31]。所谓分词,就是把一个句子按照其中词的含义进行切分。与英文不同,汉语中最小的单位是字而不是词,词是汉语句子中具有一定语义的最小单位;另外,中文文本在书面表达或计算机内部表示时,字与字之间、词与词之间没有明显的切分标志，因此，切分连续的汉字文本比切分英语或德语文本要困难得多。例如，英语中书写专有人名和地名时要使用大写字母，而汉语中没有类似标记；又如，德语中的复合名词连写成一个字串，而汉语中字词不分，都连写。此外，汉语语法的研究多源于印欧语法的研究，分析结果对分词有用的信息较少；汉语的词序又极为灵活，相对的语法限制较少。在词汇数量上，一般印欧语种的词汇量最多为几十万词，而汉语的词汇量高达几百万甚至上千万。一个汉字序列可能有几种不同的切分结果，产生歧义现象。这些都给自动分词造成了很大困难[30]。

现在的自动分词方法多是机械分词方法，主要利用词典信息，而不使用或较少使用规则知识和统计信息。主要的分词方法有：正向最大匹配算法、逆向最大匹配算法、邻近匹配算法、最短路径匹配算法和基于统计的最短路径分词算法。分词方法虽然解决了汉语的词汇表达问题，但自然语言的理解困难和机械的分词方法，带来了大量的歧义现象。另外，因为词典的容量是有限的，在处理大规模真实文本时，会遇到许多不能由词典识别的词汇，包括人名、地名、术语等，这些词被称为未登录词。切分歧义和未登录词现象构成了影响分词系统准确率的两个因素，相比之下，未登录词现象带来的后果更为严重。在真实语料库中，专有名词和术语占很大比例，这些词在词典中查不到。

自然语言处理研究的最终目标是分析和理解语言，目前而言，要达到这一目标仍然任重道远。分词只是解决了把字串划分为词的过程，为了实现计算机能完全理解自然语言这个目标，自然语言处理的研究者进行了一些中间任务的探讨，即在不需要完全理解语言的情况下如何理解自然语言的内在结构，自动标注的研究就是其中之一。从语法角度看，词可以按词性进行分类；从语义角度看，词可以按概念进行分类。自动标注就是在一个特定的语境中确定文中句子各词的词性和概念。

词性标注的任务是为句子中的每一个词赋予一个合适的词性，也就是确定每个词是名词、动词、形容词、介词或其他词性。与构造一个完整的句法分析相比，词性标注只是为句子中的词选定一个语法类别，实现起来相对容易，能够达到较高的准确率。可是由于许多词并不只有一种语法类型，即存在兼类情况，这就需要采用某种方法确定特定语境下每个词的语法类别，为句子中的每一个词指派一个唯一的词性类别。为此，研究者采用了 HMM 等模型，取得了非常不错的词性标注效果，准确率也较高，在最成功的方法中，96%~97%的词汇歧义能够被正确地消歧[30]。词性标注首先要解决的一个问题是汉语词汇的词性分类标准问题，然而，目前国内在这个方面并没有统一的标准，许嘉璐和傅永和[31]在其著作中列举了3个研究者孙茂松（清华大学计算机系）、白栓虎（工业和信息化部计算机与微电子发展研究中心）和余士汶（北京大学计算语言学研究所）规定的词性分类标准，并进行了比较。词性标注用途很广，可以被用于信息抽取、问题回答及浅层句法分析等方面。

国内不少研究者在分词和词性标注方面做了大量的研究，取得了较为丰硕的成果，开发了相应的软件供其他研究者使用。国内在这方面的研究机构主要有北京大学、中国科学院、清华大学、天津海量科技发展有限公司等。本研究采用了海量科技的分词和词性标注软件来对专利中的非结构化文本进行了分词和词性标注。图2-2和图2-3是一个实例，其中，图2-2是专利号为"00104095.2"的燃料电池专利的名称和摘要文本，图2-3是其分词和词性标注结果。

在电池堆的外周边带有后燃烧的燃料电池组

一种在电池堆（2）外周边（20'）处进行后燃烧操作的燃料电池组。电池组（1）的每个元电池有至少一空气（5，50）或含有氧气的另一个气体的入口点（25）。在围绕电池堆的环形空间（11）内产生后燃烧。所述的入口点（25）是互相连通地连成一个整体或者在所有情况下通过至少一个空气空间（115）连成一组。空气空间沿着电池堆（2）轴向伸展并与电池堆直接接触。每个空气空间通过至少一个壁（40）与后燃烧室（4）分开，燃烧室也形成沿电池堆轴向连通的一个空间。

图2-2 某件燃料电池专利的名称和摘要

图2-3中，词之间以符号"｜"分隔，词性代码和词之间以英文句点"."分隔，词性代码所代表的词性请见附录1。

2.5.2 语言学规则过滤

语言学规则过滤方法应用于目前大多数自动术语抽取方法中，但也有些研究者没有采用语言学过滤器，而是采用全切分[6,22,32]，使用与否需要综合考虑各种因素确定，如应用领域、抽词数量、准确率和召回率等。C-value方法采用了语言学过滤准则来抽取那些很可能是术语的词语作为候选术语。

```
在.p|电池.e|堆.v|的.u|外周.n|边带.n|有.v|后.f|燃烧.v|的.u|燃料.n|电池组.e|
一种.mq|在.p|电池.e|堆.q|(.w|2.mq|).w|外.f|周边.f|(.w|20.mq|'.w|).w|
处.n|进行.v|后.f|燃烧.v|操作.n|的.u|燃料.n|电池组.e|。.w|电池组.e|(.w|
1.mq|).w|的.u|每个.r|元.t|电池.e|有.v|至少.d|一.m|空气.n|(.w|5.mq|,.w|5
0.mq|).w|或.c|含有.v|氧气.n|的.u|另.c|一种.mq|气体.n|的.u|入口.n|点.q|(.w|
25.mq|).w|。.w|在.p|围绕.v|电池.e|堆.v|的.u|环形.n|空间.n|(.w|1
1.mq|)|内.f|产生.v|后.f|燃烧.v|。.w|所.u|述.v|的.u|入口.n|点.q|(.w|2
5.mq|)|是.v|互相.d|连通.v|地.u|连成.v|一个.mq|整体.b|或者.c|在.p|所有.v|
情况.n|下.v|通过.v|至少.d|一个.mq|空气.n|空间.n|(.w|115.mq|).w|连成.v|一
组.mq|。.w|空气.n|空间.n|沿着.v|电池.e|堆.q|(.w|2.mq|).w|轴.n|向.p|伸展.v|
并.c|与.p|电池.e|堆.v|直接.a|接触.v|。.w|每个.r|空气.n|空间.n|通过.v|至少.d|
一个.mq|壁.n|(.w|40.mq|).w|与.p|后.f|燃烧室.n|(.w|4.mq|).w|分
开.v|,.w|燃烧室.n|也.d|形成.v|沿.v|电池.e|堆.v|轴.n|向.p|连通.v|的.u|一
个.mq|空间.n|。.w
```

图 2-3 某件燃料电池专利的名称、摘要分词和词性标注结果

语言学过滤器的选择影响了输出术语列表的准确率和召回率,过滤器的选择需要在准确率和召回率之间平衡。

例如,Milios 等人[7]采用了 3 种形式的语言学过滤器,分别是:①noun-noun;②(adj|noun)+noun;③(adj|noun)+(adj|noun)∗(nounprep)?(adj|noun)∗)noun。不同的语言学过滤器抽取到的术语结果不同,第一个过滤器被 Frantzi 等人称为闭滤子(Closed Filter),后两个被称为开滤子(Open Filters),Closed Filter 有较高的准确率但召回率较低,Open Filters 有较高的召回率但准确率较低。Frantzi 等人通过实验证明了 C-value 方法可以采用更"开放"的语言学过滤器,虽然降低了抽取准确率,但降低的数量不明显,不会对抽取准确率有太多影响,这样可以抽取更多的术语。

国内一些学者对中文术语的构词规则进行了研究。如 Sui 等人[11]根据冯志伟的研究成果,提出了 2 词~6 词术语的构词规则;何燕等人[2]采用了以下双词术语的语法模板:n+vn、vn+n、a+n、b+n、a+vn、b+vn、n+ng、vn+ng、v+ng、v+v、v+n、n+v;李嵩[27]提出在现代汉语中可以充当术语组成成分的词类有名词、动词、形容词、区别词、方位词等。根据以上研究成果,确定了多词专利技术术语的构词规则,如表 2-1 所示。

表 2-1 中文术语构词规则

2 词术语	3 词术语	4 词术语	5 词术语	6 词术语
n + n	n + n + n	n + n + n + n	v + v + n + n + n	n + n + c + vn + n + n
n + v	v + n + n	n + n + v + n	d + v + n + n + n	n + n + vn + c + vn + n
v + n	n + v + n	v + n + n + n	m + v + m + n + n	n + n + u + b + vn + n
a + n	v + v + n	v + n + v + n	b + v + n + v + n	vn + n + vn + c + vn + n
d + n	b + v + n	v + v + n + v	v + v + n + v + n	l + vn + k + n + vn + n
b + n	n + m + n	v + v + n + n	a + n + v + n + n	n + vn + u + n + vn + n
		v + n + b + n		

表 2-1 中，加号表示多词术语由相应词性的词组合而成，如 v + n 表示一个术语可由一个动词词性的词和一个名词词性的词组合而成。vn 表示对应位置既可是动词又可是名词。词性标注为"产品词"和"其他专名"的词看作是名词词性的词。这样对于单个词性的词语，只接受名词形式的词语作为候选术语；对于多词词性的词语，本章只接受符合表 2-1 规则的词语作为候选术语。由于汉语中，单字词很少是术语，而且在专利分析中，单字词过于一般且存在歧义，往往不能代表一个概念，相比而言，多字词更加具体、明确和理想[22]，因此，只保留那些包含两个字以上的词语。

（1）词语的术语度值计算

此为专利技术术语抽取的概率部分，主要目的是为每一个抽取的词语赋予一个术语度（Termhood）值，在这里对 Frantzi 等人[3]提出的 C-value 值计算公式进行了改进，用 PC-value 值来表示一个候选词语的术语性测度。高的 PC-value 值表示候选词语很可能是术语，低的 PC-value 值表示候选词语不太可能是术语。

Frantzi 等人提出的方法中，C-value 值的计算主要采用了候选词语的以下统计特征值：①候选词语在语料库中出现的频次；②候选词语的嵌套词语在语料库中出现的频次（即作为其他更长词语一部分时的出现次数）；③嵌套词语的数量；④候选词语的长度，即包含多少个单词。

在 C-value 值的计算中，没有考虑到候选词语的文档频率统计值，这可能是为了使此方法有更好的通用性，但专利文献中的一个词语，尤其是长词语，如果出现在多件专利中，则它是技术术语的可能性更大，这种情况对普通科技文献语料库也是成立的。为了能够尽可能地提取到长词语，使长词语排名尽量靠前，把词语的文档频率考虑进来，对 C-value 方法进行了修改，用 PC-value 值来测量词语的术语度，PC-value 值的计算方法见公式（2-1）。

$$PC\text{-}value(a) = 2^{|a|-2} \times g(a) + \log_2 |a| \times \begin{cases} f(a), & \text{当 } a \text{ 没有被嵌套} \\ f(a) - \dfrac{1}{|N_a|} \sum_{b \in N_a} f(b), & \text{其他情况} \end{cases}$$

(2-1)

其中，a 表示抽取的候选词语，$PC\text{-}value(a)$ 表示候选词语的 PC-value 值，$|a|$ 表示 a 的长度（用词语包含的字数表示），$f(a)$ 表示 a 在语料库中出现的频次，$g(a)$ 表示 a 的文档频率（即 a 出现的文档篇数），N_a 表示 a 的嵌套词语集合，$|N_a|$ 表示嵌套词语的数量，$f(b)$ 表示 a 的某一个嵌套词语 b 在语料库中出现的频次。需要注意的是，在计算 $f(b)$ 时，较短的嵌套词语频次在计算时要扣除嵌套它的更长嵌套词语的频次。例如，词语"质子"的嵌套词语有"质子交换""质子交换膜""质子交换系统"等，因为"质子交换膜"和"质子交换系统"词语又嵌套了词语"质子交换"，那么在计算"质子交换"的 $f(b)$ 值时，应采用"质子交换"的词频减去"质子交换膜"和"质子交换系统"两个词的词频和。

在 Frantzi 等人的算法中，$|a|$ 表示候选词语包含的单词个数，在抽取中文术语时，由于分词和词性标注程序可能把较长的词作为一个词来处理，如果根据词性标注确定的词来计算候选词语的长度，显然会降低长字词语的术语度，因此，用词语所包含的字个数来表示词长。例如，"聚合物电解质"词性标注为"聚合物"和"电解质"两个词，其词语长度为6，而不是2。

（2）候选术语评估与确定术语

在计算词语的 PC-value 值后，设定合适的文档频率阈值（或词频阈值）和最小的 PC-value 阈值，可以得到候选术语列表。候选术语列表提交给领域专家审定之前，还需要进行如下处理：①去除停用词；②去除被更长的词语嵌套而且其文档频率值等于长嵌套词语文档频率的短词语；③其他一些特殊处理。

去除停用词处理：停用词是那些在领域内广泛使用的、具有较高的词频，但并不具备区分性的词语，或者是在技术领域内不希望作为术语出现的词语，去除停用词处理可以过滤掉那些明确在领域内不是术语的词语，以提高抽取的准确率。在停用词的选择上要注意以下 4 个方面：①停用词的选择要考虑到所研究的领域和方向；②当前不可能是术语的词语在未来很可能是术语；③停用词的选择需要在准确率和召回率之间平衡；④有些停用词虽然不作为候选技术术语处理，但它们在专利分析中仍起着重要作用。例如，"方法"不作为技术术语，但是出现"方法"一词的专利文献很可能都是"方法"方面的发明。

去除假术语：在候选术语列表中，存在着一些假术语。这些假术语的特征是，它们被更长的候选术语嵌套，但其文档频率值等于更长的嵌套术语，在提交给领域专家评估前需要把这些假术语删去。例如，在抽取燃料电池技术术语时，取得了如表 2-2 所示的一些词语，第一列的短词语被第二列的长词语嵌套，而且两者具有相同的文档频率。

表 2-2　几个假术语例子

短词语	嵌套词语	文档频率
固体氧化物燃料电	固体氧化物燃料电池	301
固体高分子型燃料	固体高分子型燃料电池	88
氢离子传导性高分子	氢离子传导性高分子电解质	23
中温固体氧化物	中温固体氧化物燃料电池	37
电池汽车	燃料电池汽车	70

其他特殊处理：因为中文分词等方面的问题，经过以上处理后仍存在部分明显不是术语的词语，可以成批从词语列表中删去，或需要单独列出进行统一处理。例如，在燃料电池技术术语抽取过程中，发现以下几种情况：①抽取的 n + v 形式的词语很少是术语；②词性为 n + v + n 形式的词语中，包含"形成"的词语均不是术语；③词语中包含"述""包括""根据"等字或词的词语均不是术语，包含"中"字的绝大多数词语不是术语。

经过上述处理后，设定合适的 PC-value 值和文档频率阈值下限，将高于阈值下限的词语按照 PC-value 值倒序排列，作为候选术语列表，提交给领域内的专家进行判断，由专家删去其中的假术语，剩余的术语就是需要的产业技术术语。阈值的设定要根据产业技术专利的数量和分析的目的确定。因为越长的术语在专利中出现的文档频率相对越小，为了抽取到更多的长术语，可以针对不同字长的术语设定不同的阈值，另外，为了使最新的术语能够被发现，可以向专家提供 PC-value 值、词频和文档频率都较小的词语列表。

2.6 实验结构及讨论

2.6.1 专利数据的获取

现在,世界上一些主要国家和国际性组织的专利局在自己的官方网站上提供了可免费检索的专利数据库和检索程序,人们通过互联网可以随时地连接到专利局的网站,实时地获取需要的专利数据。为了获取本章需要的专利数据,开发实现了多线程中国专利数据采集系统,采集系统的模型见图2-4。数据采集系统利用网络蜘蛛技术,从中国国家知识产权局官方网站(http://www.sipo.gov.cn/)上抓取包含专利著录项目信息的HTML格式的网页,通过网页内容分析后,将获取的专利信息存入本地数据库。

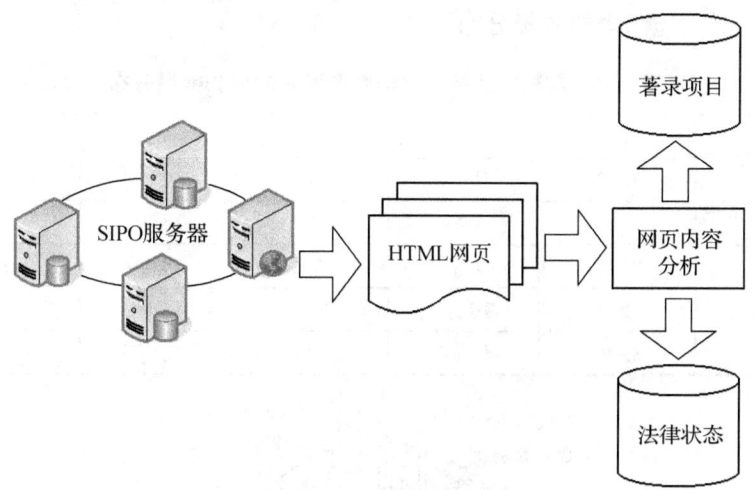

图2-4 专利数据采集系统模型示意

为了验证提出的技术术语抽取方法,利用专利采集系统下载了燃料电池技术领域的专利数据,共下载专利6346件,数据截至2009年10月7日(公开公告日),法律状态数据截至2009年10月15日。下面的数据预处理和分析,以及各种实证研究用到的数据均为此燃料电池专利数据。

2.6.2 专利技术术语抽取方法的实证

采用提出的PC-value方法进行了燃料电池专利技术术语的抽取。首先对抽取的词语分布状况进行了简要分析,然后对比了 C-value 和 PC-value 方法的候选术语排序表,可以明显看到,PC-value 方法使得长候选术语(按字数衡量)的排序明显靠前,使得长术语更容易被发现,而且抽取准确率较高。设定合适的阈值后,选择了一些候选术语交由领域专家评估,最后对评估后的术语进行统计分析。

(1)抽取词语分布情况

首先对采集的燃料电池专利的名称和摘要等文本数据进行分词和词性标注,然后调用 PC-value 专利技术术语抽取算法程序,完成技术术语候选词语的抽取。为了抽取到更多的技术术语候选词语,设置词频下限为 2,文档频率下限为 1,舍去了单字词,共抽取到 28 113 个候选词语。在这些候选词语中,最长的 16 个字,最短的 2 个字,数量最多的是 4 字词语,其次是 3 字词语和 5 字词语,2 字词语数量排了在第 5 位。表 2-3 和图 2-5 为不同词长技术术语候选词语的数量分布。

表 2-3　燃料电池技术术语候选词语的词长数量分布

词长	数量	词长	数量	词长	数量
2 字	3298	7 字	1409	12 字	63
3 字	5543	8 字	911	13 字	37
4 字	8397	9 字	389	14 字	18
5 字	4271	10 字	227	15 字	7
6 字	3396	11 字	144	16 字	3

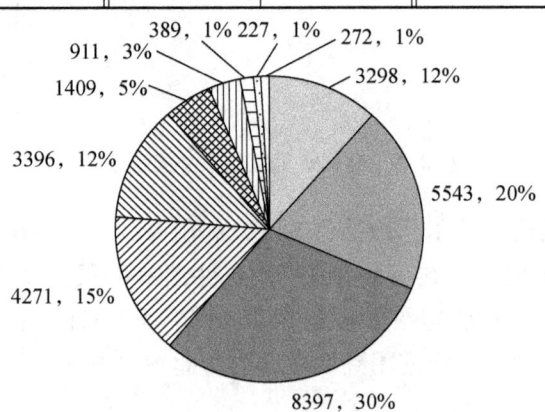

图 2-5　燃料电池技术术语各词长候选词语分布

对不同词性的候选词语进行了统计,单个数量最多的是 n+n 类型的词语,其次是 n+v 和 n 类型的。从总体上看,名词类型的候选词语占绝大多数,除了 n 和 v 组合的词语外,没有发现其他词性组合(如名词和形容词组合等)的词语,这可能是专利文献技术术语的一个特点。表 2-4 是燃料电池技术候选术语词性分布。

表 2-4 燃料电池技术候选术语的词性分布

词性	数量	词性	数量	词性	数量
n	4969	n+n、n+n+n	1	n+n+n+n	658
n、n+n	1	n+n、n+v	102	n+v	7442
n、n+v	3	n+n、n+v+n	2	n+v、n+v+n	2
n+n	8743	n+n+n	2780	n+v+n	3410

(2) PC-value 和 C-value 抽取结果对比

为了对比 C-value 和 PC-value 方法的抽取效果,证明 PC-value 能更好地抽取多字术语,分别计算了抽取词语的 C-value 值和 PC-value 值,并对两种方法抽取的前 200 名词语进行了比较。图 2-6 是两种方法不同字长分布图,图上标注的数值是对应字长的候选术语数量。从图中可以看出,排名前 200 名词语中,C-value 方法抽取到的最长词语是 11 个汉字,3 字以上的词语占总词语的比例为 57.5%,而 PC-value 方法可以抽取到 16 个汉字字长的词语,3 字以上的词语占总词语比例为 86.5%;从图上还可以看出,C-value 方法抽取的 6 字以下的短术语数量上占优势,而 PC-value 方法抽取的 7 字以上的长术语数量上占优势。这有力地说明了 PC-value 方法能够使长字术语的排名靠前,有利于发现长字术语,在抽取长字术语上具有更好的性能和效果。

在术语评估之前,对比了 C-value 和 PC-value 两种方法在前 100 名词语的术语抽取准确率。为此,将两种方法抽取的词语按术语度倒序排列,人工判断了前 100 名词语中的术语,并对比了两种方法前 100 名词语的术语抽取准确率。在前 10 名词对比中,C-value 和 PC-value 方法的抽取准确率都为 90%;在前 30 词对比中,C-value 准确率为 90%,PC-value 为 93.33%;在前 50 词对比中,C-value 准确率为 80%,PC-value 为 94%;在前 100 词对比中,C-value 准确率为 76%,PC-value 为 92%。两种方法前 100 词抽取准确率对比参见图 2-7。可见,PC-value 不但能够较好地抽取多字术语,而且在抽取准确率上也好于 C-value 方法。

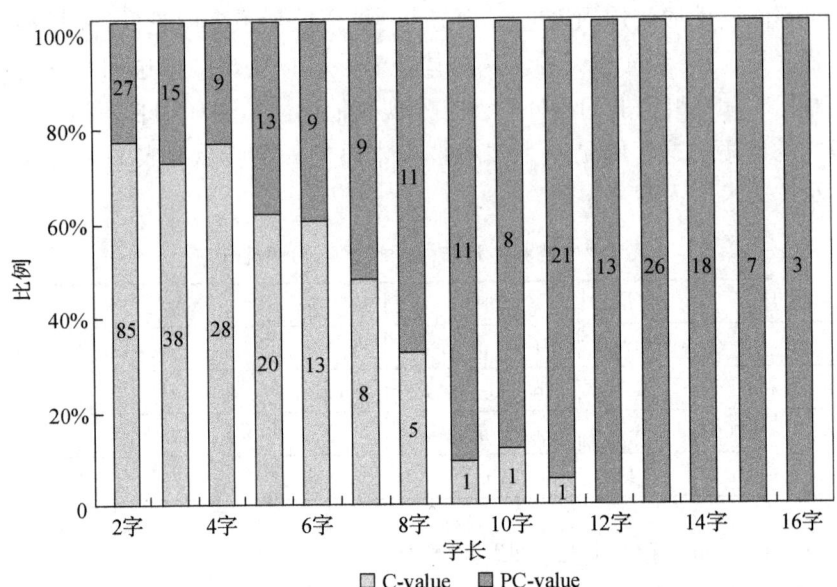

图 2-6 C-value 和 PC-value 方法抽取的前 200 名不同字长术语的对比

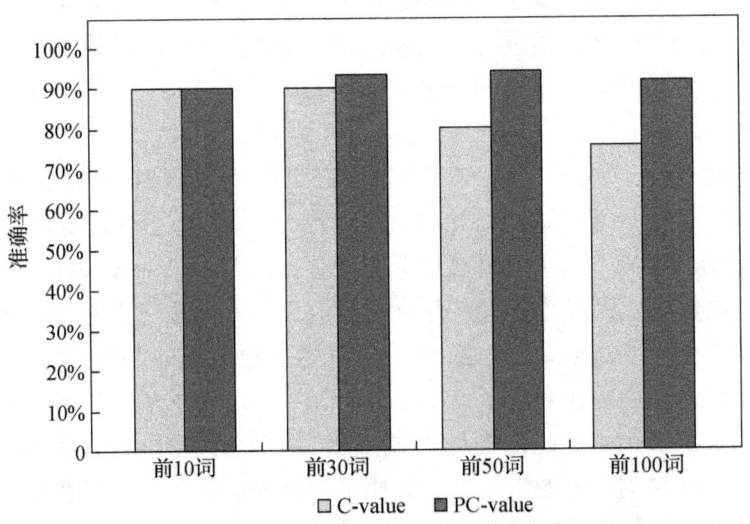

图 2-7 C-value 和 PC-value 方法抽取术语的准确率对比

(3) 技术术语评估

为了进一步评估提出方法的准确率,获取技术术语列表,对抽取的候选词语按照 PC-value 值倒序排列,并按照 2.5 节提出的操作方法进行处理。先设定候选术语的 PC-value 和文档频率阈值下限,这里取 PC-value 值 ≥

104.9683 条件（104.9683 是所有词语 PC-value 值的平均值），文档频率≥5，并采用停用词过滤条件，去掉假术语和特殊处理后，共获取 1669 个候选术语。将这些术语按照 PC-value 值倒序排列，交给领域专家评估和判定，最终选取了 1123 个词语作为燃料电池技术的术语，这样，在此规则下专家评估后的抽取准确率就是 67.29%。

（4）技术术语统计

技术术语的统计能发现产业技术热点术语，了解产业技术的热点领域及发展特征。对不同阶段术语的文档频率统计，可以发现各个阶段的研发热点，对比不同阶段术语的出现频率，还可以发现正在兴起的技术领域，以及正在失去研发兴趣的技术领域。下面针对抽取的 1123 个技术术语进行统计分析。

1）热点技术术语

按照术语出现的文档频率值倒序排列，可以使得热点术语词汇出现在最前面，这对了解产业技术研发现状有着重要的价值。在汉语中，2 字术语出现的频率较高，但大部分只能表示一般性的含义，相比而言，2 字以上的多字术语有更加丰富的概念含义。图 2-8 是文档频率从高到低排名前 25 位的 3 字及以上技术术语及其文档频率分布，标注的数字是技术术语对应的文档频率。从图中可以看到，文档频率最高的 5 个术语分别是电解质、催化剂、燃料电池系统、膜电极和质子交换膜，其中，前 3 名的文档频率均超过 1000 件专利。表 2-5 列出了不同字长文档频率从高到低排名前 5 名的热点技术术语。最短的术语 2 个字长，最长的 13 个字长。

表 2-5 不同字长的文档频率前 5 名热点术语

词长	前 5 名术语
13 字	固体高分子电解质型燃料电池
12 字	氢离子传导性高分子电解质、固体聚合物电解质燃料电池、固体氧化物燃料电池电解质、固体高分子型燃料电池系统
11 字	高分子电解质型燃料电池、中温固体氧化物燃料电池、固体氧化物燃料电池阴极、低温固体氧化物燃料电池、甲醇燃料电池阳极催化剂
10 字	固体高分子型燃料电池、聚合物电解质燃料电池、固体氧化物型燃料电池、固体氧化物燃料电池组、固体电解质型燃料电池
9 字	固体氧化物燃料电池、熔融碳酸盐燃料电池、燃料电池膜电极组件、传导性高分子电解质、燃料电池阳极催化剂

续表

词长	前5名术语
8字	电解质型燃料电池、高分子型燃料电池、燃料电池发电系统、固体高分子电解质、固体聚合物电解质
7字	氧化物燃料电池、聚合物电解质膜、高分子电解质膜、燃料电池膜电极、电解质燃料电池
6字	燃料电池系统、聚合物电解质、高分子电解质、甲醇燃料电池、燃料电池装置
5字	质子交换膜、膜燃料电池、燃料电池组、膜电极组件、醇燃料电池
4字	膜电极组、电极组件、燃料气体、化学反应、气体扩散
3字	电解质、催化剂、膜电极、聚合物、氧化物
2字	电极、装置、气体、结构、阳极

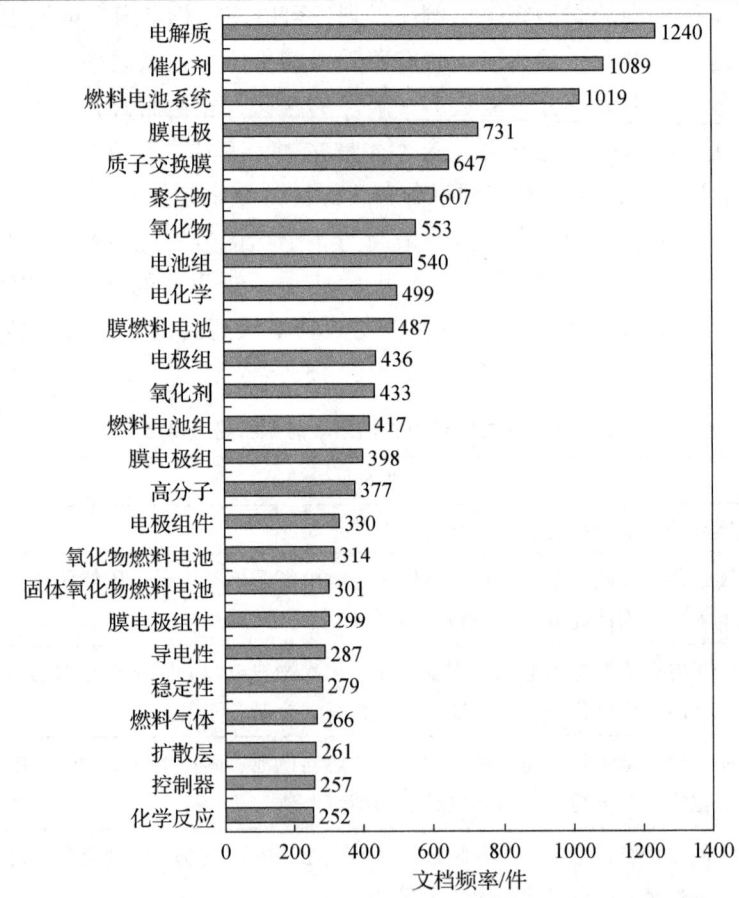

图2-8 文档频率排名前25位的3字及以上技术术语

2) 不同发展阶段的热点术语

按照专利历年有效授权总量进行产业技术生命周期判断和预测时，2002年前是酝酿期，2002—2008年是发展期，据此对燃料电池中的技术术语分别进行了统计，并按文档频率从高到低排名，表2-6是两个技术阶段前20名术语对比情况。

表2-6 燃料电池技术不同阶段的热点术语对比

排名	酝酿期		发展期	
	术语	文档频率	术语	文档频率
1	电解质	155	电解质	1083
2	催化剂	98	催化剂	989
3	电化学	78	燃料电池系统	982
4	氧化剂	77	膜电极	689
5	电池组	75	质子交换膜	595
6	聚合物	69	聚合物	538
7	高分子	68	氧化物	498
8	膜燃料电池	57	电池组	461
9	氧化物	54	膜燃料电池	430
10	质子交换膜	52	电化学	418
11	燃料电池组	52	电极组	416
12	高分子电解质	47	膜电极组	381
13	导电性	44	燃料电池组	361
14	膜电极	42	氧化剂	354
15	电解质型	37	电极组件	318
16	气体扩散	37	高分子	309
17	氧化剂气体	36	膜电极组件	288
18	电解质型燃料电池	36	氧化物燃料电池	280
19	燃料电池系统	34	固体氧化物燃料电池	270
20	燃料气体	34	稳定性	270

注：酝酿期为1990—2001年，发展期为2002—2008年。

从两个阶段的热点术语对比可以看到，电解质、催化剂一直是燃料电池技术研究的热点和重点，燃料电池系统的排名由第 19 名上升为第 3 名，说明其对应的技术在发展期受到的重视程度在增加，而电化学从第 3 名下降到第 10 名，说明对其相应技术的研究兴趣出现下降。电极组、膜电极组、电极组件、膜电极组件、氧化物燃料电池、固体氧化物燃料电池和稳定性在技术酝酿期并没有出现在前 20 名之内，而在技术发展期出现在前 20 名之内，说明这些术语对应的技术开始在发展期受到更多的重视；而高分子电解质、导电性、电解质型、气体扩散、氧化剂气体、电解质型燃料电池、燃料气体 7 个在酝酿期进入前 20 名的术语，在发展期跌出了前 20 名，说明对它们对应技术的重视程度在下降。

3）技术术语的文档频率变化率排名

为了探讨技术术语的变化情况，将专利按照申请日期排序，分为两个等份（两个阶段），每一份为 3173 件专利，分别统计每一阶段、每个术语的文档频率值（即出现的专利数量），然后计算每个术语增长的百分比。表 2-7 是文档频率增长率排名前 20 位的术语，表 2-8 是文档频率下降率排名前 20 位的术语。一般来说，术语的文档频率在第二阶段增加说明对这些领域研究兴趣的增加，减少则说明对相应领域研究兴趣的下降。表 2-9 列出了只在第一个阶段或第二个阶段出现的术语。在第一个阶段出现而在第二个阶段不出现的术语表示其对应的技术很可能不再受到关注，第一阶段没有而第二阶段新出现的术语则表示可能出现的一些新技术。

表 2-7 增长率排名前 20 位的术语

序号	术语	阶段 1	阶段 2	增长率/%	序号	术语	阶段 1	阶段 2	增长率/%
1	超声	2	32	1500	4	燃料电池阴极材料	1	12	1100
2	低温固体氧化物燃料电池	1	13	1200	5	燃料电池流场板	1	10	900
3	电池阳极	1	13	1200	6	固体氧化物燃料电池阴极	2	19	850

续表

序号	术语	阶段1	阶段2	增长率/%	序号	术语	阶段1	阶段2	增长率/%
7	氧化物燃料电池阴极材料	1	9	800	14	电效率	1	8	700
8	电装置	1	9	800	15	纳米级	1	8	700
9	硼氢化物	3	27	800	16	钙钛矿型	3	22	633
10	燃料电池阴极催化剂	2	16	700	17	聚四氟乙烯薄膜	1	7	600
11	高温燃料电池系统	1	8	700	18	液态燃料电池	1	7	600
12	甲醇燃料电池阴极	1	8	700	19	一氧化碳浓度	1	6	500
13	燃料电池散热器	1	8	700	20	阴极燃料	2	12	500

表2-8 下降率排名前20位的术语

序号	术语	阶段1	阶段2	增长率/%	序号	术语	阶段1	阶段2	增长率/%
1	空气增湿装置	28	1	-96.43	4	传导性高分子	27	2	-92.59
2	氢气增湿装置	26	1	-96.15	5	交联聚合物	13	1	-92.31
3	导电性碳	16	1	-93.75	6	膜电极单元	12	1	-91.67

续表

序号	术语	阶段1	阶段2	增长率/%	序号	术语	阶段1	阶段2	增长率/%
7	固体电解质型燃料电池	10	1	-90.00	14	电功率	14	2	-85.71
8	反应部分	10	1	-90.00	15	聚合物电解质薄膜	12	2	-83.33
9	传导性高分子电解质	8	1	-87.50	16	燃料电池动力系统	6	1	-83.33
10	阴极侧隔板	8	1	-87.50	17	燃料电池冷却系统	6	1	-83.33
11	管状固体氧化物燃料电池	7	1	-85.71	18	电化学电池	30	5	-83.33
12	质子交换膜电极	7	1	-85.71	19	流体流动通道	6	1	-83.33
13	镁基储氢合金	7	1	-85.71	20	质子传导能力	6	1	-83.33

注：①阶段1的申请日期从1985年4月1日到2005年9月22日，阶段2的申请日期从2005年9月23日到2009年5月14日；②增长率=（阶段2-阶段1）×100/阶段1。

表2-9 只在一个阶段出现的术语

阶段1	阶段2
氢离子传导性高分子电解质、固体高分子型燃料电池系统、高分子电解质燃料电池、金属空气燃料电池、电池膜电极组、储氢、空气过滤装置、质子导电聚合物膜、氢气供应子系统、空气供应子系统、阴极侧导电性隔板、聚合物电解质隔膜、阳极侧导电性隔板、醇型燃料电池、导电性隔板、电能输出	膜燃料电池阴极催化剂、电池技术领域、醇燃料、钙钛矿型复合氧化物、空气金属燃料电池、锌空气金属燃料电池、硼氢化物燃料电池、燃料电池城市客车、单气室固体氧化物、电化学技术领域、甲醇燃料电池膜、中央集流板、燃料电池发电站、平面型燃料电池、

续表

阶段1	阶段2
子系统、热装置、电池主体、汽分离器、电池导流极板、流体循环泵、控制器区域总线、离子交换基、电池电压检测器、电池电解质膜、酸基、质子氧化物导体、导电性基体材料、电池运行稳定性、催化剂反应层、氢循环泵、冷却水循环泵、碳氢化合物燃料、化学活性、空气供应管线、电解质聚合物、储氢罐、氢离子导电性、电池部件、空气供应部、导电性碳粒子、自动调节装置、反应层、电池堆模块、轮机、孔材料、湿度调节装置、阳极侧导电性、阴极侧导电性、三价稀土元素、固体聚合物膜、冷却水散热器、电极单元、氢减压阀、薄膜燃料电池	氢气释放速度、燃料电池寿命、功率元件散热器、硼氢、阴极流道板、阳极流道板、杂萘联苯聚醚砜、阳极催化层、催化剂电极层、流体进出管路、空气进出管路、氢气进出管路、酸溶液、氢化物燃料、催化燃烧、管型燃料电池、氢气发生装置、合成燃料电池、能量利用效率、浓度侦测装置、电压转换单元、不锈钢薄板、最小电池电压、正负极、气体供给歧管、氧还原催化剂

2.7 本章小节

技术术语是进行技术机会发现研究的最基本单元，本章总结了技术术语的定义、分类方法及所表现的特征，将目前常用的技术术语抽取方法归纳为语言学规则方法、统计学方法和混合方法。尤其是针对中文语种的特殊性，专门概述了中文技术术语抽取方法研究的现状。

根据专利文本的特点，本章设计了一种专利技术术语抽取模型，模型中纳入了分词、词性标注及语言学规则过滤，特别是在 C-value 方法的基础上提出了 PC-value 方法，有效解决了专利技术术语抽取的问题。

参 考 文 献

[1] Feldman R, Fresko M, Kinar Y, et al. Text mining at the term level [C]// Proceeding of the 2nd European Symposium on Principles of Data Mining and Knowledge Discovery in Databases, Nantes, 1998.

[2] 何燕, 穗志方, 段慧明, 等. 一种结合术语部件库的术语提取方法 [J]. 计算机工

程与应用, 2006, 42 (33): 4-7.

[3] Frantzi K, Ananiadou S, Mima H. Automatic recognition of multi-word terms: The C-value NC-value method [J]. International Journal of Digital Libraries, 2000, 3 (2): 117-132.

[4] 张勇. 中文术语自动抽取相关方法研究 [D]. 武汉: 华中师范大学, 2006.

[5] 冯志伟. 科技术语古今谈 [J]. 术语标准化与信息技术, 2005 (2): 4-8.

[6] 王强军, 李芸, 张普. 信息技术领域术语提取的初步研究 [J]. 术语标准化与信息技术, 2003 (1): 32-34.

[7] Milios E, Zhang Y, He B, et al. Automatic term extraction and document similarity in special text corpora [C]// Proceedings of the 6th Conference of the Pacific Association for Computational Linguistics, Canada, 2003.

[8] Kageura K, Umino B. Methods of automatic term recognition: A review [J]. Terminology, 1996, 3 (2): 259-289.

[9] Frantzi K T. Incorporating context information for the extraction of terms [C]// Proceedings of the 35th Annual Meeting of the Association for Computational Linguistics and 8th Conference of the European Chapter of the Association for Computational Linguistics, Madrid, 1997.

[10] Frantzi K T, Ananiadou S. Automatic term recognition using contextual cues [C]// Proceedings of 3rd DELOS Workshop, Darmstadt, 1997.

[11] Sui Z, Chen Y, Hu J, et al. The research on the automatic term extraction in the domain of information science and technology [C]// Proceedings of the 5th East Asia Forum of the Terminology, Haikou, 2002.

[12] Wang Q, Park I, Zhang P. Automatic extraction of the unlisted terms in the field of information technology based on the dynamic circulation corpus [C]// Proceedings of the 2003 International Conference on Natural Language Processing and Knowledge Engineering, Beijing, 2003.

[13] Bourigault D. Study and implementation of combined techniques for automatic extraction of terminology [Z]. The Balancing Act: Combining Symbolic and Statistical Approaches to Language. Cambridge: MIT Press, 1996.

[14] Didier B. Surface grammatical analysis for the extraction of terminological noun phrases [C]// Proceedings of the 14th Conference on Computational Linguistics, Nantes, 1992: 977-981.

[15] Barrón-Cedeño A, Sierra G, Drouin P, et al. An improved automatic term recognition method for spanish [C]// Proceedings of the 10th International Conference on Computational Linguistics and Intelligent Text Processing, Mexico City, 2009: 125-136.

[16] Nakagawa H, Mori T. A simple but powerful automatic term extraction method [C]// International Conference on Computational Linguistics, Mexico City, 2002.

[17] Dagan I, Church K. Termight: Identifying and translating technical terminology [C]// Proceedings of 4th Conference on Applied Natural Language Processing, Stuttgart, 1994.

[18] Justeson J S, Katz S M. Technical terminology: Some linguists properties and an algorithm for identification in text [J]. Natural Language Engineering, 1995, 1 (1): 19 – 27.

[19] Choueka Y, Klein T, Neuwitz E. Automatic retrieval of frequent idiomatic and collocational expressions in a large corpus [J]. Journal for Literary and Linguistic Computing, 1983, 4 (1): 34 – 38.

[20] Church K, Hanks K. Word association norms, mutual information and lexicography [C]// Meeting on Association for Computational Linguistics, Bragg, 1989.

[21] Damerau F J. Evaluating domain-oriented multi-word terms from text [J]. Informaiton Processing and Management, 1993, 29 (4): 433 – 447.

[22] Cohen J D. Highlights: Language and domain-independent automatic indexing terms for abstracting [J]. Journal of the American Society for Information Science, 1995, 46 (3): 162 – 174.

[23] Tseng Y H, Lin C J, Lin Y I. Text mining techniques for patent analysis [J]. Information Processing and Management, 2007, 43 (5): 1216 – 1247.

[24] Fahmi I, Bouma G, van der Plas L. Using known terms for automatic term extraction [C]// Computational Linguistics in Nederland (CLIN), Nederland, 2007.

[25] 冯志伟. 汉语单词型术语的结构 [J]. 科技术语研究, 2004, 6 (1): 15 – 20.

[26] 冯志伟. 汉语词组型术语的结构 [J]. 科技术语研究, 2004, 6 (2): 35 – 37.

[27] 李嵩. 语言学文献标题的术语提取研究 [D]. 济南: 山东大学, 2007.

[28] 罗盛芬, 孙茂松. 基于字串内部结合紧密度的汉语自动抽词实验研究 [J]. 中文信息学报, 2003, 17 (3): 9 – 14.

[29] 余丰. 专利摘要的信息抽取研究 [D]. 北京: 北京理工大学, 2006.

[30] 苗夺谦, 卫志华. 中文文本信息处理的原理与应用 [M]. 北京: 清华大学出版社, 2007.

[31] 许嘉璐, 傅永和. 中文信息处理现代汉语词汇研究 [M]. 广州: 广东教育出版社, 2006.

[32] 李昊旻, 李莹, 段会龙, 等. 中文病历文档术语提取和否定检出方法 [J]. 中国生物医学工程学报, 2008, 27 (5): 716 – 721.

第三章 共现聚类分析的新方法：最大频繁项集挖掘

3.1 引 言

对于技术术语间语义关系构建，目前主要有3种方式：手工构建、自动构建及半自动构建。手工构建尽管精确可靠，但需要投入大量的专业人员，成本高、构建速度慢、且不易维护，是一项繁重的智力劳动。（半）自动构建最早是由Salton于1971年提出的[1]，并应用于信息检索实验中。此后，大量学者就词系统的（半）自动构建进行了大量研究，提出了许多（半）自动构建方法。就目前国内外的研究现状而言，完全自动构建方法只限于命名实体间，而对于一般技术术语间的语义关系，通常采用共现分析法（Co-occurrence Analysis）。

然而，共现分析只能识别两个术语间是否存在语义关系，要想自动精确地探测术语间是否存在具体某种关系仍有一定难度。但不管怎么说，它可以大大缩小知识工程师考虑候选术语集合的范围，在术语关系辅助推荐方面仍有潜在的价值。共现分析一般分3个阶段：术语收集阶段、共现频率计算阶段及聚类分析阶段。

经仔细分析，我们发现术语收集阶段和共现频率计算阶段都存在潜在的问题。例如，为了减少处理的工作量，在术语收集阶段一般只考虑高频术语，但有些高频术语可能很少与其他术语存在语义关系，它可能是一个孤立词，而有些低频术语却可能与其他术语存在一些显著的关系，从而可能导致不能发现这些关系。在聚类分析阶段，经常需要考虑两个术语集合间的相似度/距离，这些相似度/距离与两个术语集合中所有术语同现于一篇文章的频率有直接联系。但由于共现频率计算阶段只考虑术语对的共现频率，使得多于两个术语的共现频率信息难以准确获得，因此只能采取近似的方式，从而导致最后得到的聚类结果可能具有一定的误导性。鉴于此，本章引入了一种新的共现分析方法——最大频繁项集挖掘，可以很好地克服上面提到的各种问题，提高了共现聚类分析的准确性。

3.2 共现分析法

20世纪70年代中后期，法国文献计量学家对共现分析法进行了详细描述，自此经过20多年的发展，该方法已被广泛应用到许多领域。本章主要讨论术语的共现分析，又称共词分析（Co-word Analysis），属于内容分析方法的一种。它的主要原理是对一组术语两两统计它们在同一篇文献中出现的次数，以此为基础对这些术语进行聚类分析，以便反映出这些术语之间的亲疏关系。

3.2.1 假设

由于客观世界的复杂性，任何分析方法的提出通常均会伴随一定的假设前提，或隐式或显式，实际应用与这些前提假设相符合的程度，可以从一定程度上反映分析结果的好坏。共词分析法当然也不例外，该方法的实施有4个前提假设，这些假设最早是由Whittaker于1989年提出的[2,3]，分别为：①文献作者都是很认真地选用他（她）们的技术术语；②当在同一篇文献中使用不同的术语时，意味着它们之间存在着并非微不足道的关系，它们一定是被作者认可或要求的；③如果有足够的不同作者都认可同一种关系，那么这种关系可以反映在他（她）们所关注的科学领域具有一定的联系；④经过培训的标引员选择出来的用来描述文献内容的关键词，事实上是相关科学概念可以信赖的一个指标。之后，Law和Whittaker[3,4]再次重申了上面假设中的两个：第一个是标引文献的关键词毫无疑问可以反映科学研究的现状；第二个是其他研究人员接受的观点可以影响未来使用类似关键词标引发表的科技论文。

由此可见，在某一主题领域的文献中，术语同现的频率越高，表示这两个术语的含义相关的可能性就越大[5]。而且选择受控的、被统一标引的主题词进行共现分析，可使得共现分析结果更能反映文献包含的主题概念及相互之间的关系[6]。

3.2.2 分析过程

通过共词分析构建术语间的语义关系主要分为以下3个阶段，这3个阶段环环相扣，前期工作直接影响后续操作的质量。

（1）术语收集阶段

为简化统计的过程及减少低频词对统计过程带来的干扰，共词分析通常选择高频主题词为分析的对象。高频词的确定主要有两种方法：一种是凭借经验在选词个数和词频高度上进行平衡，该方法具有一定的主观性；另一种是结合 Zipf 第二定律[7]和 Donohue 高频与低频词分界公式[8]，辅助判定高频词的界限。

具体来说，Zipf 第二定律揭示了低频词的分布规律如下：

$$\frac{I_n}{I_1} = \frac{2}{n(n+1)} \tag{3-1}$$

其中，I_n 表示出现 n 次的术语数量。Donohue 于 1973 年提出的高频词与低频词分界值计算分式为：

$$t = \frac{1}{2}(-1 + \sqrt{1 + 8I_1}) \tag{3-2}$$

该公式依赖于出现一次的术语数量。

（2）共词频率计算阶段

假设通过第一阶段从文献集合 D 中收集到了 N 个高频术语，记该术语集合为 $I = \{T_1, T_2, \cdots, T_N\}$，参与术语收集的文献共有 $|D|$ 篇。为反映高频术语之间的关系，两两统计它们在同一篇文献中出现的次数，可得一个 N 阶对称共词方阵 C（表3-1），其中，$C_{i,j} = C_{j,i}$（$i \neq j$，$i,j = 1,2,\cdots,N$）表示术语对 $<T_i, T_j>$ 同时出现在同一篇文献的篇数，$C_{i,i}$（$i,j = 1,2,\cdots,N$）表示包含术语 T_i 的文献篇数。

表 3-1　N 个高频术语形成的共词矩阵 C

	T_1	T_2	$\cdots$	T_N
T_1	$C_{1,1}$	$C_{1,2}$	$\cdots$	$C_{1,N}$
T_2	$C_{2,1}$	$C_{2,2}$	$\cdots$	$C_{2,N}$
$\vdots$	$\vdots$	$\vdots$	$\ddots$	$\vdots$
T_N	$C_{N,1}$	$C_{N,2}$	$\cdots$	$C_{N,N}$

为了能更好地从共现矩阵中挖掘出有意义的知识，在实际文献计量分析中，通常对矩阵 C 进行一定的包容化（Inclusion）处理。目前常用的包容化处理方式有如下 3 种。

1）包容指标（Inclusion Index）[9]

$$I_{i,j} = \frac{C_{i,j}}{\min\{C_{i,i}, C_{j,j}\}}, (i,j = 1,2,\cdots,N) \qquad (3-3)$$

$I_{i,j}$ 的取值范围为 [0, 1]。当 $C_{i,i} > C_{j,j}$ 时，术语 T_i 比术语 T_j 所表达的概念更一般，前者所表达的概念有时会包含后者所表达的概念，此时，$I_{i,j}$ 表示在一篇文献中出现术语 T_j 的条件下同时出现术语 T_i 的概率。当 $I_{i,j} = 1$ 时，术语 T_j 和 T_i 总是同现于同一篇文献。包容指标主要用于计算主题领域的层次。

2）临近指标（Proximity Index）[9]

$$P_{i,j} = |D| \times \frac{C_{i,j}}{C_{i,i} \times C_{j,j}}, (i,j = 1,2,\cdots,N) \qquad (3-4)$$

有时尽管 $I_{i,j}$ 的值很小，但它仍然大于术语 T_i 出现在文档集合 D 中的无条件概率。这表明，可能存在一些主题词出现频率比较低，但仍与一些外围（不重要的）主题词存在一定的关系。临近指标与包容指标相反，可以反映术语对出现频率相对较低的主题词。

3）等价指标（Equivalence Index）[10]

$$E_{i,j} = \frac{C_{i,j}}{C_{i,i}} \times \frac{C_{i,j}}{C_{j,j}} = \frac{C_{i,j}^2}{C_{i,i} \times C_{j,j}}, (i,j = 1,2,\cdots,N) \qquad (3-5)$$

$E_{i,j}$ 的取值范围为 [0, 1]，它表示给定术语 T_i 和 T_j 分别出现的文献集合，二者同时出现在同一篇文献中的概率。

（3）聚类分析阶段

与特征向量表示的数据矩阵不同，无论是矩阵 **C**、**I**、**P** 还是 **E**，所传递的信息均不是那么直观，通常需要进一步对其进行聚类分析或者借助可视化工具（如 Pajek[11]、NetDraw[12] 等）构建科学图谱。专门针对这类数据的聚类算法包括 KNN、逐对 K-Means[13]、层次聚类[14] 及刊登于《Science》杂志的 AP（Affinity Propagation）聚类[15]。

3.2.3 共现聚类分析（举例）

共现分析的第 3 阶段——聚类分析阶段——的输入为矩阵 **C**、**I**、**P** 或 **E**，也就是说，无论采用哪种聚类算法，所考虑的信息只能是术语两两共现的信息。但在算法执行过程中，经常需要计算两个术语集合间的相似度/距离，这相当于需要计算 k（≥ 3）个术语共现的信息。但由于聚类算法的输

入为矩阵 C、I、P 或 E，使得 k（≥3）个术语共现的信息并不能被准确获得，因此需要某种程度的近似，从而导致最终的聚类结果很可能是有偏差的，下面将以层次聚类算法为例，通过一个简单的示例加以说明。

（1）层次聚类法

给定需要聚类的 N 个术语，以及 $N \times N$ 阶共现信息矩阵（C、I、P 或 E 等，这些矩阵可以看作相似度矩阵），层次聚类法的基本步骤如下[14]：

STEP 1　将每个术语归为一聚簇，共得到 N 个聚簇，每个聚簇仅包含一个术语；

STEP 2　找到最相似的两个聚簇，将其合并成一个新的聚簇，总的聚簇个数减少一个；

STEP 3　重新计算新的聚簇与所有旧的聚簇之间的相似度；

STEP 4　重复 STEP 2 和 STEP 3，直到最后合并成一个聚簇为止。

根据 STEP 3 的不同，可将层次聚类法分为常用的 3 类：single-linkage，complete-linkage 和 average-linkage。这 3 种方法的主要差别是计算两个术语集合的相似度的方式不同。具体来说，给定两个术语集合 $S_1 = \{T_{1,1}, T_{1,2}, \cdots, T_{1,m}\}$ 和 $S_2 = \{T_{2,1}, T_{2,2}, \cdots, T_{2,n}\}$，两个集合中的术语通常是不同的，已知任意两个术语间的相似度，即共现信息矩阵中的对应元素，为方便记为 $Sim(T_{1,i}, T_{2,j})$，则 single-linkage、complete-linkage 和 average-linkage 计算术语集合 S_1 和 S_2 间的相似度分别如下：

$$Sim_{\text{single}}(S_1, S_2) = \max_{e_1 \in S_1} \max_{e_2 \in S_2} \{Sim(e_1, e_1)\} \quad (3\text{-}6)$$

$$Sim_{\text{complete}}(S_1, S_2) = \min_{e_1 \in S_1} \min_{e_2 \in S_2} \{Sim(e_1, e_1)\} \quad (3\text{-}7)$$

$$Sim_{\text{average}}(S_1, S_2) = \frac{1}{m \times n} \sum_{i=1}^{m} \sum_{j=1}^{n} Sim(T_{1,i}, T_{2,j}) \quad (3\text{-}8)$$

由于它迭代合并各个聚簇，这种层次聚类法也称为凝聚层次聚类法。还有一种划分层次聚类法，与凝聚层次聚类刚好相反，它先将所有术语放在同一个聚簇中，然后不断划分成更小的聚簇。下面将通过 average-linkage 层次聚类来说明传统共现聚类分析的缺陷，以便引出一种新的共现聚类分析方法——最大频繁项集法，以便克服这种缺陷。

（2）average-linkage 层次聚类过程

示例 3-1　给定 12 篇文献组成的文献集合，以及每篇文献中所包含的术语，详见表 3-2，假设所有的术语均是高频词，以共现信息矩阵 C 作为 average-linkage 层次聚类算法的输入，则聚类过程如图 3-1 所示。由于共现

第三章　共现聚类分析的新方法：最大频繁项集挖掘

信息矩阵是对称的，而且聚类过程并未用到对角线元素的信息，所以图 3-1 只给出矩阵 C 的上三角阵。

表 3-2　用于共词分析的文档及对应的术语示例

文献 ID	术语集合	文献 ID	术语集合
1	{A, C, D}	7	{B, C}
2	{A, B, C, D, E}	8	{A, B, D, E}
3	{D, E}	9	{B, C, D}
4	{B, C}	10	{A, C, D, E}
5	{B, C, D}	11	{A, C, D}
6	{B, D}	12	{D, E}

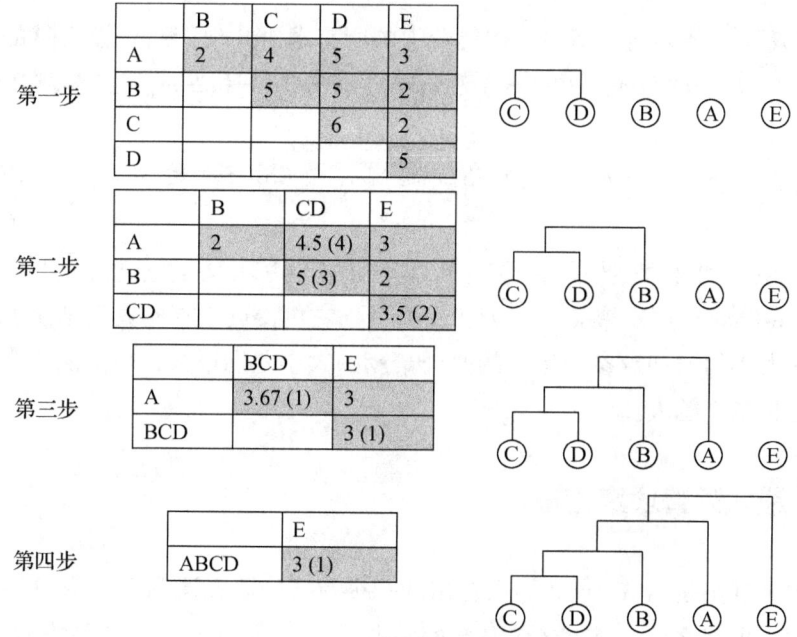

图 3-1　average-linkage 层次聚类过程

仔细观察图 3-1 不难发现，图 3-1 中间那列每个矩阵中的元素其实应该表示相应的共现信息。例如，考虑共现信息矩阵 C，术语集合 S_1 和 S_2 间的相似度应该为 $S_1 \cup S_2$ 集合中的所有术语共现于同一篇文献的频率。但由于采用 average-linkage 层次聚类法，使得 $Sim(S_1,S_2)$ 明显大于 $S_1 \cup S_2$ 集合中的所有术语共现于同一篇文献的频率（见图 3-1 中间那列每个矩阵中括号内的数）。如果按照真实的共现信息进行层次聚类，得到聚类结果应该如图 3-2 所示。需要说明的是，图 3-2（a）和图 3-2（b）的差异仅在于处理相同最大频率的方式不同。

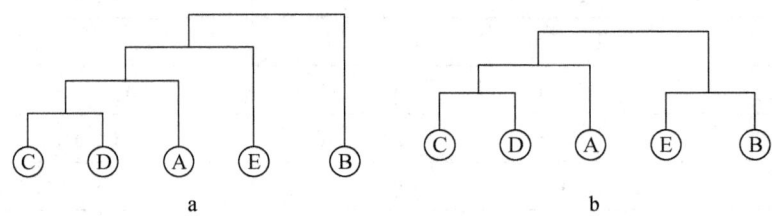

图 3-2　正确的 average-linkage 层次聚类结果

实际上，不难证明 $S_1 \cup S_2$ 集合中的所有术语共现于同一篇文献的频率 $Sim_{\text{true}}(S_1,S_2)$ 与 $Sim_{\text{single}}(S_1,S_2)$、$Sim_{\text{complete}}(S_1,S_2)$ 和 $Sim_{\text{average}}(S_1,S_2)$ 满足以下关系：

$$Sim_{\text{true}}(S_1,S_2) \leqslant Sim_{\text{complete}}(S_1,S_2) \leqslant Sim_{\text{average}}(S_1,S_2) \leqslant Sim_{\text{single}}(S_1,S_2)$$

(3-9)

也就是说，如果非要采用层次聚类法进行共现聚类分析，建议采用 complete-linkage 层次聚类，因为相比而言，它更接近于真实聚类结果。但随着聚簇大小的增加及参与运算的两个聚簇的大小差别增大，与真实聚类结果的差异将越来越大。

3.3　最大频繁项集挖掘

关联规则是由 Agrawal 等人提出的一个重要的研究课题[16]，用于反映大量数据中项集之间（有趣/有用）的关联，最经典的例子就是购物篮分析。关联规则挖掘一般分为两步：产生频繁项集和从频繁项集中得到关联规则。其中，产生频繁项集是关联规则挖掘的基础，对算法性能的影响起决定作用。在设定的最小支持度较低或者数据集比较稠密的情况下，产生的频繁项集将非常多，加大了用户理解挖掘结果的难度。为减少频繁项集产生的数量，Bayardo 于 1998 年首先提出了最大频繁项集的概念[17]，这是所有频繁项集的超集。

3.3.1 基本概念

令 I 表示所有术语（包括高频和低频术语）组成的集合，I 的任意非空子集被称为项集（Itemset）。

定义 3-1（支持度） 给定文献集合 D，项集 X 的支持度为包含 X 中所有术语的文献数量，记为 $Sup(X)$。

定义 3-2（频繁项集） 给定文档集合 D 和最小支持度阈值 min_sup，对于项集 $X \subseteq I$，如果 $Sup(X) \geq min\_sup$，则称 X 为文档集合 D 上的频繁项集，否则为非频繁项集，记所有频繁项集组成的集合为 FI。

定义 3-3（最大频繁项集） 给定文档集合 D 和最小支持度阈值 min_sup，对于项集 $X \subseteq I$，如果 $Sup(X) \geq min\_sup$，并且对于 X 的任意超集 Y，均有 $Sup(Y) < min\_sup$，则称 X 为文献集合 D 上的最大频繁项集，记所有最大频繁项集组成的集为 MFI。

目前，有许多挖掘 MFI 的算法，如 MaxMiner[17]、MAFIA[18]、GenMax[19,20]、Pincer-Search[21]、基于 Diffset 的方法[22] 及 HBMFI[23] 等。鉴于子集搜索空间非常大，为了使算法更有效，所有这些算法均使用了不同种类的剪枝策略。很难说哪种算法的性能更好，因为它们的性能依赖于文档集合的特性（主要是最大频繁项集按长度的分布）[19]。

3.3.2 最大频繁项集挖掘（举例）

示例 3-2 现在重新考虑表 3-3 中给出的例子。令 $min\_sup = 2$，图 3-3 绘出了项集 {A, B, C, D, E} 的子集空间。图 3-3 中的白色及深灰色椭圆表示频繁项集，浅灰色椭圆表示不频繁项集，每个椭圆中冒号后的数字表示冒号前的所有术语共现于同一篇文献的篇数。对于表 3-3 中给出的数据，共有 3 个最大频繁项集，见图 3-3 中深灰色的椭圆。由于任意频繁项集的子集均为频繁项集，使得频繁项集与不频繁项集间存在一个边界，见图 3-3 中的粗折线。

仔细观察图 3-3 及图 3-4，不难发现，术语集合 {A, B, C, D, E} 被分成了 3 个集合，分别为 {A, B, D, E}、{A, C, D, E} 及 {B, C, D}，每个集合中的术语经常同现于同一篇文献。按照 3.2.1 节共现分析的第三条假设，每个集合中所有术语的含义可能具有一定的相关性，此时可将整个集合提交给知识工程师来进一步判断具体是什么语义关系。

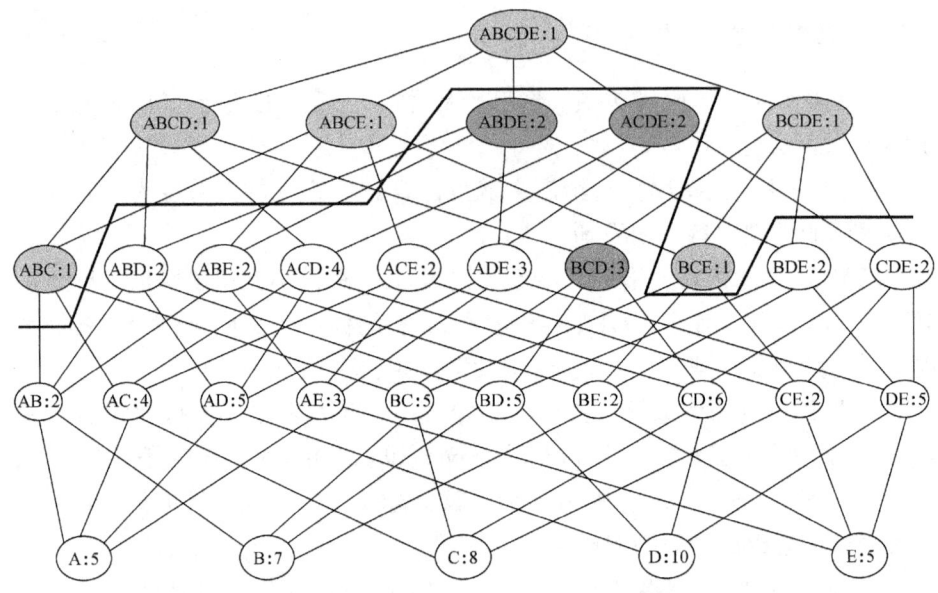

图 3-3 项集 {A，B，C，D，E} 的子集空间

对比图 3-3、图 3-4 和图 3-2 可以发现，使用层次聚类法得到的术语集合是互不重叠（Overlapping）的，即一个术语属于且仅能属于一个聚簇，而最大频繁项集并没有这个限定。由于术语所表达的含义可能有多个，即一词多义，因此，聚类结果的互不重叠性可能不是一个很好的性质。对于传统的共现分析，有时需要对共现矩阵进行包容化处理，最大频繁项集的挖掘不需要类似的预处理工作。另外，由于最大频繁项集隐含了高频术语筛选（在关联规则挖掘中被称为频繁 1-项集），因此，在最大频繁项集挖掘之前，不再需要术语收集阶段，而且高频术语未必与其他术语存在一定的语义关系，它可能是一个孤立词（见 3.4.2 节）。总之，相比传统共现分析，最大频繁项集只需要一个阶段，即聚类分析结果。

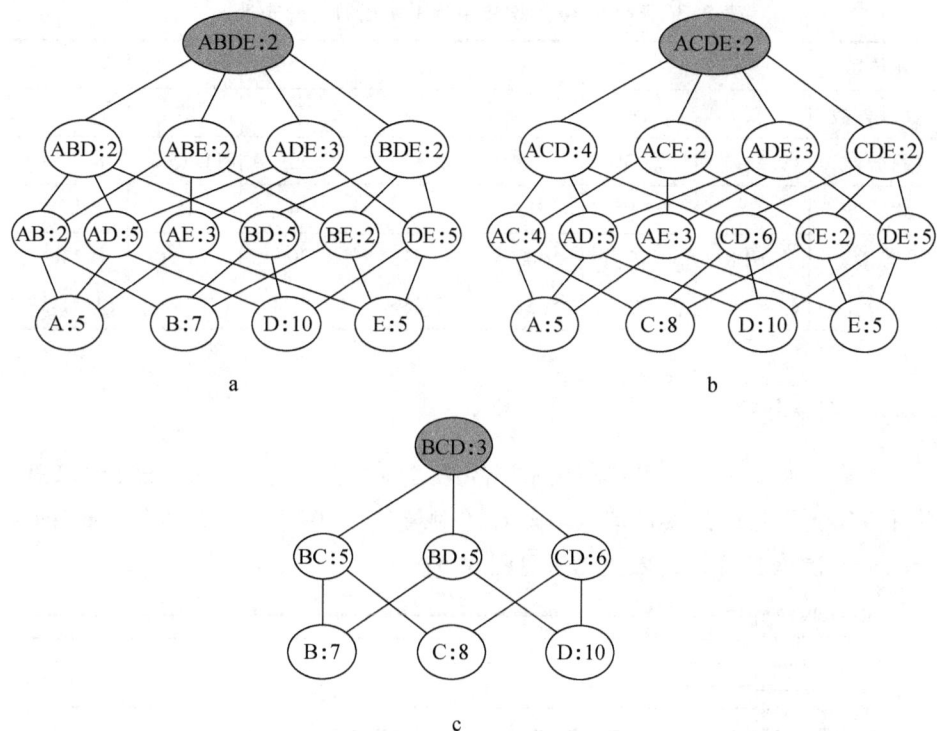

图3-4 项集{A, B, D, E}、{A, C, D, E}及{B, C, D}的子集空间

3.4 实验结果及讨论

3.4.1 实验材料

为说明最大频繁项集挖掘在术语间语义关系辅助发现中的优势，本章以FAO-780数据集[24]为实验材料。该数据集共由780篇文献组成，由标引员根据FAO受控词表对每篇文献进行标引，共涉及1560条术语。每篇文献所标引的最少术语数为2条，最多术语数为23条，平均术语为7.98条，详细的标引术语数的分布情况见表3-3。

表 3-3　FAO-780 数据集中标引术语数的分布情况

术语数	3	4	5	6	7	8	9
文献篇数	72	79	74	77	73	87	68
（百分比）	(9.23%)	(10.13%)	(9.49%)	(9.87%)	(9.36%)	(11.15%)	(8.72%)
术语数	10	11	12	13	14	15	其他
文献篇数	61	46	43	41	30	18	11
（百分比）	(7.82%)	(5.90%)	(5.51%)	(5.26%)	(3.85%)	(2.31%)	(1.41%)

3.4.2　结果分析

本章按照 3.2.2 节确定高频术语的第二种方法，得到了 25 条高频术语，并计算得到了相应的共现信息矩阵 C（附录 2），并对矩阵 C 进行 complete-linkage 层次聚类分析，聚类结果见图 3-5。

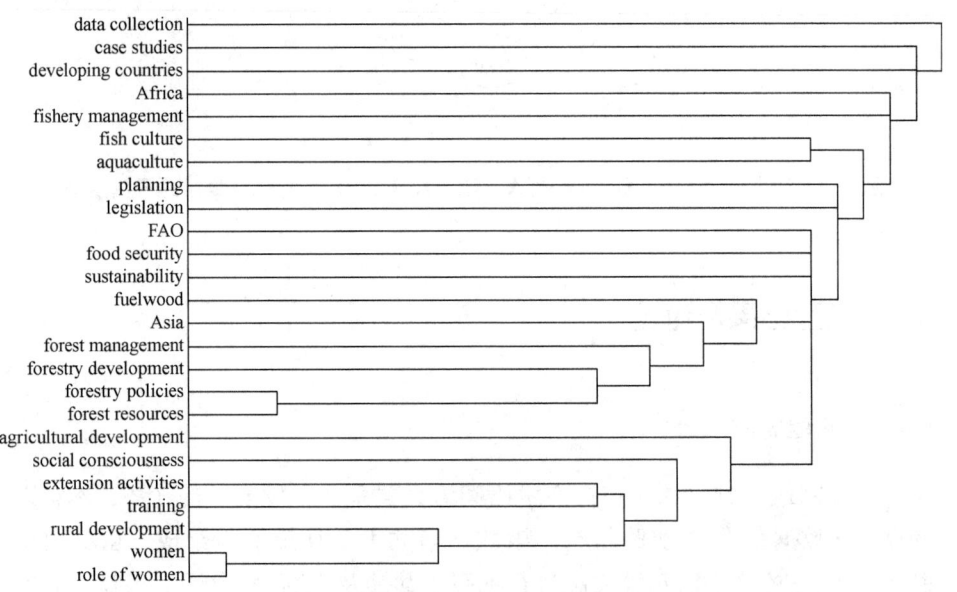

图 3-5　25 个高频术语通过共现聚类分析得到的聚类结果

令 $min\_sup = 6$，采用 GenMax 算法[19]对 FAO-780 数据集进行 MFI 挖掘，共挖掘得到 320 个最大频繁项集，其中只含有一条术语的最大频繁项集有 179 个。由于本章挖掘 MFI 的目的在于辅助知识工程师构建术语间的语义关系，因此，只含一条术语的最大频繁项集不在考虑之列，这样剩下141个最大频繁项集（附录3），部分结果见表3-4。这141个最大频繁项集共涉及术语106条，与前面25条高频术语存在23条术语交集。25条高频术语中未包含在最大频繁项集中的术语为"case studies"和"developing countries"，从25条高频术语的共现信息矩阵 C（附录2）的第17和第25行/列也比较容易看出，这说明仅根据单个术语频率收集术语是有问题的。

表3-4 部分最大频繁项集挖掘结果

ID	最大频繁项集	ID	最大频繁项集
1	{agricultural resources, agricultural sector, labour, social conditions, national planning, decision making, legislation, extension activities, training, women, role of women, rural development}	6	{shellfish culture, infrastructure, markets, food consumption, fishery production, surveys, fish culture, fishery management}
2	{choice of species, selection, genetic resources, resource conservation, forestry policies, forest resources}	7	{wood industry, wood products, Asia, forestry policies, forest resources}
3	{forest management, forestry development, forestry policies, forest resources}	8	{wood industry, supply balance, wood products, Asia}
4	{female labour, role of women, rural development}	9	{social change, women, role of women, rural development}
5	{forest management, sustainability, forest resources}	10	{wood, Asia, forest resources}

根据设定的 min_sup 值，通常还会得到许多其他非高频术语。例如，本章共得到 106 - 23 = 83 条非高频术语，但这些术语间或与23条高频术语可能存在显著的语义关系，这是传统共现分析法难以捕捉到的。另外，如果将 min_sup 值设置得比较高，则会自动过滤掉许多低频术语及那些高频孤立术语。如示例3-2中，令 $min\_sup=5$，则术语A将被过滤掉。除了本章讨论的传统共现分析法的限制，经典文献［25］也详细描述了其他一些限制，有兴趣的读者可以参考该文献。

3.5 本章小结

在某一主题领域的文献中术语同现的频率越高,则表示这两个术语的含义相关的可能性越大,从而促使共现分析法用于发现术语间语义关系的流行。然而,传统共现分析法一般分 3 个阶段:术语收集阶段、共现频率计算阶段及聚类分析阶段,其中,前两个阶段存在严重的缺陷,从而导致最后得到的聚类结果可能误导知识工程师。基于此,本章引入了一种新的共现聚类分析方法——最大频繁项集挖掘,它将传统共现分析法的 3 个阶段压缩成一个阶段,充分利用了可以利用的信息,克服了传统方法的缺陷,通过设置合适的最小支持度阈值,基本上可以得到比较满意的结果。

参 考 文 献

[1] Salton G. Experiments in automatic thesaurus construction for information retrieval [C]// Proceedings of the IFIP Congress (1), Ljubljana, 1971: 115 – 123.

[2] Whittaker J. Creativity and conformity in science: Titles, keywords and co-word analysis [J]. Social Studies of Science, 1989, 19 (3): 473 – 496.

[3] He Q. Knowledge discovery through co-word analysis [J]. Library Trends, 1999, 48 (1): 133 – 159.

[4] Law J, Whittaker J. Mapping acidification research: A test of the co-word method [J]. Scientometrics, 1992, 23 (3): 417 – 461.

[5] 冯璐,冷伏海. 共现词分析方法理论进展 [J]. 中国图书馆学报,2006,32 (2): 88 – 92.

[6] 宋爽. 共现分析在文本知识挖掘中的应用研究 [D]. 南京:南京理工大学,2006.

[7] Booth A D. A law of occurrences for words of low frequency [J]. Information and Control, 1967, 10 (4): 386 – 393.

[8] Donohue J C. Understanding scientific Literature: A bibliographic approach [M]. Cambridge: The MIT Press, 1973.

[9] Callon M, Law J, Rip A. Qualitative scientometrics [M]. Mapping the Dynamics of Science and Tehnology. London: Macmillan Publishers Limited, 1986: 103 – 123.

[10] Callon M, Courtial J P, Laville F. Co-word analysis as a tool for describing the network of interactions between basic and technological research: The case of polymer chemistry [J]. Scientometrics, 1991, 22 (1): 155 – 205.

[11] Pajek-progam for large network analysis [EB/OL]. [2010 – 10 – 12]. http://

pajek. imfm. si/doku. php? id = pajek.

[12] NetDraw netwok visualization [EB/OL]. [2010 - 10 - 12]. http://www.analytictech.com/netdraw/netdraw.htm.

[13] Duda R O, Hart P E, Stork D G. Pattern classification [M]. 2nd ed. New York: John Wiley & Sons, Inc, 2001.

[14] Jain A K, Dubes R C. Algorithms for clustering data [M]. New Jersey: Prentice-Hall, Englewood Cliffs, 1988.

[15] Frey B J, Dueck D. Clustering by passing messages between data points [J]. Science, 2007 (315): 972 - 976.

[16] Agrawal R, Imielinski T, Swami A. Mining association rules between sets of items in large databases [C]// Proceedings of the ACM SIGMOD International Conference on Management of Data (SIGMOD), Washington, 1993: 207 - 216.

[17] Bayardo Jr. R J. Efficiently mining long patterns from databases [C]// Proceedings of the 1998 ACM SIGMOD International Conference on Management of Data, Seattle, Washington, USA, 1998: 85 - 93.

[18] Burdick D, Calimlim M, Gehrke J. MAFIA: A maximal frequent itemset lgorithm for transactional databases [C]// Proceedings of the 17th International Conference on Data Engineering (ICDE), Washington, 2001.

[19] Gouda K, Zaki M J. GenMax: An efficient algorithm for mining maximal frequent itemsets [J]. Data Mining and Knowledge Discovery, 2005, 11 (3): 1 - 20.

[20] Gouda K, Zaki M J. Efficiently mining maximal frequent itemsets [C]// Proceedings of the 1st IEEE International Conference on Data Mining (ICDM), California, 2001: 163 - 170.

[21] Lin D-I, Kedem Z M. Pincer-search: An efficient algorithm for discovering the maximum frequent set [J]. IEEE Transactions on Knowledge and Data Engineering, 2002, 14 (3): 553 - 566.

[22] Zaki M J, Gouda K. Fast vertical mining using diffsets [C]//Proceedings of the 9th ACM SIGKDD International Conference on Knowledge Discovery and Data Mining, Washington, 2003: 326 - 335.

[23] Rahman A M J M Z, Balasubramanie P. An efficient algorithm for mining maximal frequent item sets [J]. Journal of Computer Science, 2008, 4 (8): 638 - 645.

[24] FAO-780 [EB/OL]. [2010 - 10 - 05]. http://code.google.com/p/maui - indexer/downloads/list.

[25] Perfetti C A. The limits of co-occurrence: Tools and theories in language research [J]. Discourse Processes, 1998, 25 (2 - 3): 363 - 377.

第四章 基于双序列比对的中文术语语义相似度计算方法

4.1 引 言

术语语义相似度计算在许多领域都有广泛的应用,如智能信息检索、信息抽取、文本分类/聚类、词义消歧、基于实例的机器翻译等。针对这一问题,目前已经有许多定量计算方法,主要分为两类:一类是基于某一语义分类体系来计算[1-8];另一类利用大规模的语料库进行统计[9-12],本章主要考虑第一类计算方法。语义分类体系通常也称为语义知识库(Semantic Knowledge Database,SKD),常用的几种语义知识库包括《同义词词林》[13,14]、HowNet[15]、WordNet[16]等。

然而,任何一部语义知识库都存在一个完备性的问题,而且它的收词粒度通常比较细。也就是说,它不可能收录实际应用中的所有词汇,特别是科技领域中的复合词,从而导致许多术语间的语义相似度无法直接进行计算。在说明如何解决这个问题之前,本章参考文献[7,8],首先给出几个定义:称语义知识库中存在的词汇为原子术语(Primitive Term,PT);语义知识库中不存在,但可由两个或更多原子术语组合而成的词汇称为组合术语(Combined Term,CT);原子术语与组合术语统称为术语(Term)。严格来说,就是给定一部语义知识库 $D = \{PT_1, PT_2, \cdots, PT_K\}$,则 D 中每个元素都是一个原子术语,而符合下式定义的词汇 CT 为组合术语:

$$CT = PT_{i_1}, PT_{i_2}, \cdots, PT_{i_n}, \quad CT \notin D, \quad PT_{i_j} \in D, \quad j = 1, 2, \cdots, n \ (n \geq 2) \tag{4-1}$$

对于任意一个组合术语 CT,由于构成它的原子术语的位置是确定的,因此每个组合术语都可以表示为一个有序列表,即

$$CT \equiv <PT_{i_1}, PT_{i_2}, \cdots, PT_{i_n}> \tag{4-2}$$

为一致起见,原子术语 PT 也可类似地表示为 $<PT>$。另外,对于术语

$T = <PT_{i_1}, PT_{i_2}, \cdots, PT_{i_n}>$ ($n \geq 1$)，为方便引用相应原子术语的位置信息，我们定义一个函数 R：

$$R(T, PT) = \begin{cases} j, \text{if } PT = PT_{i_j} \\ 0, \text{otherwise} \end{cases} \quad (4-3)$$

现在，术语语义相似度计算问题可正式陈述为：给定一部语义知识库 $D = \{PT_1, PT_2, \cdots, PT_K\}$，对于任意两个术语 $T_1 = <PT_{1,1}, PT_{1,2}, \cdots, PT_{1,m}>$，$T_2 = <PT_{2,1}, PT_{2,2}, \cdots, PT_{2,m}>$，$PT_{1,i} \in D$（$i = 1, 2, \cdots, m$），$PT_{2,j} \in D$（$j = 1, 2, \cdots, n$），计算 T_1 与 T_2 间的语义相似度 $Sim(T_1, T_2)$。如果 T_1 与 T_2 均为原子术语，则 $Sim(T_1, T_2)$ 可直接进行计算（见 4.3 节），本章将其称为 I 型问题；否则，通常的做法是首先将 T_1 与 T_2 中的原子术语建立一定的对应关系，然后按照一定的准则进行加权求和（见 4.4 节），本章将其称为 II 型问题。

经仔细分析，我们发现解决 II 型问题的传统方法做了一个隐式假设，即假设组成 T_1 与 T_2 的原子术语的顺序大体是一致的。然而，实际应用中许多术语对并不满足这一假设，如 <燃气，汽车> 与 <汽车，燃气>。而且组合术语的定义并未考虑术语的有效性，这可能导致有效术语与无效术语间的语义相似度很大，从而对某些应用产生不利影响。此处的有效性是指术语是否有明确的意思。如果具有明确的意思，则称为有效术语（如 <汽车，车灯>），否则称为无效术语（如 <车灯，汽车>）。

为解决这些问题，本章提出了一种新的基于双序列比对的方法。由于本章的重点是 II 型问题的中文术语语义相似度计算，为简单起见，本章采用《同义词词林》作为我们的语义知识库。需要说明的是，本章方法同样适用于其他语义知识库。

4.2 《同义词词林》简介

《同义词词林》（以下简称《词林1》）[13] 是梅家驹等人于1983年编纂而成的，初衷是希望提供较多的同义词词语，对创作和翻译工作有所帮助。《词林1》共收词53 859条，按照树状的层次结构把所有收录的词条组织到一起，把词汇分成大、中、小3类，大类有12个（用大写英文字母表示），中类有94个（用小写英文字母表示），小类有1428个（用两位十进制整数表示）。每个小类里都有很多词，这些词又根据词义的远近和相关性分成了若干词群（段落）。每个段落中的词语又进一步分成了若干个行，同一行的词语要么词义相同（有的词义十分接近），要么词义有很强的相关性。

由于《词林1》著作时间较为久远，且之后没有更新，所以很多词已经很不常用，成为所谓的罕用词，而很多新词又没有加入。有鉴于此，哈尔滨工业大学信息检索实验室参照多部电子词典资源，并投入大量的人力和物力，完成了一部《哈工大信息检索研究室同义词词林扩展版》（以下简称《词林2》）[14]。它保留了原版中的39 099个高频词，最终的词表包含77 343条词语。《词林2》保留了《词林1》的三级分类结构，并且将《词林1》中小类的段落看作第四级分类（用大写英文字母表示），段落中的行看作第五级分类（用两位十进制整数表示）。这样，《词林2》就具备了五级分类结构，如图4-1所示。

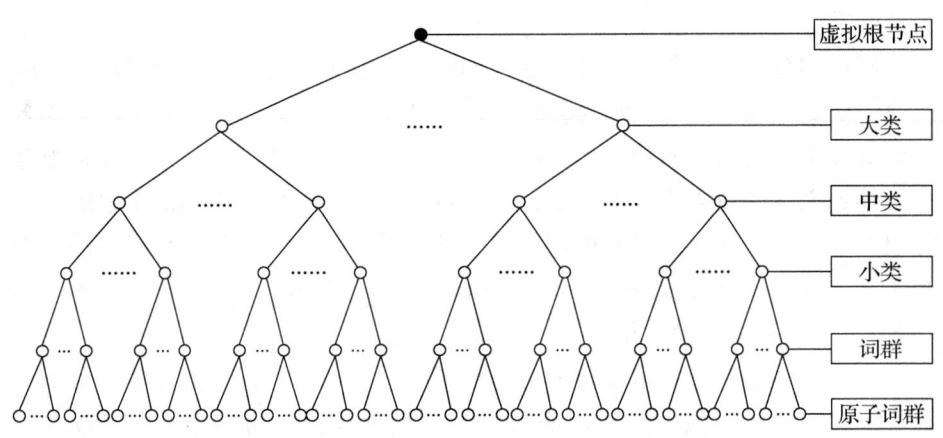

图4-1 《词林2》五级分类结构示意

对于第五级的分类结果，由于有的行是同义词，有的行是相关词，有的行只有一个词，为了加以区分，《词林2》增加了第8位标记，分别是"="""#""@"。"="代表"相等""同义"；"#"代表"不等""同类"，属于相关词语；"@"代表"自我封闭""独立"，它在词典中既没有同义词，又没有相关词。这样，《词林2》中的每个原子术语都可以用一个8位的编码来表示（表4-1），当然，原子术语与编码之间并不是一一对应的。例如，编码"Aa01A01="与集合{人，士，人物，人士，人氏，人选}中的所有元素对应；而原子术语"人"对应于集合{Aa01A01=，Ab02B01=，Dd17A02=，De01B02=，Dn03A04=}中的所有编码。

表 4-1 《词林 2》的词语编码表

编码位	1	2	3	4	5	6	7	8
符号举例	B	o	2	1	A	2	6	#、=、@
符号性质	大类	中类	小类		词群	原子词群		
级别	第 1 级	第 2 级	第 3 级		第 4 级	第 5 级		

为方便起见，令函数 $Code(PT)$ 表示原子术语 PT 的所有编码组成的集合，例如，$Code(人) = \{Aa01A01=, Ab02B01=, Dd17A02=, De01B02=, Dn03A04=\}$，并且令小写字母 c 表示这个集合中的元素，即 $c \in Code(PT)$。

4.3　I 型问题的语义相似度计算

从信息论的角度来说，两个事物的相似度不仅与其个性有关，而且与其共性有关[17]。基于此，编码 c_1 与 c_2 间的词义相似度可定义为[7,8]：

$$Sim(c_1, c_2) = \frac{2 \times Spd(c_1, c_2)}{Dsd(c_1, c_2) + 2 \times Spd(c_1, c_2)} \quad (4-4)$$

其中，$Spd(c_1, c_2)$ 和 $Dsd(c_1, c_2)$ 分别表示 c_1 与 c_2 的重合度（Superposed Degree）和相异度（Dissimilitude Degree）。对于像《词林 2》这样的语义分类树来说，$Spd(c_1, c_2)$ 表示 c_1 与 c_2 所代表的叶节点共享的路径长度，$Dsd(c_1, c_2)$ 表示 c_1 与 c_2 所代表叶节点间的最短路径长度。对于《词林 2》，容易验证公式（4-4）可简化为[8]：

$$Sim(c_1, c_2) = \frac{Spd(c_1, c_2)}{5} \quad (4-5)$$

示例 4-1　令 $c_1 =$ "Bo21A26#"，$c_2 =$ "Bo25D01="，则与 c_1、c_2 有关的语义分类树片段见图 4-2，图中的实心节点表示虚拟根节点。此时，$Spd(c_1, c_2) = 2$，$Dsd(c_1, c_2) = 6$，所以 $Sim(c_1, c_2) = 0.4$。

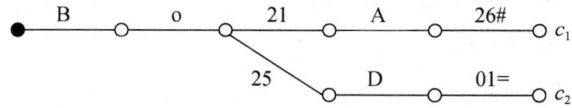

图 4-2　与 c_1、c_2 有关的语义分类树片段

此时，原子术语 PT_1 与 PT_2 间的语义相似度可定义为[6-8]：

$$Sim(PT_1,PT_2) = \max_{c_1 \in Code(PT_1)} \max_{c_2 \in Code(PT_2)} Sim(c_1,c_2) \quad (4-6)$$

示例 4 – 2 令 PT_1 = 木头，PT_2 = 材料，通过查阅附录 4，根据公式 （4-6）可得 $Sim(PT_1,PT_2) = 0.2$ 。

4.4　Ⅱ型问题的语义相似度计算

本节考虑Ⅱ型问题的语义相似度计算问题，即给定两个术语 $T_1 = <PT_{1,1},PT_{1,2},\cdots,PT_{1,m}>$ ，$T_2 = <PT_{2,1},PT_{2,2},\cdots,PT_{2,m}>$ ，计算 T_1 与 T_2 间的语义相似度，不失一般性，可令 $m \leq n \geq 2$ 。4.4.1 节对传统方法进行了仔细分析，并指出其存在的潜在问题，然后 4.4.2 节提出了一种基于双序列比对的新方法。

4.4.1　传统方法

通常的做法[6-8]是首先建立组成 T_1 与 T_2 的原子术语间的对应关系，即构建类似于公式（4-7）的对应关系集合：

$$CS = \{PT_{1,1} \leftrightarrow PT_{2,j_1}, PT_{1,2} \leftrightarrow PT_{2,j_2}, \cdots, PT_{1,m} \leftrightarrow PT_{2,j_m}\} \quad (4-7)$$

构建该集合的伪代码为：

算法 4 – 1　构建对应关系集合①

输入：两个术语 $T_1 = <PT_{1,1}, PT_{1,2}, \cdots, PT_{1,m}>$，$T_2 = <PT_{2,1}, PT_{2,2}, \cdots, PT_{2,m}>$，以及一部语义知识库 D 。

输出：组成 T_1 与 T_2 的原子术语间的对应关系集合 CS 。

1　$CS \leftarrow \phi$

2　FOR $i = m$ TO 1，STEP $= -1$

//考虑到中文词汇构成具有"重心后移"的特点，通常按照从后向前的顺序计算。

2.1　$j \leftarrow \mathrm{argmax}_{PT_{2,j} \in T_2} Sim(PT_{1,i},PT_{2,j})$

2.2　$CS \leftarrow CS \cup \{PT_{1,i} \leftrightarrow PT_{2,j}\}$

2.3　$T_2 \leftarrow T_2 - PT_{2,j}$

END FOR

---

① 不同文献在构建对应关系时采用的策略略有不同，本处采用文献 [6] 中的策略。

需要注意的是，本处采用了与集合有关的符号表示法，如 $PT_{2,j} \in T_2$ 表示 T_2 包含原子术语 $PT_{2,j}$，$T_2 - PT_{2,j}$ 表示从 T_2 中删除原子术语 $PT_{2,j}$。容易看出，该算法的时间复杂度为 $\mathcal{O}(m \times n)$，空间复杂度为 $\mathcal{O}(m+n)$。

对应关系集合 CS 构建完成之后，就可按公式（4-8）计算 T_1 与 T_2 间的语义相似度：

$$Sim(T_1, T_2) = \alpha \times \left(\frac{1}{m} + \frac{1}{n}\right) \times \sum_{i=1}^{m} Sim(PT_{1,i}, PT_{2,j_i}) + (0.5 - \alpha) \times \frac{m}{n} \times \sum_{i=1}^{m} \left\{ \left[\frac{R(T_1, PT_{1,i})}{\sum_{i'=1}^{m} i'} + \frac{R(T_2, PT_{2,j_i})}{\sum_{j'=1}^{n} j'}\right] \times Sim(PT_{1,i}, PT_{2,j_i}) \right\}$$

(4-8)

其中，α 的典型值为 0.3，$Sim(PT_1, PT_2)$ 为原子术语 PT_1 与 PT_2 间的语义相似度，见式（4-6）。

示例 4-3 令 $T_1 = <$燃气，汽车$>$，$T_2 = <$汽车，燃气$>$。根据算法 4-1，组成 T_1 与 T_2 的原子术语间的对应关系见图 4-3（a）（相关原子术语的代码可参见附录 4），则 T_1 与 T_2 间的语义相似度①为：

$$Sim(T_1, T_2) = 0.3 \times \left(\frac{1}{2} + \frac{1}{2}\right) \times 2 + 0.2 \times \frac{2}{2} \times \left[\left(\frac{1}{1+2} + \frac{2}{1+2}\right) \times 1 + \left(\frac{2}{1+2} + \frac{1}{1+2}\right) \times 1\right] = 1.0$$

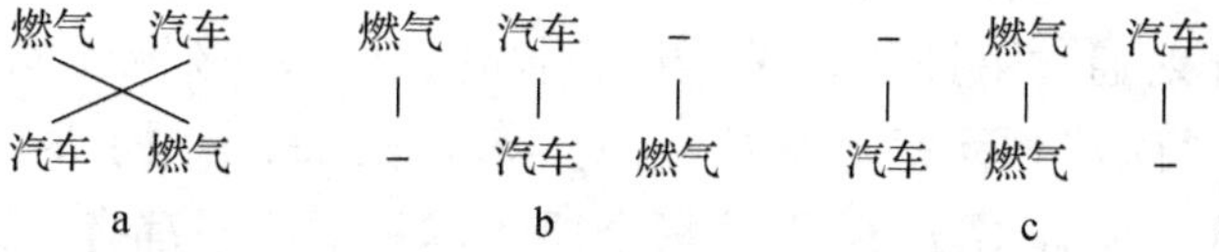

图 4-3 组成 T_1 与 T_2 的原子术语间的对应关系

显然，这是非常不合理的。章成志也注意到这种现象[18]，并提出了一种基于多层特征的字符串相似度计算模型。经仔细分析，我们发现该方法做了一个隐式假设：组成 T_1 与 T_2 的原子术语的顺序大体一致，换句话说，它并没有考虑顺序的差异对构建对应关系质量的影响。然而，顺序对中文术语是非常重要的，因为中文词汇构成具有"重心后移"的特点，即表达某一

---

① 文献 [18] 也注意到这种现象，并提出了一种基于多层特征的字符串相似度计算模型。

具体专指概念的词汇,其中心词往往在词的后半部分。对于示例4-3来说,图4-3(b)或图4-3(c)所示的对应关系应该更合理,其中"-"表示间隔(详见下文),下一小节将考虑如何来构建这样的对应关系。

4.4.2 基于双序列比对的新方法

在生物信息学中,双序列比对是指将两条DNA、RNA或蛋白质序列排列在一起,标明其相似之处,序列中可以插入间隔,对应的相同或相似的符号排列在同一列上。通过比较两个序列之间的相似区域和保守性位点,寻找二者可能存在的分子进化关系。依据参与比对的是整个序列还是序列片断,可将双序列比对分为全局的和局部的,二者均可通过动态规划(Dynamic Programming, DP)[19]技术进行求解,本章主要考虑全局双序列比对算法。如需了解有关生物信息更详细的知识,可参考文献[20]。值得注意的是,胡熠等人在自动构建面向信息检索的概念关系时,已经将双序列比对算法成功用于生成相似上下文的模板[21]。

现在我们做一个类比,如果把每个原子术语看作一个核苷酸或氨基酸残基,每个术语看作一条序列,则不难发现构建类似于图4-3(b)或(c)所示的对应关系,就可以看作寻找两个序列的全局比对,这就是本章方法的主要思想。考虑到中文词汇的构成特点,我们从后向前建立比对,这刚好与生物信息学中的比对过程相反。目前,最著名的全局序列比对算法是Needleman-Wunsch算法(简称为NW算法)[20,22],下面对其做简单介绍。

双序列比对通常用打分矩阵 F 进行描述,两条序列分别作为矩阵的两维,它的第 i 行第 j 列元素记为 $F_{i,j}$。对于 T_1 中的每个原子术语,F 中都有一行与其对应;同样对于 T_2 中的每个原子术语,F 中都有一列与其对应。随着算法的运行,$F_{i,j}$ 将被赋值为 T_1 中最后 $(m-i+1)$ 个原子术语与 T_2 中最后 $(n-j+1)$ 个原子术语间最优比对分数。因此,全局序列比对问题就是在矩阵 F 中寻找最佳比对路径。

该算法的主要过程如下:

初始化:$F_{i,n+1} \leftarrow d \times (m-i+1)$,$F_{m+1,j} \leftarrow d \times (n-j+1)$;$i=1,2,\cdots,m+1$;$j=1,2,\cdots,n+1$。

递推公式:$F_{i,j} \leftarrow \max\{F_{i+1,j+1} + Sim(PT_{1,i}, PT_{2,j}), F_{i,j+1} + d, F_{i+1,j} + d\}$;$i=m, m-1, \cdots, 1$;$j=n, n-1, \cdots, 1$。

其中,d 为空位罚分,是为了惩罚一个原子术语与一个间隔比对对比对分数的影响，本章令 $d = -0.05$。一旦矩阵 F 中所有的元素都赋予了值，则 F 中最左上角那个元素（$F_{1,1}$）就是最优比对分数。为了揭示最优的比对结果，只需从 $F_{1,1}$ 开始按照如下方式进行比较即可：

Case 1　IF $F_{i,j} = F_{i+1,j+1} + Sim(PT_{1,i}, PT_{2,j})$，THEN $PT_{1,i}$ 与 $PT_{2,j}$ 比对；

Case 2　IF $F_{i,j} = F_{i,j+1} + d$，THEN $PT_{2,j}$ 与一个间隔比对；

Case 3　IF $F_{i,j} = F_{i+1,j} + d$，THEN $PT_{1,i}$ 与一个间隔比对。

当然，如果与 $F_{i,j}$ 相等的情形不止一个，本章按如下优先级顺序进行处理：Case 1 > Case 2 > Case 3。实际上，并不需要显式地计算最优比对结果，因为 T_1 与 T_2 间的语义相似度见公式（4-9），可以在这个过程中进行计算。

示例 4-4　令 $T_1 = $ <可变，气门，正，时，调控，系统>，$T_2 = $ <智能，可变，气门，正，时，系统>，$T_3 = $ <反射，式，光电，传感器>，$T_4 = $ <投射，式，光电，转速，传感器>。图 4-4 给出了对应的打分矩阵 F，图中的箭头表示每个元素的来源（即 Case 1、Case 2 还是 Case 3），黑色箭头表示最优的比对结果。为清晰起见，比对结果也在图 4-5 中给出，图 4-5 也同时给出了算法 4-1 得到的对应关系（相关原子术语的代码可参见附录 4）。

通过对图 4-5 中的（a）与（c）及（b）与（d）的比较不难发现，如果组成两个术语的原子术语的顺序大体一致，则两种算法得到的对应关系相同；否则本章提出的方法更优，这一点在本章的实验部分得到了进一步的验证。

另外，该算法的时间及空间复杂度均为 $\mathcal{O}(m \times n)$，也就是说，该算法具有二次复杂度。不过可以将空间复杂度从二次改进为线性的，所付出的代价只是稍微增加一点处理时间，大约是原来的两倍，但近似时间复杂度仍为 $\mathcal{O}(m \times n)$[22]。然而，本章并未做这种改进，主要是因为组成一个术语的原子术语的个数通常较少，而且时间是我们非常关心的一个因素。

最后，为计算术语 T_1 与 T_2 间的语义相似度，我们仍然采用公式（4-8），不过与间隔比对的原子术语并不参与计算，即

$$Sim(T_1, T_2) = \alpha \times \left(\frac{1}{m} + \frac{1}{n}\right) \times \sum_{PT_{1,i} \& PT_{2,j} \text{ are aligned}} Sim(PT_{1,i}, PT_{2,j}) + (0.5 - \alpha) \times \frac{m}{n} \times$$

$$\sum_{PT_{1,i} \& PT_{2,j} \text{ are aligned}} \left\{ \left[\frac{R(T_1, PT_{1,i})}{\sum_{i'=1}^{m} i'} + \frac{R(T_2, PT_{2,j})}{\sum_{j'=1}^{n} j'}\right] \times Sim(PT_{1,i}, PT_{2,j}) \right\}$$

(4-9)

示例 4-5　现在重新考虑示例 4-3 中的术语，即 $T_1 = $ <燃气，汽车>，

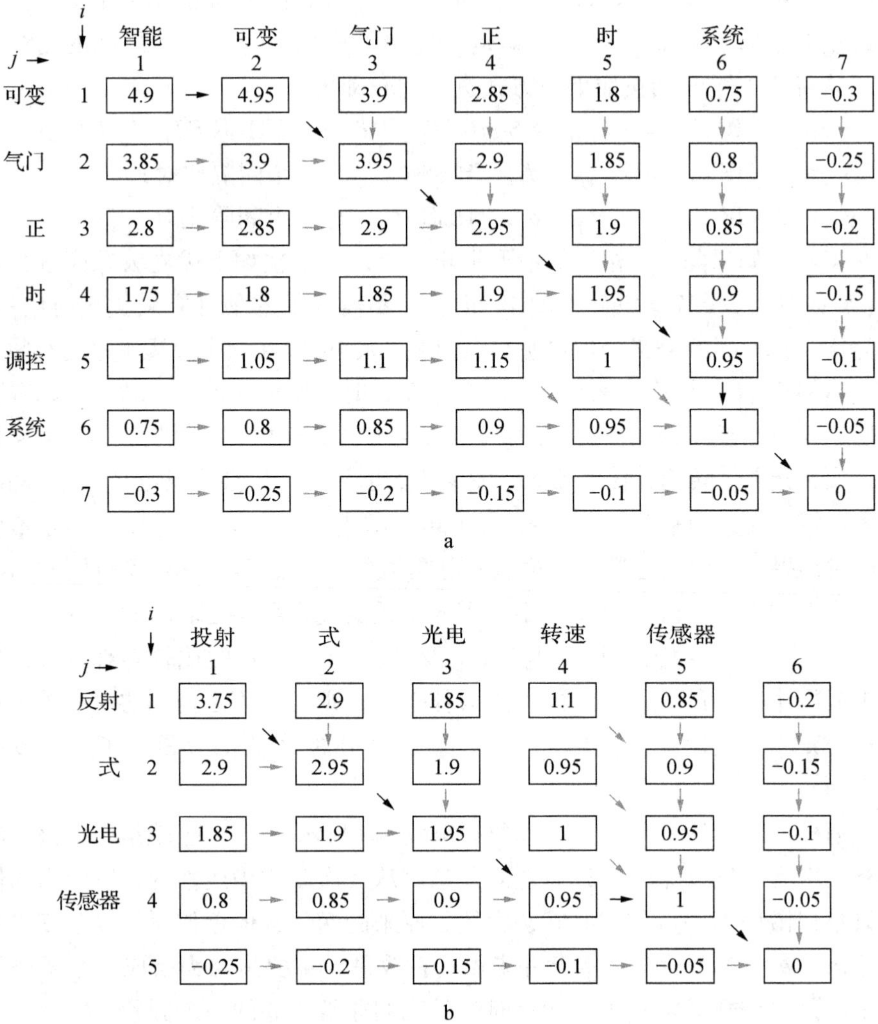

	i →	智能	可变	气门	正	时	系统	
j ↓		1	2	3	4	5	6	7
可变	1	4.9	4.95	3.9	2.85	1.8	0.75	−0.3
气门	2	3.85	3.9	3.95	2.9	1.85	0.8	−0.25
正	3	2.8	2.85	2.9	2.95	1.9	0.85	−0.2
时	4	1.75	1.8	1.85	1.9	1.95	0.9	−0.15
调控	5	1	1.05	1.1	1.15	1	0.95	−0.1
系统	6	0.75	0.8	0.85	0.9	0.95	1	−0.05
	7	−0.3	−0.25	−0.2	−0.15	−0.1	−0.05	0

a

	i →	投射	式	光电	转速	传感器	
j ↓		1	2	3	4	5	6
反射	1	3.75	2.9	1.85	1.1	0.85	−0.2
式	2	2.9	2.95	1.9	0.95	0.9	−0.15
光电	3	1.85	1.9	1.95	1	0.95	−0.1
传感器	4	0.8	0.85	0.9	0.95	1	−0.05
	5	−0.25	−0.2	−0.15	−0.1	−0.05	0

b

图 4-4 计算 T_1 与 T_2 间（a）及 T_3 与 T_4 间（b）最优比对的打分矩阵 F

$T_2 = <$汽车，燃气$>$，并采用图 4-3（c）所示的比对，则 T_1 与 T_2 间的语义相似度为：

$$Sim(T_1, T_2) = 0.3 \times \left(\frac{1}{2} + \frac{1}{2}\right) \times 1 + 0.2 \times \frac{2}{2} \times \left(\frac{1}{1+2} + \frac{2}{1+2}\right) \times 1 = 0.5$$

这样，如果相似度阈值高于 0.5，则不可能得出 T_1 与 T_2 语义相似的结论，然而，对于传统方法，无论阈值设为多少，T_1 与 T_2 语义相似这样的假

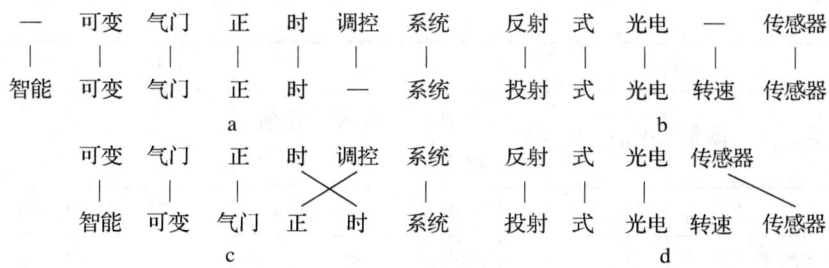

图 4-5　采用 NW 算法得到 T_1 与 T_2 间（a）及 T_3 与 T_4 间（b）的对应关系，以及采用算法 1 得到的 T_1 与 T_2 间（c）及 T_3 与 T_4 间（d）的对应关系

阳性结论都是不可避免的。

4.5　实验结果及讨论

目前还没有一个评价术语（尤其是组合术语）语义相似度计算性能的公认标准，本章认为原因主要有两点：①语义相似度是一个相当主观的概念，它不仅因人而异，而且因应用而异；②据我们所知，目前还没有一个公开的与中文术语语义相似度计算有关的标准数据集。因此，表 4-2 只列出了实际应用中一些术语间的语义相似度，主要是为进一步研究提供参考及启发。

表 4-2　实际应用中一些术语间的语义相似度

ID	T_1	T_2	传统方法	本章方法
1	<燃气，汽车>	<汽车，燃气>	1.0	0.5
2	<前轮，驱动>	<驱动，轮>	0.9	0.5
3	<电阻，式，传感器>	<陶瓷，电容器>	0.65	0.3611
4	<可变，气门，正，时，调控，系统>	<智能，可变，气门，正，时，系统>	0.4686	0.8429
5	<直流，电动机，驱动>	<驱动，电动机>	0.7444	0.3833
6	<点火，控制，计算机>	<微机，控制，点火，系统>	0.765	0.255
7	<驱动，电动机>	<四，轮，驱动>	0.5144	0.3611

续表

ID	T_1	T_2	传统方法	本章方法
8	<点火，提前，作用，板>	<离心，点火，提前，机构>	0.038	0.518
9	<多，片，离合器>	<离合器，压，板>	0.82	0.4867
10	<汽车，车灯>	<车灯，汽车>	1.0	0.5
11	<防，抱，死，制动，系统>	<制动，防，抱，死，系统>	1.0	0.8133
12	<动力，制动，系>	<制动，力，系统>	0.94	0.7
13	<辅助，制动，系>	<制动，辅助，系统>	1.0	0.7
14	<柴油，发动机>	<汽油，引擎>	1.0	1.0
15	<反射，式，光电，传感器>	<投射，式，光电，转速，传感器>	0.785	0.785
16	<磁，粉，式，安全，联，轴，器>	<销钉，式，安全，联，轴，器>	0.8033	0.8020
17	<阀>	<释放，阀>	0.6167	0.6167
18	<释放，阀>	<机油，压力，释放，阀>	0.62	0.62
19	<阀>	<机油，压力，释放，阀>	0.445	0.445
20	<多晶硅，薄膜，太阳能，电池>	<非，晶，硅，薄膜，太阳能，电池>	0.7476	0.7476

考虑到实际应用中大部分术语是组合术语，因此事先需要对其切分。为了充分利用《词林2》中的知识，本章以《词林2》作为分词词典。对于分词算法，本章同时采用了前向最大匹配（Forward Maximum Match，FMM）[23]、后向最大匹配（Backward Maximum Match，BMM）[23]及人工纠正的方式，具体来说就是，如果FMM与BMM的分词结果不一致，从二者之中选择一个更合理的。当然，这仍然会存在一些切分错误，但本章对此不作讨论。

从表 4-2 中结果（ID = 1，2，…，9）不难看出，本章提出的方法可以很好地避免上文提到的问题。对于 ID = 10 的术语对 <车灯，汽车> 尽管是一个无效术语，但传统方法却给出了一个极端不合理的相似度，这点与我们在引言中的分析也是一致的。然而，由于中文语言现象的复杂性，总是存在一些例外的情形，如表 4-2 中 ID = 11，12，13 对应的术语对。这些术语对所表达的意思完全相同，但本章提出的方法并没有给出 1.0 或接近 1.0 的相似度。幸运的是，经我们初步统计，这种情形相对来说比较少；而且注意到这些术语的中心词的位置都是不变的，不同的只是表达非中心意思的原子术语的顺序，正因如此，本章提出的方法得到的相似度才没有到不可接收的地步。

如果组成术语 T_1 与 T_2 的原子术语的顺序大体一致，则这两种方法几乎给出完全相同的结果，如表 4-2 中 ID = 15，16，…，20，这再次与前文的分析一致。另外，需要说明的是，相似度 1.0 并不总是意味着两个术语等价，如 T_1 = <柴油，发动机>，T_2 = <汽油，引擎>（ID = 14），主要原因是：在计算原子术语间的语义相似度时，并未考虑相应编码的第 8 位（表 4-1 及附录 4）。

注意到表 4-2 中还有一个有趣的现象，如果将阈值设为 0.6，可以从中抽取一些具有上下位关系的术语对，如 T_1 = <阀> 与 T_2 = <释放，阀>（ID = 17），T_2 与 T_3 = <机油，压力，释放，阀>（ID = 18），然而其他一些具有上下位关系的术语对却抽取不出来，如 T_1 与 T_3（ID = 19）。这主要是由公式（4-8）或公式（4-9）中的权重引起的，这些权重与相应原子术语的个数有关。不过 T_1 与 T_3 间的上下位关系可以从 T_1 与 T_2 及 T_2 与 T_3 的关系中推导出来。

最后，《词林 2》的不完备性也很容易从表 4-2 中观察到，如 T_1 = <多晶硅，薄膜，太阳能，电池>，T_2 = <非，晶，硅，薄膜，太阳能，电池>（ID = 20）。如果《词林 2》中收录了原子术语 <非晶硅>，则可以想象 T_1 与 T_2 间的语义相似度可能会更高、更合理一些。

4.6　本章小结

本章主要考虑了中文术语语义相似度计算中的 II 型问题，即参与计算的两个术语并不全是原子术语。在对问题进行正式描述之后，仔细分析了传统方法,结果发现,它并未考虑组成术语的原子术语的顺序差异对构建对应关系质量的影响。通过类比分析,我们认为构建对应关系的问题可以看作全局双序列比对的问题,因此,本章提出了一种基于双序列比对的新方法,克服了传统方法的缺陷,为下一章根据 Proximity 数据构建向量空间模型奠定了基础。

参考文献

[1] Agirre E, Rigau G. A proposal for word sense disambiguation using conceptual distance [C]// Current Issues in Linguistic Theory, Proceedings of International Conference on Recent Advances in Natural Language Processing (RANLP), Tzigov Chark, Bulgaria. Amsterdam: John Benjamins Publishing Company, 1995: 258 – 264.

[2] 刘群,李素建. 基于《知网》的词汇语义相似度计算 [J]. Computational Linguistics and Chinese Language Processing, 2002, 7 (2): 59 – 76.

[3] Chen K-J, You J-M. A study on word similarity using context vector models [J]. Computational Linguistics and Chinese Language Processing, 2002, 7 (2): 37 – 58.

[4] Tran H-M, Dan S. Word similarity in WordNet [C]// Modeling, Simulation and Optimization of Complex Processes, Proceedings of the 13th International Conference on High Performance Scientific Computing, Hanoi, Vietnam. Berlin: Springer, 2006: 293 – 302.

[5] Liu X Y, Zhou Y M, Zheng R S. Measuring semantic similarity in WordNet [C]// Proceedings of the 6th International Conference on Machine Learning and Cybernetics, Hong Kong, China. Washington: IEEE Computer Society Press, 2007: 3431 – 3435.

[6] 章成志. 一种基于语义体系的同义词识别研究 [J]. 淮阴工学院学报, 2004, 13 (1): 59 – 62, 67.

[7] 夏天. 汉语词语语义相似度计算研究 [J]. 计算机工程, 2007, 33 (6): 191 – 194.

[8] 王文荣. 词汇知识系统动态构建方法研究与工具实现 [D]. 北京:中国科学技术信息研究所, 2008: 58 – 75.

[9] 李涓子. 汉语词义排歧方法研究 [D]. 北京:清华大学, 1999.

[10] 鲁松. 自然语言中词相关性知识无导获取和均衡分类器的构建 [D]. 北京:中国科学院计算技术研究所, 2001.

[11] Dagan I, Marcus S, Markovitch S. Contextual word similarity and estimation from sparse data [C]// Proceedings of the Annual Meeting the Association for Computational Linguistics (ACL). NY: Association for Computational Linguistics, 1993: 164 – 171.

[12] Dagan I, Lee L, Pereira F C N. Similarity-based models of word cooccurrence probabilities [J]. Machine Learning. Special Issue on Machine Learning and Natural Language,

1999, 34 (1-3): 43-69.

[13] 梅家驹, 竺一鸣, 高蕴琦. 同义词词林 [M]. 上海: 上海辞书出版社, 1983.

[14] 哈工大信息检索研究室. 哈工大信息检索研究室同义词词林扩展版 [EB/OL]. [2009-04-11]. http://www.ir-lab.org/.

[15] 董振东, 董强. HowNet [EB/OL]. [2009-03-12]. http://www.keenage.com/html/e_index.html.

[16] Miller G A. WordNet [EB/OL]. [2009-04-01]. http://wordnet.princeton.edu/.

[17] Lin D. An information-theoretic definition of similarity [C]// Proceedings of the 15th International Conference on Machine Learning, CA: Morgan Kaufmann Publishers Inc., 1998: 296-304.

[18] 章成志. 基于多层特征的字符串相似度计算模型 [J]. 情报学报, 2005, 24 (6): 696-701.

[19] Eddy S R. What is dynamic programming? [J]. Nature Biotechnology, 2004, 22 (7): 909-910.

[20] Setubal J C, Meidanis J. Introduction to computational molecular biology [M]. MA: PWS Publishing, 1997: 47-101.

[21] 胡熠, 陆汝占, 刘慧. 面向信息检索的概念关系自动构建 [J]. 中文信息学报, 2007, 21 (5): 46-50.

[22] Needleman S B, Wunsch C D. A general method applicable to the search for similarities in the amino acid sequence of two proteins [J]. Journal of Molecular Biology, 1970, 48 (3): 443-453.

[23] 陈小荷. 现代汉语自动分析: Visual C++实现 [M]. 北京: 北京语言文化大学出版社, 2000: 90-103.

第五章 仅根据 Proximity 数据构建向量空间模型的方法

5.1 引 言

在实际应用中,许多研究对象通常不是以某种特征向量的形式存在的,如基因组/蛋白质组、文档、图像、视频等,这使得许多成熟的数据挖掘和机器学习方法难以被采用。然而,为了对其进行深度分析,通常将 n 个对象转化成一个 $n \times n$ 的 Proximity 矩阵 $\boldsymbol{D}$,使得矩阵 $\boldsymbol{D}$ 中的元素 $d_{i,j}$ 表示对象 i 与对象 j 的某种"比较"关系,如相似/相关程度。目前,存在许多计算矩阵 $\boldsymbol{D}$ 的方法,如生物信息学中的序列比对、计算语言学中的语义相似度计算及图像/视频检索中的匹配算法等。

相比对象的特征向量表示,Proximity 矩阵传递的信息并不是那么直观,难以直接从该矩阵中看出潜在的结构。由于实际应用中该类数据的大量存在,促使人们设计了一些专门针对该类数据的聚类算法,如 KNN、逐对 K-Means[1]、层次聚类[2]及刊登于《Science》杂志的 AP(Affinity Propagation)聚类[3]。但与基于特征向量的方法相比,这类方法的数量和种类都要匮乏得多,促使人们在面对新的问题时经常需要设计新的算法。本章将研究如何仅由 Proximity 数据出发,将 n 个对象嵌入某种空间(如欧氏空间)中,使得相似的对象在该空间中以较近的几何点来表示,相异的对象以较远的几何点来表示。这样就可将研究对象表示为一种空间向量的形式,从而可直接借用许多成熟的数据挖掘和机器学习方法。

多维尺度分析法(Multidimensional Scaling,MDS)[4,5]起源于心理测验学,是检验观察数据是否能反映研究者提出的结构关系的一种理想方法,它又可进一步分为度量型 MDS 和非度量型 MDS。Torgerson 在 20 世纪 50 年代中期提出使用单维尺度法将人们对事物差异的评价转换成目标距离,构建一个多维空间,使欧氏空间中点际之间的距离能最大限度地拟合目标距离,这就是度量型 MDS。在此基础上，Shepard 于 1962 年提出了非度量型 MDS，欧氏空间结构中点际距离表达的是 Proximity 矩阵 D 中数据的顺序关系，而不是具体的数值大小。Kruskal 于 1964 年给出了具体的计算方法，即利用 Proximity 矩阵 D，借助 SSTRESS 准则通过迭代拟合一个多维尺度模型。无论是度量型 MDS 还是非度量型 MDS，经常被人们用于研究对象的可视化分析[6,7]，但据我们所知，鲜有利用 MDS 的向量表达能力进行深入数据分析的相关报道。

基于此，本章提出仅根据 Proximity 数据矩阵利用 MDS 将研究对象进行向量化表示，即构建了一种向量空间模型（Vector Space Model，VSM），这样方便利用其他成熟的数据挖掘和机器学习方法。

5.2 基于 MDS 的向量空间模型构建方法

为叙述方便，假设本章考虑的 Proximity 数据指的是研究对象间的相异度（距离）。实际上，距离和相似度是研究对象间相同关系特征的不同表现形式，二者之间可以建立一种简单的对应关系。对于任意两个研究对象 O_1、O_2，记它们间的相似度和距离分别为 $sim(O_1,O_2)$、$dis(O_1,O_2)$，则常用的两种简单转换方式为：

$$dis(O_1,O_2) = \frac{\alpha}{sim(O_1,O_2) + \alpha} \tag{5-1}$$

$$dis(O_1,O_2) = M - sim(O_1,O_2) \tag{5-2}$$

其中，α 是一个可调节的参数，M 为所有对象间相似度的最大值。

5.2.1 距离阵的定义及分类

定义 5-1（距离阵） 如果矩阵 $D = (d_{i,j})_{n \times n}$ 满足条件：①对称性，$D^T = D$；②非负性，$d_{i,j} \geq 0$（$i,j \in \mathbb{N}_n = \{1,2,\cdots,n\}$），则称 D 为距离阵，并称 $d_{i,j}$ 为对象 i 与对象 j 间的距离。

定义 5-2（欧氏距离阵） 如果一个距离矩阵 D 的所有元素都是点与点之间的欧氏距离，那么称该距离阵为欧氏距离阵。

下面是欧氏距离阵的判定定理：

定理 5-1[8] n 阶距离阵 D 是欧氏距离阵的充要条件，是矩阵 $B = HAH$ 为非负定矩阵，其中，$A = (a_{i,j})_{n \times n}$，$a_{i,j} = -d_{i,j}^2/2$（$i,j \in \mathbb{N}_n$），$H =$

$I - ee^T/n$（I 为 n 阶单位矩阵，e 为包含 n 个元素的全 1 列向量）。

根据距离阵是否满足三角不等式关系，可将距离阵进一步分为度量型距离阵和非度量型距离阵，度量型距离阵的正式定义如下：

定义 5-3（度量型距离阵） 如果距离阵 $D = (d_{i,j})_{n \times n}$ 进一步满足三角不等式关系，即对于 $\forall (i,j,k) \in \mathbb{N}_n \times \mathbb{N}_n \times \mathbb{N}_n$，都满足 $d_{j,i} + d_{i,k} \geqslant d_{j,k}$，则称 D 为度量型距离阵。

欧氏距离阵显然是度量型距离阵，但并非所有的度量型距离阵都是欧氏距离阵，Everitt 和 Rabe-Hesketh[9] 给出了一个很好的例子，如图 5-1 所示。图 5-1 中给出了平面中的 4 个点，以及两两之间的欧氏距离。如果将点 P_4 与其他 3 个点间的距离改为 1.1（$< 2/\sqrt{3}$），则得到的距离阵显然不是欧氏距离阵，但容易验证它一定是度量型距离阵。

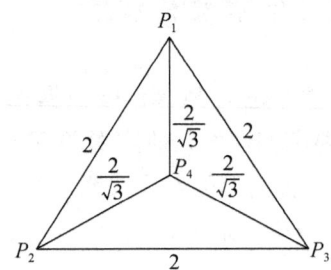

图 5-1 平面内 4 点及两两间的欧氏距离

众所周知，许多对象间的相似/相关度本质上并不是度量的，也就是说 Proximity 矩阵 D 通常是不对称的，而且并不满足距离度量的三角不等关系。从技术上来说，非度量 Proximity 数据构成的矩阵 D 是一个不定矩阵，也被称为伪协方差矩阵。为了后续处理的方便，通常忽略该矩阵所有的负特征值[10] 或对特征谱进行移动[11]。但是，按照这种方式将研究对象嵌入欧氏空间后与嵌入前的聚簇结构通常是不同的[12]，这说明 Proximity 矩阵 D 的负特征值仍然含有一些重要信息，于是 Roth 等人[12] 设计了一种保留聚簇结构信息的最优嵌入方案。尽管如此，相比之下，将度量型矩阵嵌入欧氏空间的信息损失要小得多。下面的引理 5-1 给出将对称型非度量型矩阵转换为度量型矩阵的一种方法。

引理 5-1 如果 D 为非度量距离阵，则 $D' = D + c$ 一定是度量距离阵，只要 $c \geqslant \max_{i,j,k} \{d_{j,k} - d_{j,i} - d_{i,k}\}$。

证明：因为距离阵 D 为非度量型，那么 $\exists (i,j,k) \in \mathbb{N}_n \times \mathbb{N}_n \times \mathbb{N}_n$，使得 $d_{j,i} + d_{i,k} - d_{j,k} < 0$。对于 $\forall (i,j,k) \in \mathbb{N}_n \times \mathbb{N}_n \times \mathbb{N}_n$，$d'_{j,i} + d'_{i,k} - d'_{j,k} = d_{j,i} + d_{i,k} - d_{j,k} + c$。又因 $c \geq \max_{i,j,k}\{d_{j,k} - d_{j,i} - d_{i,k}\}$，则 $d'_{j,i} + d'_{i,k} - d'_{j,k} \geq 0$ 一定成立，即距离阵 D' 是度量型距离阵。

5.2.2 构建方法

假设通过一定的算法[4,5,9]将 Proximity 矩阵 D 嵌入欧氏空间 $\mathbb{R}^p$，并记 n 对象对应的几何点的坐标分别为 $x_1, x_2, \cdots, x_n$（$x_i \in \mathbb{R}^p$，$i \in \mathbb{N}_n$），写成矩阵形式 $X = (x_1, x_2, \cdots, x_n)^T$，则称 X 为矩阵 D 的一个多维尺度解。在 MDS 中，形象地称 X 为矩阵 D 的一个拟合构图。所谓拟合构图，是指有了这 n 个点的坐标，可以在 p 维空间 $\mathbb{R}^p$ 中进行可视化展示，使得几何点间的欧氏距离阵 $\widehat{D}$（通常称为拟合距离阵）接近于原始 n 个对象间的 Proximity 矩阵 D，拟合构图给出了原始对象间关系的一个有意义的解释。

容易想象，如果这些几何点在 $\mathbb{R}^p$ 空间中统一平移或者以某个中心旋转，并不影响它们之间的相对位置关系，因此，多维尺度解不唯一，该断言的正式表述如引理 5-2 所示。目前，矩阵 D 多维尺度解的许多求解方法将拟合构图的重心作为原点，而不考虑旋转方向。

引理 5-2[8] 如果 $X = (x_1, x_2, \cdots, x_n)^T$ 是 D 的一个多维尺度解，则 $Y = X \times \Gamma + e \times a$（$\Gamma$ 为任一正交矩阵，a 为任一常数向量）也是 D 的一个多维尺度解，而且 Y 与 X 有相同的拟合距离阵。

本章通过实验发现，使用针对度量矩阵的最小二乘解法[9]和只考虑矩阵 D 中元素大小关系的非度量解法[4,5]，收敛速度都比较慢，难以满足实验和实际应用需求。因此，本章采用经典解法，具体求解步骤如下。

STEP 1 由 n 阶 Proximity 矩阵 D 构造矩阵 $A = (a_{i,j})_{n \times n} = (d_{i,j}^2/2)_{n \times n}$。

STEP 2 在 A 的基础上构造矩阵 $B = (b_{i,j})_{n \times n}$，其中，$b_{i,j} = a_{i,j} - \bar{a}_{i,\cdot} - \bar{a}_{\cdot,j} + \bar{a}_{\cdot,\cdot}$，$\bar{a}_{i,\cdot} = (1/n)\sum_j a_{i,j}$，$\bar{a}_{\cdot,j} = (1/n)\sum_i a_{i,j}$，$\bar{a}_{\cdot,\cdot} = (1/n^2)\sum_{i,j} a_{i,j}$。

STEP 3 对 B 进行特征分解得到：$B = V \Lambda V^T$，其中，$\Lambda = \text{diag}(\lambda_1, \lambda_2, \cdots, \lambda_n)$，$\lambda_i$（$i \in \mathbb{N}_n$）是 B 的特征值，且满足 $\lambda_1 \geq \lambda_2 \geq \cdots \geq \lambda_n$。$V = (v_1, v_2, \cdots, v_n)$ 是由矩阵 B 对应的正交特征向量组成的矩阵。

STEP 4 确定拟合构图 X 的维数 p。通常有两种方法：一种是事先指定，如 $p=1,2$ 或 3，可用于对象的可视化展示；另一种是考虑前 p 个特征值在全体特征值中所占的比例：

$$p = \mathop{\mathrm{argmin}}\limits_{p}\left\{\frac{\sum_{i=1\text{且}\lambda_i\geq 0}^{p}\lambda_i}{\sum_{i=1}^{n}|\lambda_i|} \geq \varphi_0\right\} \quad (5-3)$$

其中，φ_0 为用户指定的参数。如果上式无解，则将所有非负特征值的个数作为维数。

STEP 5　根据确定的 p 值，可以得到：$X = V_1 \Lambda_1^{1/2}$，其中，$V_1 = (v_1, v_2, \cdots, v_p)$，$\Lambda_1^{1/2} = \mathrm{diag}(\lambda_1^{1/2}, \lambda_2^{1/2}, \cdots, \lambda_p^{1/2})$。

5.3　实验材料及数据

目前，尚无法直接验证 MDS 的向量表达能力的好坏，本章拟通过对嵌入 $\mathbb{R}^p$ 空间的几何点进行聚类分析，达到间接验证 MDS 的向量表达能力的目的。本章从"新能源汽车"领域词系统中选取已人工标注 ISTIC-NEV 分类号的 1023 个词语作为标准集，这些词语分布于 16 个类别之中，各类别的词数及百分比如表 5-1 所示，该数据集的详细信息可参见文献 [13]。

表 5-1　人工标注 ISTIC-NEV 分类的 1023 个词语的信息摘要

类 ID	1	2	3	4	5	6	7	8
词数	101	89	155	75	29	48	93	61
(百分比)	(9.87%)	(8.70%)	(15.15%)	(7.33%)	(2.83%)	(4.69%)	(9.09%)	(5.96%)
类 ID	9	10	11	12	13	14	15	16
词数	42	22	66	25	51	60	60	46
(百分比)	(4.11%)	(2.15%)	(6.45%)	(2.44%)	(4.99%)	(5.87%)	(5.87%)	(4.50%)

为了得到 1023 个词语间的 Proximity 矩阵，首先根据第四章提出的中文术语语义相似度计算方法计算得到所有词对间的语义相似度，然后根据公式 (5-2) 将语义相似度矩阵转换为距离矩阵。这个距离矩阵通常为非度量型的，必要的话，可根据引理 5-1 将其转换为度量型的。紧接着利用 5.2.2 节介绍的构建方法将词汇映射到一个高维的欧氏空间中，欧氏空间的维数是由非负特征值的个数确定的，并且将词汇的维度按对应特征值从大到

第五章 仅根据 Proximity 数据构建向量空间模型的方法

小进行排序。为了对词汇进行可视化分析,直接取前 2~3 维即可,如图 5-2 所示。

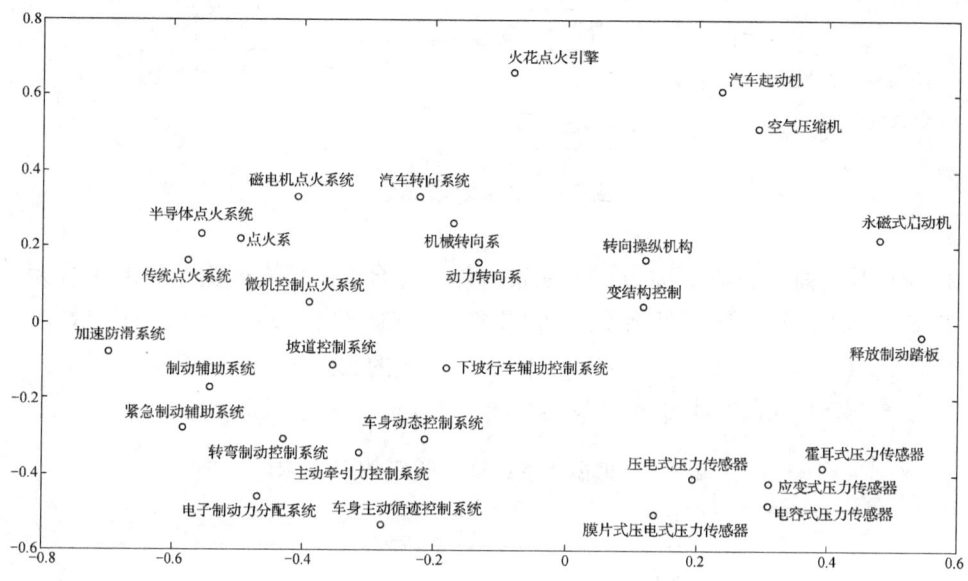

图 5-2 部分词汇的二维可视化表示

5.4 实验结果及分析

利用 MDS 将研究对象进行向量化表示后,针对向量空间的聚类算法基本上均可直接借用,无须做任何修改,为了简单起见,本章采用了 K-Means 聚类算法。为了说明 MDS 具有较强的向量表达能力的优势,本章亦采用直接针对 Proximity 数据进行聚类分析的 AP 聚类算法[3]作为参照。另外,由于不同的聚类算法在设计时做了不同的假设,因此,即使针对相同的数据集,也很可能得到不同的聚类结果。为了尽量减少因为聚类算法不同导致的结果差异,本章也利用拟合距离阵,对研究对象进行 AP 聚类分析,详细的实验路线如图 5-3 所示。

5.4.1 评价指标

为方便叙述评价指标,定义集合 $S = \{o_1, o_2, \cdots, o_n\}$ 的聚类结果(Clustering)为由 S 的不相交非空子集构成的集合,使得所有子集的并集等于集

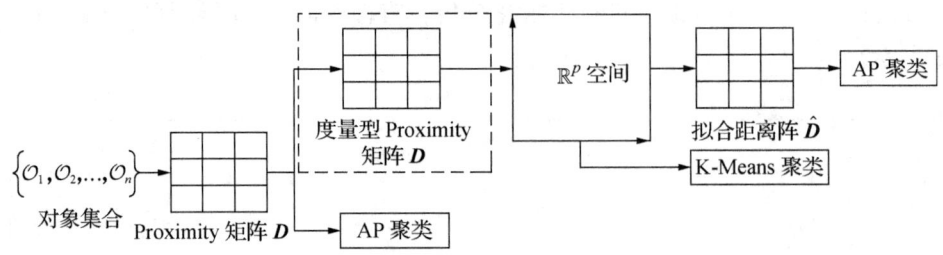

图 5-3 对比实验路线

合 S,其中每个子集被称为一个聚簇,并记集合 S 的所有聚类结果的集合为 $\mathcal{P}(S)$。对于 S 的任意两种聚类结果 $\mathcal{C} = \{C_1, C_2, \cdots, C_k\}$ 和 $\mathcal{C}' = \{C'_1, C'_2, \cdots, C'_l\}$ ($k, l \leq n$),可以构造一个 $k \times l$ 的联列表,如表 5-2 所示,其中 $n_{i,j}$ 表示 C_i 和 C'_j 中相同对象的个数,即 $i, j \in \mathbb{N}_n$。

表 5-2 聚类结果 $\mathcal{C}$ 和 $\mathcal{C}'$ 形成的联列表

		$\mathcal{C}'$				
		C'_1	C'_2	$\cdots$	C'_l	Σ
$\mathcal{C}$	C_1	$n_{1,1}$	$n_{1,2}$	$\cdots$	$n_{1,l}$	$\|C_1\|$
	C_2	$n_{2,1}$	$n_{2,2}$	$\cdots$	$n_{2,l}$	$\|C_2\|$
	$\vdots$	$\vdots$	$\vdots$	$\ddots$	$\vdots$	$\vdots$
	C_k	$n_{k,1}$	$n_{k,2}$	$\cdots$	$n_{k,l}$	$\|C_k\|$
	Σ	$\|C'_1\|$	$\|C'_2\|$	$\cdots$	$\|C'_l\|$	n

(1) Rand 指标

Rand 指标[14-16]的基本思想是基于逐对计数,即对于 $\forall \mathcal{C} = \{C_1, C_2, \cdots, C_k\} \in \mathcal{P}(S)$ 和 $\forall \mathcal{C}' = \{C'_1, C'_2, \cdots, C'_l\} \in \mathcal{P}(S)$,根据这两个聚类结果统计任意两个对象是否属于同一个聚族。此时共有 4 种情形:两个对象在 $\mathcal{C}$ 和 $\mathcal{C}'$ 中都属于同一个聚簇、两个对象在 $\mathcal{C}$($\mathcal{C}'$)中属于同一个聚簇,但在 $\mathcal{C}'$($\mathcal{C}$)中属于不同的聚簇、两个对象在 $\mathcal{C}$ 和 $\mathcal{C}'$ 中都属于不同的聚簇,记每种情形出现的次数分别为 $m_{1,1}$、$m_{1,0}$、$m_{0,1}$、$m_{0,0}$,如表 5-3 所示。通常将第一、第四种情形统称为一致,而第二、第三种情形统称为不一致,因此,表 5-3 通常被称为一致/不一致表[17]。

第五章 仅根据 Proximity 数据构建向量空间模型的方法

表 5-3 两种聚类结果的一致/不一致表

	$\mathcal{C}'$ 相同聚簇	$\mathcal{C}'$ 不同聚簇	Σ
$\mathcal{C}$ 相同聚簇	$m_{1,1}$	$m_{1,0}$	$m_{1,1} + m_{1,0}$
$\mathcal{C}$ 不同聚簇	$m_{0,1}$	$m_{0,0}$	$m_{0,1} + m_{0,0}$
Σ	$m_{1,1} + m_{0,1}$	$m_{1,0} + m_{0,0}$	n

容易看出，$m = m_{1,1} + m_{1,0} + m_{0,1} + m_{0,0} = \binom{n}{2}$，其中，

$$m_{1,1} = \sum_{i=1}^{k} \sum_{j=1}^{l} \binom{n_{i,j}}{2} \tag{5-4}$$

$$m_{1,0} = \sum_{i=1}^{k} \binom{|C_i|}{2} - \sum_{i=1}^{k} \sum_{j=1}^{l} \binom{n_{i,j}}{2} \tag{5-5}$$

$$m_{0,1} = \sum_{j=1}^{l} \binom{|C'_j|}{2} - \sum_{i=1}^{k} \sum_{j=1}^{l} \binom{n_{i,j}}{2} \tag{5-6}$$

$$m_{0,0} = m + \sum_{i=1}^{k} \sum_{j=1}^{l} \binom{n_{i,j}}{2} - \sum_{i=1}^{k} \binom{|C_i|}{2} - \sum_{j=1}^{l} \binom{|C'_j|}{2} \tag{5-7}$$

当 $a = 0$ 或 1 时，规定 $\binom{a}{2} = 0$。

Rand 指标（记作 R）反映的是两种聚类结果对任取两个对象处理方式相同的概率，即 $R(\mathcal{C},\mathcal{C}') = (m_{1,1} + m_{0,0})/m$。有研究表明[18,19]，Rand 指标取值的实际区间范围与聚簇个数有关，而且基准值（即随机聚类结果的平均值）也不是固定不变的。为了便于不同聚簇个数的指标之间的对比分析，通常需要对 Rand 指标进行归一化处理，本章采用的归一化 Rand 指标[20]为：

$$R_n = \frac{\sum_{i=1}^{k} \sum_{j=1}^{l} \binom{n_{i,j}}{2} - \left[\sum_{i=1}^{k} \binom{|C_i|}{2} \sum_{j=1}^{l} \binom{|C'_j|}{2}\right] / \binom{n}{2}}{\frac{1}{2}\left[\sum_{i=1}^{k} \binom{|C_i|}{2} + \sum_{j=1}^{l} \binom{|C'_j|}{2}\right] - \sum_{i=1}^{k} \binom{|C_i|}{2} \sum_{j=1}^{l} \binom{|C'_j|}{2} / \binom{n}{2}} \tag{5-8}$$

(2) F 值

F 值源于文档聚类领域[16,21-23]。假设 S 表示文档集合，令 $\mathcal{C}$ 表示文档的真实类别，而 $\mathcal{C}'$ 表示某个查询的结果，则聚簇 C'_j 关于 C_i 的 F 值（$F_{i,j}$）是

准确率 $p_{i,j} = n_{i,j}/|C'_j|$ 和召回率 $r_{i,j} = n_{i,j}/|C_i|$ 的调和平均数，即

$$F_{i,j} = \frac{2\, r_{i,j}\, p_{i,j}}{r_{i,j} + p_{i,j}} = \frac{2\, n_{i,j}}{|C_i| + |C'_j|} \qquad (5\text{-}9)$$

聚类结果 C' 关于 C 的 F 值定义为：

$$F(\mathcal{C}, \mathcal{C}') = \frac{1}{n} \sum_{i=1}^{k} |C_i| \max_{j=1}^{l}\{F_{i,j}\} \qquad (5\text{-}10)$$

（3）分类误差率

分类误差率指标[16,24,25]（记为 ε）采用的是一种分类的思想，但与分类问题不同，它在评价聚类结果的好坏时，需要首先确定两种聚类结果中聚簇的对应关系，对应关系不同得到的分类误差率通常也不同。对于 $\forall\, \mathcal{C} = \{C_1, C_2, \cdots, C_k\} \in \mathcal{P}(S)$ 和 $\forall\, \mathcal{C}' = \{C'_1, C'_2, \cdots, C'_l\} \in \mathcal{P}(S)$，它们的聚簇之间的对应关系共有 $\min\{k,l\} \times \binom{\max\{k,l\}}{\min\{k,l\}}$ 种，对于每种对应关系均可计算一个分类误差，而分类误差率是所有这些分类误差的最小值。

具体来说，令 σ 表示集合 $\{1,2,\cdots,\min\{k,l\}\}$ 到集合 $\{1,2,\cdots,\max\{k,l\}\}$ 的单映射，则分类误差率定义为：

$$\varepsilon(\mathcal{C}, \mathcal{C}') = 1 - \frac{1}{n}\begin{cases} \max_\sigma \sum_{i=1}^{k} n_{i,\sigma(i)}, & k \leq l \\ \max_\sigma \sum_{j=1}^{l} n_{\sigma(j),j}, & \text{otherwise} \end{cases} \qquad (5\text{-}11)$$

尽管对应关系有指数多种，但分类误差率的计算可采用图论中最大二分图匹配算法[26]在多项式时间复杂度内完成。

5.4.2 参数优化

对于 K-means 聚类方法，需要优化聚簇个数 K。本章令 $K \in \{2,3,\cdots,200\}$，以随机方式确定聚簇中心，对于集合中的每个元素，重复执行 5 次聚类分析，最大迭代次数为 20 000 次，最终以归一化 Rand 指标最大的那个元素作为最优的聚簇个数。本章采用的 K-means 聚类软件为 MATLAB（版本号为 7.2.0.232）统计学工具箱中自带的，详细信息可参见 MATLAB 的帮助文档。

对于 AP 聚类方法，需要优化偏好（Preference）值，该值为实数型。本章把闭区间 $[lowp, highp]$ 等分为 100 份（其中，$lowp$ 和 $highp$ 为偏好可取值的最小值和最大值①），分别作为偏好值进行 AP 聚类分析，记归一化

---

① 具体计算方法详见 http://www.psi.toronto.edu/affinitypropagation/apclusterK.m。

Rand 指标最大的那个元素为 p^*。令 $lowp' = p^* - STEP$，$highp' = p^* + STEP$（$STEP = (highp - lowp)/100$），然后将开区间（$lowp'$，$highp'$）再次等分 100 份，分别作为偏好值进行 AP 聚类分析，该步得到的归一化 Rand 指标最大的那个偏好值作为最优的偏好值。

5.4.3 结果分析

现实中许多 Proximity 矩阵都不是度量型的，如本章考虑的 1023 个词语间的 Proximity 矩阵 D 就属于这种情形。根据引理 5-1，通过为矩阵 D 中每个元素增加一个常数，可将矩阵 D 转换为度量型矩阵。然而，由于计算 $c_- \geq \max_{i,j,k}\{d_{j,k} - d_{j,i} - d_{i,k}\}$ 时间复杂度为 $\mathcal{O}(n^3)$，因此，需要了解参数 c 对聚类效果的影响。对于本章考虑的 1023 个词语，通过计算可得 $c_- = 0.4$，令 $c_+ = \max_{i,j}\{d_{i,j}\}$，本章考虑参数 c 的取值集合为 $\{0, c_-, c_- + 0.1, \cdots, c_+\}$，则归一化 Rand 指标及聚类个数随参数 c 的变化如图 5-4 所示。从图 5-4 容易看出，直接对原始的非度量型 Proximity 矩阵进行 MDS 分析，然后在得到的向量空间中进行聚类分析的效果是最差的，尽管聚簇个数更接近于真实聚簇个数。而一旦将其转换为度量型矩阵，无论参数 c 取何值，得到的聚簇个数是不变的，只是归一化的 Rand 指标会有稍许波动，因此，本章令 $c = c_+ = \max_{i,j}\{d_{i,j}\}$。

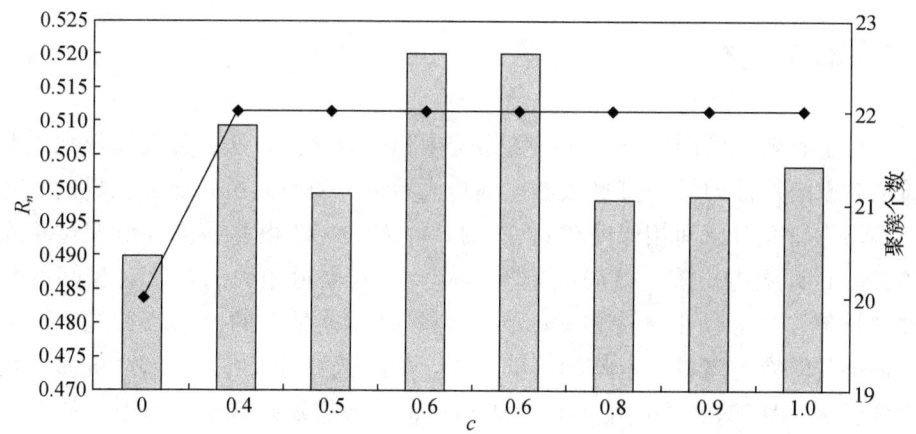

图 5-4　归一化 Rand 指标及聚类个数随参数 c 的变化

根据 5.4.2 节选定的最优参数，分别利用 K-means 聚类及 AP 聚类对 1023 个词汇进行聚类分析，聚类结果如表 5-4 所示。其中，AP 表示原始

Proximity 数据作为 AP 聚类的输入，而 AP-MDS 表示拟合距离阵 $\hat{D}$ 作为 AP 聚类的输入。从表 5-4 容易看出，AP 的效果要略好于 AP-MDS，这点不难理解，因为 Proximity 矩阵经过 MDS 得到的向量空间表示，不可避免地会有一定程序的信息损失，不过从各项指标来看，信息损失对聚类结果造成的影响不是太大。尽管存在信息损失，K-means 方法的结果除聚簇个数指标外是最好的，从而说明经过大量的计算代价换回的聚类效果增益是明显的、值得的。本章认为 K-means 方法的聚簇个数与实际聚簇个数（16）存在较大差异的主要原因是 1023 个词语的类别分布不平衡（表 5-1），而 K-means 方法趋向于产生聚簇大小近似一致的聚类结果[26]。本章对结果的进一步分析发现，标注数据集中大的聚簇经 K-means 聚类后被分成了几个更小的聚簇，也验证了这一点，这同时建议人们可选取对聚簇大小不敏感的聚类算法，或增加一步后处理对聚类结果进行一定的合并。

表 5-4　各种方法的聚类结果比较

	聚簇个数	R_n	F	ε
K-Means	22	0.5098	0.6482	0.4115
AP	20	0.4252	0.6023	0.4445
AP-MDS	16	0.3325	0.5245	0.5054

5.5　本章小结

为了有效地利用各种成熟的数据挖掘和机器学习方法，如何有效地提取研究对象的特征向量一直是数据挖掘和机器学习领域的研究热点。目前，有许多计算研究对象间相似度/相关度的计算方法，即很容易得到研究对象间的 Proximity 数据矩阵，使得该矩阵的每个元素表示相关的两个对象间的某种"比较"关系。由于许多 Proximity 矩阵是非度量型的，本章首先给出了一种将其转换为度量型矩阵的简单方法。然后通过引入心理测验学的多维尺度分析法（MDS），提出了一种仅从 Proximity 数据矩阵构建向量空间模型的方法。最后以汉语科技词系统中经过人工标注的词语作为实验素材，通过与 AP 聚类算法的对比分析，验证了该方法的可行性和有效性。

然而，为了计算 n 个对象间的 Proximity 矩阵，通常需要考虑 $n \times (n-1)$ 对对象间的"比较"关系（有些 Proximity 矩阵不是对称阵），这在许多实际应用中是不太现实的（包括计算量和存储空间），因此，在实际应用中通常只能得到一个稀疏的 Proximity 矩阵。Proximity 矩阵稀疏到什么程度可能导致构建的向量空间模型不准确，以及如何从稀疏 Proximity 矩阵构建向量空间模型尚待进一步研究。另外，针对一个研究对象集合，通常会有多种计算 Proximity 矩阵的方法，每种方法各有优势，很难说一种方法完全优于另一种方法，这就需要有一种能从多个 Proximity 矩阵构建向量空间模型的方法。

参 考 文 献

[1] Duda R O, Hart P E, Stork D G. Pattern classification [M]. 2nd ed. New York: John Wiley & Sons, Inc, 2001.

[2] Jain A K, Dubes R C. Algorithms for clustering data [M]. New Jersey: Prentice-Hall, Englewood Cliffs, 1988.

[3] Frey B J, Dueck D. Clustering by passing messages between data points [J]. Science, 2007 (315): 972-976.

[4] Cox T, Cox M. Multidimensional scaling [M]. 2nd ed. New York: Chapman & Hall, 2001.

[5] Borg I, Groenen P J F. Modern multidimensional scaling [M]. 2nd ed. New York: Springer-Verlag, 2005.

[6] Tzeng J, Lu H H-S, Li W-H. Multidimensional scaling for large genomic data sets [J]. BMC Bioinformatics, 2008 (9): 179.

[7] Pei Z-M, Deng Z-D, Xu S, et al. Archor-free localization method for mobile targets in coal mine wireless sensor networks [J]. Sensor, 2009, 9 (4): 2836-2850.

[8] 何晓群. 多元统计分析 [M]. 北京: 中国人民大学出版社, 2008: 322-337.

[9] Everitt B S, Rabe-Hesketh S. The analysis of proximity data [M]. London: Arnold, 1997.

[10] Young G, Householder A S. Discussion of a set of points in terms of their mutual distances [J]. Psychometrika, 1938, 3 (1): 19-22.

[11] Roth V, Laub J, Buhmann J M, et al. Going metric: Denoising pairwise data [C]// Becker S, Thrun S, Obermayer K. Advances in neural information processing system 15. Cambridge: MIT Press, 2003: 817-824.

[12] Roth V, Laub J, Kawanabe M, et al. Optimal cluster preserving embedding of nonmetric proximity data [J]. IEEE Transactions on Pattern Analysis and Machine Intelligence, 2003, 25 (12): 1540-1551.

[13] 郭怀恩. 词空间模型构建及其在词间语义关系发现中的应用 [D]. 北京: 中国科学技术信息研究所, 2010.

[14] Sokal R R, Michener C D. A statistical method for evaluating systematic relationships [J]. University of Kansas Science Bulletin, 1958 (38): 1409 – 1438.

[15] Rand W M. Objective criteria for the evaluation of clustering methods [J]. Journal of the American Statistical Association, 1971, 66 (336): 846 – 850.

[16] Xu S, Qiao X, Zhu L, et al. Reviews on determining the number of clusters [J]. Applied Mathematics & Information Science, 2016, 10 (4): 1493 – 1520.

[17] Brenna R L, Light R J. Measuring agreement when two observers classify people into categories not defined in advance [J]. British Journal of Mathematical and Statistical Psychology, 1974 (37): 154 – 163.

[18] Albatineh A N, Niewiadomska-Bugaj M, Mihalko D. On similarity indices and correction for chance agreement [J]. Journal of Classification, 2006, 23 (2): 301 – 313.

[19] Warrens M J. On similarity coefficients for 2 × 2 tables and correction for chance [J]. Psychometrika, 2008, 73 (3): 487 – 502.

[20] Hubert L, Arabie P. Comparing partitions [J]. Journal of Classification, 1985, 2 (1): 193 – 218.

[21] Larsen B, Aone C. Fast and effective text mining using linear-time document clustering [C]// Proceedings of the 5th ACM SIGKDD International Conference on Knowledge Discovery and Data Mining (KDD), San Diego, 1999: 16 – 22.

[22] Fung B C M. Hierarchical document clustering using frequent itemsets [D]. Burnaby: Simon Fraser University, 2002.

[23] Steinbach M, Karypis G, Kumar V. A comparison of document clustering techniques [C]// KDD Workshop on Text Mining, Boston, 2000.

[24] Ben-Hur A, Guyon I. Detecting stable clusters using principal component analysis [M]// Brownstein M J, Kohodursky A. Functional geomics: Methods and protocols. Clifton: Humana Press, 2003: 159 – 182.

[25] Meilă M. Comparing clusterings: An axiomatic view [C]// Proceedings of the 22nd International Conference on Machine Learning (ICML), Bonn, 2005: 577 – 584.

[26] Golumbic M. Algorithmic graph theory and perfect graphs [M]. New York: Academic Press, 1988.

[27] Wu J-J, Xiong H, Chen J. Adapting the right measures for k-means clustering [C]// Proceedings of the 15th ACM SIGKDD International Conference on Knowledge Discovery and Data Mining (KDD), Paris, 2009: 877 – 886.

第六章 基于弱监督学习的语义关系抽取方法

6.1 引 言

以互联网技术为代表的现代通信技术的普及与发展，前所未有地方便了人类知识的交流，而不断增长的数据量恰恰证明了这一点。正如第一次工业革命使用煤炭驱动蒸汽机，第二次工业革命使用电力和石油驱动电灯、电话、汽车和飞机一样，大数据使得许多利用传统方法难以解决的问题变得可行。例如，在医疗问答系统中，如果知道"马钱子"和"肾毒性"成"正相关"的关系，那么问题"低蛋白血症应该吃什么药？"对应的答案中就可以筛除含有马钱子的中药药方。但是，表达"马钱子"与"肾毒性"关系的语句往往存在于专业网站、学术文献和科技类图书等科技文献资源中，因此，基于科技文献资源的语义关系抽取为此类问题的解决带来了希望。

早在 1996 年，由美国军方背景支持的 MUC（Message Understanding Conference）会议就意识到了这一点，提出要通过多种手段提升人类的数据利用能力，并对这一目标做出了具体而详细的阐述[1]。语义实体关系抽取在其中起到了承上启下的作用，它的准确率和效率直接影响后续任务（如事件抽取、情感分析等）的性能，因此，备受国内外学者们的重视[2-4]。近年来，许多学术或者商业项目在通用领域开展了大量的关系抽取实践，形成了诸如 YAGO2[5]、NELL[6]、Freebase[7]、DBpedia[8]、Google Knowledge Vault[9]等知识库。在结构上，这些知识库中主要包含了大量的二元关系，如 Person-Org 关系、Org-Address 关系等；偶尔也存在一些多元关系（N-ary Relation），如"A 在 B 和 C 中间"[10]，但并不占主流。从构建方法上来说，为了从大量无结构或者半结构的语料中构建知识库，主要包括监督方法、远程监督方法、半监督方法和无监督方法。

对于科技信息领域，监督实体关系抽取方法不具有优势。因为监督实体关系抽取器的训练需要首先通过全面、高质量的标注数据训练实体关系抽取器，然后通过实体关系抽取器从未标注数据中抽取实体关系。以常用的 ACE（Automatic Content Extraction）语料为例，其中包含了超过 1000 个文档，每个文档中的实体对被标注了 5~7 个主要的关系与 23~24 个次要关系，共计 16 771 个关系实例。然而，科技情报往往涉及多个领域，专业性强、标注成本高、含有大量专有名词、关系类型不固定。为了达到通用领域实体关系抽取的类似水平，需要投入大量的人力、物力和财力资源。

弱监督学习方法，即半监督学习、远程监督学习和无监督学习，则可有效解决这一问题：无论标注数据中是否存在错误、带有噪声，还是标注数据原本不是用于意向目标，抑或是只存在一些先验知识，根本没有标注数据，上述方法均可以用于实体关系抽取。特别是近年来，随着实体关系抽取研究的深入，3 种方法常常相互启发、互相配合，在同一套项目中作为一个整体出现[11,12]。由于自然语言表达的复杂性和多样性，具有相同语义关系的实体对通常出现在特征类似的背景中。例如，CEO-of 关系的实例可能和如下特征有关：chief executive officer、CEO、senior corporate officer 等，因此，语义关系抽取的基本思路就是依据文本中这些类似的特征，识别成某种特定关系。基于这种现象，Yao 等人[11]在 LDA 模型的基础上提出了 Rel-LDA 和 Type-LDA 两个无监督语义关系抽取模型。

6.2　国内外研究现状

随着信息技术的发展，互联网上所承载的资源日益增加，利用方式不断丰富，而要对这些无结构或半结构的信息资源进行深入挖掘与利用，需要将其结构化，而从无结构、半结构数据构建结构化数据的方法之一，就是语义关系抽取。如图 6-1 所示，MUC 会议首次将语义关系抽取任务视为未来发展的一个重要方向[1]，并界定了语义关系抽取的内涵和外延。以往国内外学者们通常采用监督学习方法将语义关系抽取视作分类问题，以该方法为代表方法[13]。尽管该方法取得了不小的进展，但面对越来越多的数据及不同领域对语义关系抽取的实际需求，高昂的数据标注成本使得许多工业界人士望而却步。

1998 年，谷歌利用 PageRank 等算法在信息检索方面进行了成功的尝试，人们只需要输入关键词即可得到相关信息。但是，在没有更自然、更精

第六章 基于弱监督学习的语义关系抽取方法

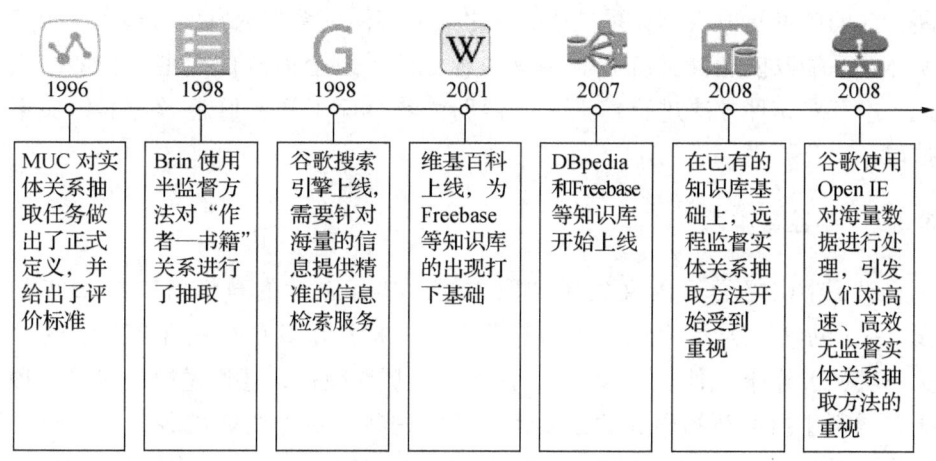

图 6-1 弱监督学习发展历程中的关键节点

准的检索服务的情况下，用户仍然需要翻阅多个页面才能获得自己想要的结果，而提供更自然、更精准的检索服务，显然需要进行实体关系抽取。同年，Brin 在半监督学习方面的工作[14]引发了研究者们的广泛关注：使用少量数据作为"种子"，对"作者—书籍"关系进行了抽取，从"种子"中获得能够匹配关系的模板，进而可以匹配新的关系实例。虽然这种方法受限于专业领域知识背景和"种子"的质量，但是它证明减少数据标注依赖是有可能的。

随着以 Web2.0 为基础的多种互联网服务的发展，维基百科等公共知识库吸引了越来越多人的目光。因此，一种可行的思路是通过这些公共知识库拓展标注数据的来源，利用知识库中半结构化的数据为结构化数据提供帮助，这种方法被称作远程监督学习方法。很多基于维基百科的结构化知识库的发展，如 Freebase[7]、DBpedia[8]等，为远程监督学习奠定了应用基础。

然而，许多具有专业知识背景的实体关系抽取项目仍然无法找到合适的知识库支持。对于这种情况，2008 年，谷歌的研究者提出了 OpenIE 方法[15]。该方法通过无监督学习实体关系抽取彻底摆脱了标注数据的限制，更加适用于多领域、大规模数据。实践也表明，无监督学习实体关系抽取方法极大地改善了谷歌的检索质量，使得使用者可以通过更自然的方式获得更精准的实体关系抽取结果。

至此，上述 3 种方法形成了与监督学习方法截然不同的实体关系抽取思路,即弱监督学习实体关系抽取。在之后的实体关系抽取发展过程中,很多实体关系抽取模型都会综合利用这3种方法,以全面测试模型的性能。因此,本章对3种方法进行综述,以帮助读者全面了解弱监督学习实体关系抽取。

6.2.1 半监督学习

对于半监督学习语义关系抽取方法,其标志性的自训练[14,16]过程如图6-2所示:①从一个较小的数据集开始,标注出其中的关系实例,这些关系实例被称作"种子";②从"种子"中提取模板;③通过模板在非"种子"语料中提取新的语义关系实例,并将这些实例作为新的种子;④再次从步骤②开始执行,直到循环终止条件达成。其目标是通过很少的标注数据训练出较好的语义关系抽取模型,并抽取出大量的关系实例。

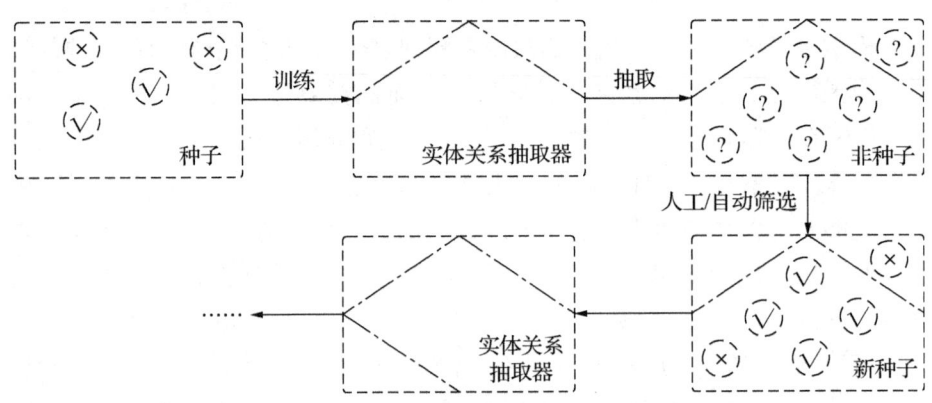

图6-2 半监督学习训练过程

然而,少量的人工标注数据容易产生语义漂移,误导关系抽取模型学习到不合适的"种子"和模板。解决这个问题的基本思路是加强人的监督。例如,利用模板与关系实例的对偶性将模板视作对实例的抽象,将实例视作模板所表示关系的具体实现[14]。这种方法有时候要抽取的语义关系太多,人工筛选仍然耗时、耗力。因此,Blum和Mitchell在上述自训练过程的基础上,通过协同训练改进了后3步[17]:②用每个关系的"种子"训练对应的语义关系抽取器;③通过语义关系抽取器对非"种子"语料提取新的关系实例;④对新抽取出来的关系实例进行筛选,得到新的"种子"。

解决语义漂移的另一种思路被称作"避免密集区域改变"[18]:如果一

个实例和其他实例相似度较低,那么这个实例有可能是错误的,反之错误的可能性就较低。换句话说,如果有多种关系可能作用于某个技术术语对,那么相似的关系更可能同时出现,相似度低的关系则要进行适当的割舍。因此,如果"协同训练"利用的是关系之间的"协同"性判断关系实例是"特例"还是"错误",那么,这种"协同性"同样可以作用于数据之间:将非"种子"语料分割成若干份,分别训练实体关系抽取器——此抽取器判断为某关系的实例可能被其他抽取器判断为非实例,这样的实例可以被筛除掉。

6.2.2 远程监督学习

远程监督学习的目标则是尽可能增加标注数据,其具体做法是将某些结构化的数据源转化为可用的标注数据集,这样的数据源通常是人工构建的知识库。远程监督学习的主要流程是:①从现有知识库中收集关系实例;②将关系实例中的技术术语对分离出来;③从待处理语料中根据不同规则找到对应关系的实例;④使用上述标注数据训练语义关系抽取器。容易看出,该流程的重点是第②步和第③步,即如何收集技术术语对并将知识库中对应的关系映射到非结构化文本中。针对不同资源可以采取不同的措施,对于维基百科来说,可依据词间的超链接所建立的图结构,如果"度"满足一定条件,即可认为相应的技术术语具有一定关系[19]。或者,如果非结构化文本中一个句子同时包含知识库中的两个技术术语,即可认为技术术语对具有相应的语义关系[20],这种方法虽然简单常用,但其假设过强,可能导致如图6-3所示的各种问题。例如,一个句子中如果出现"乔布斯"和"苹果公司"这两个实体,这个句子很可能表述了"CEO-of"关系。但是在知识库中这两个实体往往还构成"Founder-of"关系,如何判断某一句话到底要表达哪种关系就成了问题。

同一对技术术语间可能存在多种语义关系的事实,导致 Surdeanu 等人提出了多实例多标识(Multi-Instance Multi-Label,MIML)模型[12]。特别是在知识库相当全面的情况下,如果某个术语对存在多种关系,这种假设显然更具有普适性和实用性——如果一个非常全面的知识库中某个术语对不表述某种关系,那么对应的关系实例也应当斟酌是否表述该关系。从更高的层面来说,"多种关系在技术术语对层面上存在共现",这样的逻辑关系比 Yao 等人[11]的"多种关系在文档层面存在共现"更有说服力,这为结合使用半

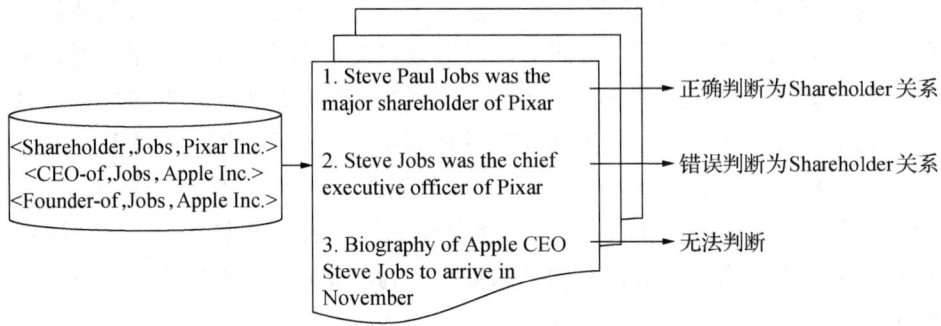

图 6-3　远程监督实体关系抽取可能遇到的各种情况

监督和远程监督方法提供了途径。

6.2.3　无监督学习

维基百科"中国"词条的信息框（InfoBox）中，"北京"与"中国"的关系是"首都"（Capital-of）。通过这样一个关系实例，我们可以提取相应的特征，包括其在信息框的 HTML 代码中所处的相对位置，"首都"这个词及对应的自然语言特征等。一般认为，这些特征适用的范围不仅限于关系实例，也适用于关系本身的其他实例，这被称作"平移不变性"[21]。仍以维基百科为例：中国和美国词条中都出现了"最大城市"的关系实例——显而易见，这种实体关系的发现并不需要任何监督。

为了发现这种"平移不变性"，OpenIE[15]设计了 8 个领域知识无关的词法-句法模板用以匹配相关特征，这些模板能够匹配 95% 以上的关系实例，并为语义关系的判断提供足以判断具体关系的特征，Nguyen 等人因此可以通过另外训练的 CRF 模型识别特征所对应的关系[22]。这种方式简单、有效、适合并行化，在理想的情况下，只要数据足够多，总能抽取到所有正确的实体关系实例。其缺点是抽取出来的关系实例有 13% "碎片化"，有 7% "无信息"[23]。如"The guide contains dead links and omits sites"和"gave birth to"，按照 OpenIE 的模板可能抽取出"contain omit"关系和"give"关系。对此，Nguyen 等人的解决方案[22]是通过观察语料中关系实例的具体形式，加入新的词法和句法约束形成新的模板，将原来省略掉的语义关系标注成本转移到模板设计方面。虽然由于 OpenIE 对关系基本上不做聚类，所以它不会把不同的关系错误判断为一类，但这同样导致缺少对特征的归纳总结过程。

因此，使用无监督学习的研究者仍然需要一些可用的先验知识来实现关系本身的消歧。在先验知识的帮助下，结合 Yao 等人的 Rel-LDA 和 Type-LDA 模型[11]，以模型训练速度与实体关系抽取速度为代价，获得相当高的无监督学习实体关系抽取精确度，无论这种知识是远程监督提供的还是监督学习语料提供的。另外值得一提的是先验知识的导入，在 OpenIE 中，先验知识以模板的形式存在——情报科学语料模板的编写需要专家的经验与专业知识，而 Rel-LDA 和 Type-LDA 完全不需要这一点，它们会自行从先验知识中学习关系对应的统计学特征。

6.3 实体关系抽取模型

众所周知，具有相同语义关系的技术术语对经常出现在类似特征的语义背景中。例如，CEO-of 关系的实例可能和如下特征有关：chief executive officer、CEO、senior corporate officer 等。基于这种观察，Yao 等人提出两种无监督概率主题模型（Rel-LDA 和 Type-LDA）用于抽取语义关系，这两种模型已经被实验证明确实简单有效[11]，然而它们继承了标准 LDA 模型的词袋（Bag of Words，BoW）假设，使其难以有效利用多元语法特征。有相关研究表明[24]，多元语法特征可以显著提升信息检索的性能，因此，本章将拓展 Rel-LDA 和 Type-LDA 模型，提出两种融入多元语法特征的 Rel-TNG 和 Type-TNG 模型，所做工作类似于将标准的 LDA 模型推广到主题 N 元语法模型（Topical N-Gram，TNG）[24]。为叙述方便，表 6-1 和表 6-2 对本章所用符号进行集中说明，表 6-1 还以"Gamma Knife"和"Elekta"实体对为例描述了本章所用到的特征。

表 6-1 与"Gamma Knife"和"Elekta"实体对有关的特征

名称	类型	案例
依赖路径	R	X, made by Y
词汇	R	made by the Swedish medical technology firm
词性	R	VBN IN DT JJ JJ NN NN
依赖属性对	S, D	partmod-pobj

续表

名称	类型	案例
源实体	S	Gamma Knife
目标实体	D	Elekta

实例句子:Gamma Knife, made by the Swedish medical technology firm Elekta, focuses low-dosage gamma radiation

注:R、S 和 D 分别代表关系、源实体和目标实体。

表 6-2 语义关系抽取模型中的符号说明

符号	说明
M	文档数量
N_m	文档 m 中实体对的数量
$J_{n,m}, J_{n,m}^{(S)}, J_{n,m}^{(D)}$	文档 m 中,分别对应于实体对 n 的语义关系、源实体类型和目标实体类型的特征数量
$K, K^{(T)}$	语义关系和实体类型的数量
$I, I^{(T)}$	语义关系和实体类型(包括源实体类型和目标实体类型)所对应的特征值的数量
$\vec{\theta}_m$	文档 m 中对应语义关系的多项式分布
$\vec{\varphi}_k^{(S)}, \vec{\varphi}_k^{(D)}$	对应于语义关系 k 的源实体和目标实体类型的多项式分布
$\vec{\varphi}_k^{(S)}, \vec{\varphi}_k^{(D)}$	语义关系 k 的源实体和目标实体类型所对应特征的多项式分布
$\vec{\sigma}_{i,k}$	对应于实体关系 k 和前一个特征 i 的特征多项式分布
$\vec{\psi}_{i,k}$	对应于实体关系 k 和前一个特征 i 的状态变量二项式分布
$z_{n,m}, z_{n,m}^{(S)}, z_{n,m}^{(D)}$	文档 m 中,对应于实体对 n 的语义关系、源实体和目标实体类型分配
$y_{j,n,m}$	文档 m 中,实体对 n 的第 j 个特征所对应的状态变量
$f_{j,n,m}, f_{j,n,m}^{(S)}, f_{j,n,m}^{(D)}$	文档 m 中,实体对 n 的语义关系、源实体和目标实体类型所对应的特征 j
$\vec{\alpha}, \vec{\beta}, \vec{\beta}^{(S)}, \vec{\beta}^{(D)}, \vec{\beta}^{(T)}, \vec{\gamma}, \vec{\delta}$	超参数

6.3.1 Rel-LDA 和 Rel-TNG 模型

Rel-LDA 模型是一种产生式模型,将文档看作语义关系的混合体(Mixture),文档中的每一个特征假定都由某种语义关系生成。正如图 6-4(a)所示,Rel-LDA 模型在文档层面和标准的 LDA 模型一样,都假设文档 $m \in \{1,\cdots,M\}$ 是由 K 个语义关系或主题混合而成,混合比率由多项式分布 $\mathrm{Mult}(\vec{\theta}_m)$ 决定,而 $\vec{\theta}_m$ 又由狄利克雷分布 $\mathrm{Diri}(\vec{\alpha})$ 决定。在观测层面,即图 6-4(a)中的虚线圈,Rel-LDA 模型不同于标准的 LDA 模型,当语义关系 $k = z_{n,m}$ 从多项式分布 $\mathrm{Mult}(\vec{\theta}_m)$ 抽取完成之后,需要从多项式分布 $\mathrm{Mult}(\vec{\phi}_k)$ 中采样 $J_{n,m}$ 个特征。换句话说,这些特征由同一种语义关系产生,而在标准的 LDA 模型中,每一个特征(词项)—主题对是交替产生的。据此,Rel-LDA 模型的生成过程总结如下。

(1)对于每篇文档 $m \in \{1,\cdots,M\}$,生成 $\vec{\theta}_m \sim \mathrm{Diri}(\vec{\alpha})$。

(2)对于每种语义关系 $k \in \{1,\cdots,K\}$,生成 $\vec{\phi}_k \sim \mathrm{Diri}(\vec{\beta})$。

(3)对于文档 $m \in \{1,\cdots,M\}$ 中的实体对 $n \in \{1,\cdots,N_m\}$:

①生成语义关系 $k = z_{n,m} \sim \mathrm{Mult}(\vec{\theta}_m)$;

②生成 $J_{n,m}$ 个特征 $f_{j,n,m} \sim \mathrm{Mult}(\vec{\phi}_k)$。

Rel-TNG 模型的生成过程类似于 TNG 模型[24],都是将原有基于一元语法特征的模型拓展到多元语法特征。为了方便介绍,需要引入 3 组随机变量集合:$\vec{y}$、$\vec{\psi}$ 和 $\vec{\sigma}$,如图 6-4(b)所示。这 3 组随机变量将 Rel-LDA 和 Rel-TNG 模型区别开来,赋予后者自动匹配、区别多元语法特征的能力,这种能力有益于许多数据驱动的应用。

具体而言,隐状态变量 $\vec{y}$ 起到了开关的作用,当某个变量 $y_{j,n,m}$ 取值为 1 时,特征 $f_{j,n,m}$ 由多项式分布 $\mathrm{Mult}(\vec{\sigma}_{i,k})$ 生成,否则由多项式分布 $\mathrm{Mult}(\vec{\phi}_k)$ 生成,后面的情形正好对应于 Rel-LDA 模型。也就是说,当把所有的状态变量都置为 0 时,Rel-TNG 模型将退化为 Rel-LDA 模型,即 Rel-LDA 模型是 Rel-TNG 模型的一个特例。当然,用户也可以通过事先设置部分状态变量的值来引入先验知识,此时这些对状态变量就不再是隐变量,而成为显变量或观测变量。这种先验知识在实际操作中很常见。例如,对应于每个实体对第一个特征 $f_{0,n,m}$ 的那个状态变量,因为它的前面不再有其他特征,因此也不可能与前面的特征形成多元语法特征,故可将对应的状态变量事先设置为 0。基于以上描述,可将 Rel-TNG 模型的生成过程总结如下。

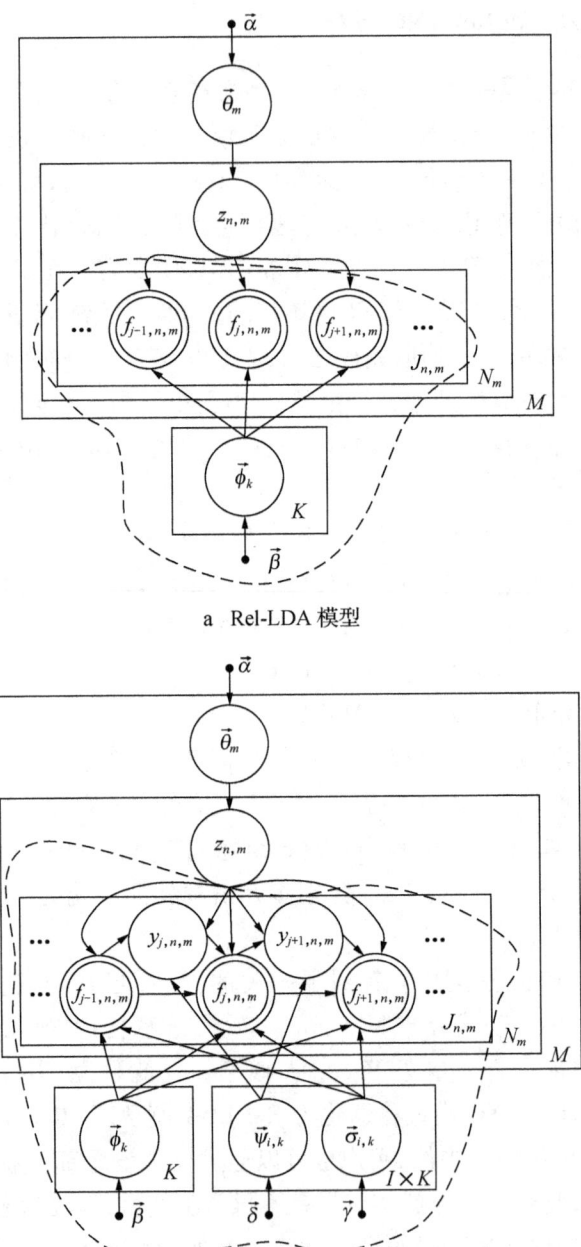

a　Rel-LDA 模型

b　Rel-TNG 模型

图 6-4　Rel-LDA 和 Rel-TNG 模型的概率图模型表示

(1) 对于每篇文档 $m \in \{1,\cdots,M\}$,生成 $\vec{\theta}_m \sim \mathrm{Diri}(\vec{\alpha})$。

(2) 对于每种语义关系 $k \in \{1,\cdots,K\}$,生成 $\vec{\phi}_k \sim \mathrm{Diri}(\vec{\beta})$。

(3) 对于每种语义关系 $k \in \{1,\cdots,K\}$ 和每个特征 $i \in \{1,\cdots,I\}$,分别生成 $\mathrm{Mult}(\vec{\sigma}_{i,k}) \sim \mathrm{Diri}(\vec{\gamma})$ 和 $\mathrm{Bino}(\vec{\psi}_{i,k}) \sim \mathrm{Diri}(\vec{\beta})$。

(4) 对于文档 $m \in \{1,\cdots,M\}$ 中的实体对 $n \in \{1,\cdots,N_m\}$:

① 生成语义关系 $k = z_{n,m} \sim \mathrm{Mult}(\vec{\theta}_m)$。

② 对于每个特征(共 $J_{n,m}$ 个):

a. 生成特征 $f_{j,n,m} \sim \mathrm{Mult}(\vec{\phi}_k)$;

b. 生成状态变量 $y_{j,n,m} \sim \mathrm{Bino}(\vec{\psi}_{i,k})$;

c. 如果 $y_{j,n,m} = 1$,特征 $f_{j,n,m}$ 从 $\mathrm{Mult}(\vec{\sigma}_{i,k})$ 中生成,否则从 $\mathrm{Mult}(\vec{\phi}_k)$ 中生成。

与很多著名的概率主题模型一样,Rel-TNG 模型的参数也无法准确估计。幸运的是,近年来出现了许多近似推断算法。例如,平均场变分法(Mean-Field Variational Method)[25]、蒙特卡洛马尔科夫链(Monte Carlo Markov Chain,MCMC)采样[26]和随机变分推断(Stochastic Variational Inference)[27]等。每种参数估计方法各有利弊,选择一种合适的近似算法要在效率、复杂性、准确性和概念简洁性之间综合考量[28]。由于 Collapsed 吉布斯采样方法描述简单且更易于实现,成为主题模型中最常采用的参数估计方法之一,也是本章所采用的参数估计方法,这种方法是 MCMC 采样的一种特例。

在 Collapsed 吉布斯采样过程中,需要计算 Rel-TNG 模型的后验概率分布,即给定观测值和其他隐变量的条件下 $z_{n,m}$ 和 $y_{j,n,m}$ 的概率:$\mathrm{Pr}(z_{n,m} \mid \vec{f}, \vec{z}_{\neg(n,m)}, \vec{y}, \Lambda)$ 和 $\mathrm{Pr}(y_{j,n,m} \mid \vec{f}, \vec{z}, \vec{y}_{\neg(n,m)}, \Lambda)$ 的概率,其中,$\vec{z}_{\neg(n,m)}$ 和 $\vec{y}_{\neg(n,m)}$ 分别表示除文档 m 中的实体对 n 对应的语义关系和状态变量之外的所有语义关系和状态变量,Λ 代表所有的超参数。经推导,Rel-TNG 模型的吉布斯采样(这些公式通常被称为全条件概率,Full Conditionals)公式为:

$$\mathrm{Pr}(z_{n,m} \mid \vec{f}, \vec{z}_{\neg(n,m)}, \vec{y}, \Lambda)$$

$$\propto (c_{k,m} + \alpha_k - 1) \times \frac{\prod_{i \in \tilde{f}_{n,m} \circ \tilde{y}_{n,m}} \Gamma(c_{i,k} + \beta_i)}{\Gamma(\sum_{i=1}^{I}(c_{i,k} + \beta_i))} \frac{\Gamma(\sum_{i \in \tilde{f}_{n,m}}(c_{i,k,\neg(n,m)} + \beta_i))}{\prod_{i \in \tilde{f}_{n,m} \circ \tilde{y}_{n,m}} \Gamma(c_{i,k,\neg(n,m)} + \beta_i)}$$

$$\times \prod_{j \in \tilde{f}_{n,m}} \frac{\prod_{i \in \tilde{f}_{n,m} \cdot \tilde{y}_{n,m}} \Gamma(c_{i,j,k} + \gamma_i)}{\Gamma(\sum_{i=1}^{I}(c_{i,j,k} + \gamma_i))} \frac{\Gamma(\sum_{i \in \tilde{f}_{n,m}}(c_{i,j,k,\neg(n,m)} + \gamma_i))}{\prod_{i \in \tilde{f}_{n,m} \cdot \tilde{y}_{n,m}} \Gamma(c_{i,j,k,\neg(n,m)} + \gamma_i)}$$

$$\times \prod_{i \in \tilde{f}_{n,m}} \frac{\prod_{y=0}^{1} \Gamma(c_{y,i,k} + \delta_y)}{\Gamma(\sum_{y=0}^{1}(c_{y,i,k} + \delta_y))} \frac{\Gamma(\sum_{y=0}^{1}(c_{y,i,k,\neg(n,m)} + \delta_y))}{\prod_{y=0}^{1} \Gamma(c_{y,i,k,\neg(n,m)} + \delta_y)} \quad (6-1)$$

$$\Pr(y_{j,n,m} \mid \vec{f}, \vec{z}, \vec{y}_{\neg(n,m)}, \Lambda)$$

$$\propto (c_{y_{j,n,m}} + \delta_{y_{j,n,m}} - 1) \times \begin{cases} \dfrac{c_{i,k} + \beta_i - 1}{\sum_{i=1}^{I}(c_{i,k} + \beta_i) - 1}, & y_{j,n,m} = 0 \\[2mm] \dfrac{c_{i,j,k} + \gamma_i - 1}{\sum_{i=1}^{I}(c_{i,j,k} + \gamma_i) - 1}, & y_{j,n,m} = 1 \end{cases} \quad (6\text{-}2)$$

其中,$\vec{f}_{n,m} \circ \vec{y}_{n,m} = \{f_{j,n,m} : y_{j,n,m} = 0, [j]_1^{J_{n,m}}\}$,$\vec{f}_{n,m} \cdot \vec{y}_{n,m} = \{f_{j,n,m} : y_{j,n,m} = 1, [j]_1^{J_{n,m}}\}$,$c_{k,m}$ 表示文档 m 中语义关系 k 的数量,$c_{i,k}$ 表示对应于语义关系 k 的一元语法特征 i 的数量,$c_{i,j,k}$ 表示对应于语义关系 k 的前一个特征为 j 并且当前特征为 i 的数量,$c_{y,i,k}$ 表示对应于语义关系 k 的当前特征为 i 并且状态变量为 y(值为 0 或 1)的数量。公式(6-1)和公式(6-2)清晰地表达了标准 LDA 模型、Rel-LDA 模型及 Rel-TNG 模型的关系,这 3 个模型共享了公式(6-1)的第一项,而 TNG 模型和 Rel-TNG 模型共享了公式(6-2),由于 Rel-TNG 模型中每个语义关系都与多个特征相关,这导致公式(6-2)中的其他项较为复杂。

一旦通过吉布斯采样为每个特征 $f_{j,n,m}$ 分配了语义关系 $z_{n,m}$ 和状态变量 $y_{j,n,m}$,利用狄利克雷分布和贝塔(Beta)分布的期望,可很容易估算模型参数:

$$\theta_{k,m} = \frac{\alpha_k + c_{k,m}}{\sum_{k=1}^{K}(\alpha_k + c_{k,m})}, k \in \{1,\cdots,K\}, m \in \{1,\cdots,M\} \quad (6\text{-}3)$$

$$\phi_{i,k} = \frac{\beta_i + c_{i,k}}{\sum_{i=1}^{I}(\beta_i + c_{i,k})}, i \in \{1,\cdots,I\}, k \in \{1,\cdots,K\} \quad (6\text{-}4)$$

$$\sigma_{i,j,k} = \frac{\gamma_i + c_{i,j,k}}{\sum_{i=1}^{I}(\gamma_i + c_{i,j,k})}, i \in \{1,\cdots,I\}, j \in \{1,\cdots,I\}, k \in \{1,\cdots,K\} \quad (6\text{-}5)$$

$$\psi_{y,i,k} = \frac{\delta_y + c_{y,i,k}}{\sum_{y=0}^{1}(\delta_y + c_{y,i,k})}, y \in \{0,1\}, i \in \{1,\cdots,I\}, k \in \{1,\cdots,K\} \quad (6\text{-}6)$$

6.3.2 Type-LDA 和 Type-TNG 模型

通常任何一种语义关系的成立都是有条件的,并不适用于所有的实体类型。例如，CEO-of 关系只可能在 Person 和 Company 类型的实体间成立，然而上节的 Rel-LDA 模型和 Rel-TNG 模型均没有考虑这一点。为了在模型中引入这种限制条件，Yao 等人进一步提出了 Type-LDA 模型[11]，该模型的概率图模型表示如图 6-5 所示。

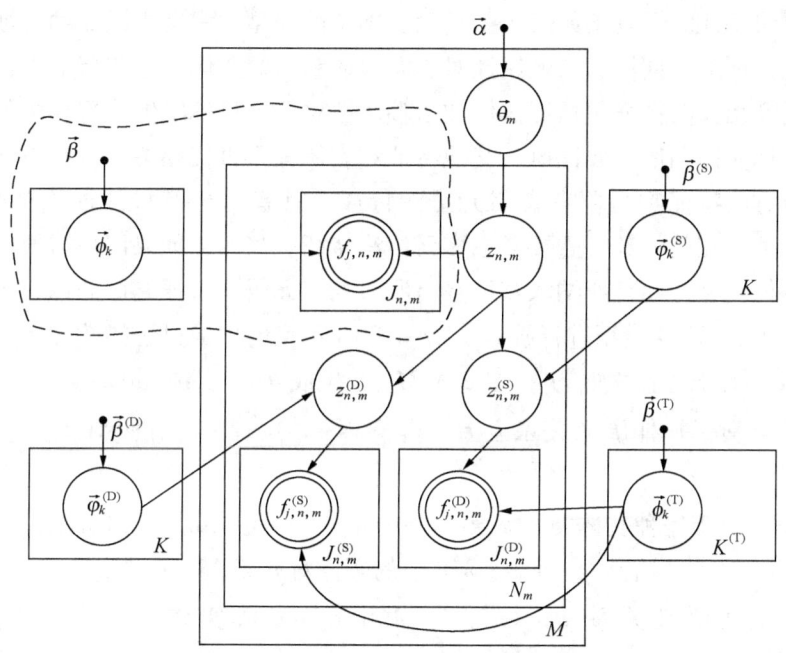

图 6-5　Type-LDA 模型的概率图模型表示

具体来说，Type-LDA 模型将特征分为 3 类（表6-1）：与语义关系相关的特征 $\vec{f}$，与源实体类型相关的特征 $\vec{f}^{(S)}$ 和与目标实体相关的特征 $\vec{f}^{(D)}$，这 3 类特征分别对应不同的隐变量 $\vec{z}$、$\vec{z}^{(S)}$ 和 $\vec{z}^{(D)}$，而隐变量 $\vec{z}^{(S)}$ 和 $\vec{z}^{(D)}$ 又都依赖于语义关系隐变量 $\vec{z}$。据此，可以将 Type-LDA 模型的生成过程总结如下。

（1）对于每篇文档 $m \in \{1,\cdots,M\}$，生成 $\vec{\theta}_m \sim \text{Diri}(\vec{\alpha})$。

（2）对于每种语义关系 $k \in \{1,\cdots,K\}$，生成 $\vec{\phi}_k \sim \text{Diri}(\vec{\beta})$、$\vec{\varphi}_k^{(S)} \sim \text{Diri}(\vec{\beta}^{(S)})$ 和 $\vec{\varphi}_k^{(D)} \sim \text{Diri}(\vec{\beta}^{(D)})$。

（3）对于每种实体类型 $k \in \{1,\cdots,K^{(T)}\}$，生成 $\vec{\phi}_k^{(T)} \sim \text{Diri}(\vec{\beta}^{(T)})$。

（4）对于文档 $m \in \{1,\cdots,M\}$ 中的实体对 $n \in \{1,\cdots,N_m\}$：

①生成语义关系 $k = z_{n,m} \sim \text{Mult}(\vec{\theta}_m)$、源实体类型 $k' = z_{n,m}^{(S)} \sim \text{Mult}(\vec{\varphi}_k^{(S)})$ 和目标实体类型 $k'' = z_{n,m}^{(D)} \sim \text{Mult}(\vec{\varphi}_k^{(D)})$；

②生成 $J_{n,m}$ 个特征 $f_{j,n,m} \sim \text{Mult}(\vec{\phi}_k)$、$J_{n,m}^{(S)}$ 个源实体特征 $f_{j,n,m}^{(S)} \sim \text{Mult}(\vec{\phi}_{k'}^{(T)})$ 和 $J_{n,m}^{(D)}$ 个源实体特征 $f_{j,n,m}^{(D)} \sim \text{Mult}(\vec{\phi}_{k''}^{(T)})$。

Type-TNG 模型的提出类似于 Rel-TNG 模型，两者都是针对 Type-LDA 模型和 Rel-LDA 模型只考虑了一元语法特征的问题，对其进行扩展以便融入多元语法特征。但是正如表6-1所示，本章的模型中只考虑了6种特征：依赖路径、词汇、词性、依赖属性对、源实体和目标实体。这些特征中，与源实体类型相关的特征包括源实体和依赖属性对，与目标实体类型相关的特征包括目标实体和依赖属性对，其他特征和实体关系直接相关。容易看出，并不是所有的特征都需要考虑多元语法特征，只有图6-5虚线圈内的部分，即语义关系相关的部分需要考虑多元语法特征。当然，如果用户需要纳入更多的特征类型，而且所纳入特征具有明显的多元语法特征属性的话，可以很容易将 Type-TNG 模型进行扩展。Type-TNG 模型的生成过程描述如下。

(1) 对于每篇文档 $m \in \{1,\cdots,M\}$，生成 $\vec{\theta}_m \sim \text{Diri}(\vec{\alpha})$。

(2) 对于每种语义关系 $k \in \{1,\cdots,K\}$，生成 $\vec{\phi}_k \sim \text{Diri}(\vec{\beta})$、$\vec{\varphi}_k^{(S)} \sim \text{Diri}(\vec{\beta}^{(S)})$ 和 $\vec{\varphi}_k^{(D)} \sim \text{Diri}(\vec{\beta}^{(D)})$。

(3) 对于每种实体类型 $k \in \{1,\cdots,K^{(T)}\}$，生成 $\vec{\phi}_k^{(T)} \sim \text{Diri}(\vec{\beta}^{(T)})$。

(4) 对于文档 $m \in \{1,\cdots,M\}$ 中的实体对 $n \in \{1,\cdots,N_m\}$：

①生成语义关系 $k = z_{n,m} \sim \text{Mult}(\vec{\theta}_m)$、源实体类型 $k' = z_{n,m}^{(S)} \sim \text{Mult}(\vec{\varphi}_k^{(S)})$ 和目标实体类型 $k'' = z_{n,m}^{(D)} \sim \text{Mult}(\vec{\varphi}_k^{(D)})$；

②生成 $J_{n,m}^{(S)}$ 个源实体特征 $f_{j,n,m}^{(S)} \sim \text{Mult}(\vec{\phi}_{k'}^{(T)})$ 和 $J_{n,m}^{(D)}$ 个源实体特征 $f_{j,n,m}^{(D)} \sim \text{Mult}(\vec{\phi}_{k''}^{(T)})$。

③对于每个特征（共 $J_{n,m}$ 个）：

a. 生成特征 $f_{j,n,m} \sim \text{Mult}(\vec{\phi}_k)$；

b. 生成状态变量 $y_{j,n,m} \sim \text{Bino}(\vec{\psi}_{i,k})$；

c. 如果 $y_{j,n,m} = 1$，特征 $f_{j,n,m}$ 从 $\text{Mult}(\vec{\sigma}_{i,k})$ 中生成，否则从 $\text{Mult}(\vec{\phi}_k)$ 中生成。

为了估计 Type-TNG 模型的参数，本章仍然采用 Collapsed 吉布斯采样方法，因此，需要计算 Type-TNG 模型的后验概率分布，即给定观测值和其他隐变量的条件下 $z_{n,m}$、$z_{n,m}^{(S)}$、$z_{n,m}^{(D)}$ 和 $y_{j,n,m}$ 的概率：$\Pr(z_{n,m} \mid \vec{f}, \vec{z}_{\neg (n,m)}, \vec{y}, \Lambda)$、$\Pr(z_{n,m}^{(x)} \mid \vec{f}^{(x)}, \vec{z}_{\neg (n,m)}^{(x)}, \vec{z}, \Lambda)$（$x \in \{S, D\}$）和 $\Pr(y_{j,n,m} \mid \vec{f}, \vec{z}, \vec{y}_{\neg (n,m)}, \Lambda)$ 的概率，其中，$\vec{z}_{\neg (n,m)}$、$\vec{z}_{\neg (n,m)}^{(S)}$、$\vec{z}_{\neg (n,m)}^{(D)}$ 和 $\vec{y}_{\neg (n,m)}$ 分别表示除文档 m 中的实体对

第六章 基于弱监督学习的语义关系抽取方法

n 对应的语义关系、源实体类型、目标实体类型和状态变量之外的所有语义关系、源实体类型、目标实体类型和状态变量,Λ 代表所有的超参数。经推导,Type-TNG 模型的吉布斯采样公式($\Pr(z_{n,m} \mid \vec{f}, \vec{z}_{\neg(n,m)}, \vec{y}, \Lambda)$ 与公式(6-1)相同,故此处省略)为:

$$\Pr(z_{n,m}^{(x)} \mid \vec{f}^{(x)}, \vec{z}_{\neg(n,m)}^{(x)}, \vec{z}, \Lambda)$$

$$\propto (c_{k,z_{n,m}}^{(x)} + \beta_k^{(x)} - 1) \times \frac{\prod_{i \in \vec{f}_{n,m}^{(x)}} \Gamma(c_{i,k}^{(T)} + \beta_i^{(T)})}{\Gamma(\sum_{i=1}^{I}(c_{i,k}^{(T)} + \beta_i^{(T)}))} \frac{\Gamma(\sum_{i=1}^{I}(c_{i,k,\neg(n,m)}^{(T)} + \beta_i^{(T)}))}{\prod_{i \in \vec{f}_{n,m}^{(x)}} \Gamma(c_{i,k,\neg(n,m)}^{(T)} + \beta_i^{(T)})}$$

$$(6-7)$$

$$\Pr(y_{j,n,m} \mid \vec{f}, \vec{z}, \vec{y}_{\neg(n,m)}, \Lambda)$$

$$\propto (c_{k,m} + \alpha_k - 1) \times \frac{c_{z_{n,m}^{(S)},k}^{(S)} + \beta_{z_{n,m}^{(S)}}^{(S)} - 1}{\sum_{k'=1}^{T}(c_{k',k}^{(S)} + \beta_{k'}^{(S)}) - 1} \times \frac{c_{z_{n,m}^{(D)},k}^{(D)} + \beta_{z_{n,m}^{(D)}}^{(D)} - 1}{\sum_{k'=1}^{T}(c_{k',k}^{(D)} + \beta_{k'}^{(D)}) - 1} \times$$

$$\frac{\prod_{i \in \vec{f}_{n,m} \circ \vec{y}_{n,m}} \Gamma(c_{i,k} + \beta_i)}{\Gamma(\sum_{i=1}^{I}(c_{i,k} + \beta_i))} \frac{\Gamma(\sum_{i \in \vec{f}_{n,m}}(c_{i,k,\neg(n,m)} + \beta_i))}{\prod_{i \in \vec{f}_{n,m} \circ \vec{y}_{n,m}} \Gamma(c_{i,k,\neg(n,m)} + \beta_i)} \times$$

$$\prod_{j \in \vec{f}_{n,m}} \frac{\prod_{i \in \vec{f}_{n,m} \cdot \vec{y}_{n,m}} \Gamma(c_{i,j,k} + \gamma_i)}{\Gamma(\sum_{i=1}^{I}(c_{i,j,k} + \gamma_i))} \frac{\Gamma(\sum_{i \in \vec{f}_{n,m}}(c_{i,j,k,\neg(n,m)} + \gamma_i))}{\prod_{i \in \vec{f}_{n,m} \cdot \vec{y}_{n,m}} \Gamma(c_{i,j,k,\neg(n,m)} + \gamma_i)} \times$$

$$\prod_{i \in \vec{f}_{n,m}} \frac{\prod_{y=0}^{1} \Gamma(c_{y,i,k} + \delta_y)}{\Gamma(\sum_{y=0}^{1}(c_{y,i,k} + \delta_y))} \frac{\Gamma(\sum_{y=0}^{1}(c_{y,i,k,\neg(n,m)} + \delta_y))}{\prod_{y=0}^{1} \Gamma(c_{y,i,k,\neg(n,m)} + \delta_y)}$$

$$(6-8)$$

其中,$c_{k',k}^{(S)}$ 和 $c_{k',k}^{(D)}$ 分别表示语义关系 k 相关联的源实体或目标实体类型为 k' 的数量,而 $c_{i,k}^{(T)}$ 表示对应于实体类型为 k 并且特征为 i 的数量。类似于 Rel-TNG 模型,吉布斯采样一旦完成,模型参数的估计就比较容易(此处只列出两组参数估计,其他参数的估计参考公式(6-3)至公式(6-6):

$$\phi_{i,k}^{(T)} = \frac{\beta_{i,k}^{(T)} + c_{i,k}^{(T)}}{\sum_{i=1}^{I}(\beta_{i,k}^{(T)} + c_{i,k}^{(T)})}, i \in \{1,\cdots,I\}, k \in \{1,\cdots,K\} \quad (6-9)$$

$$\varphi_{k',k}^{(x)} = \frac{\beta_{k',k}^{(x)} + c_{k',k}^{(x)}}{\sum_{k'=1}^{K^{(T)}}(\beta_{k',k}^{(x)} + c_{k',k}^{(x)})}, k' \in \{1,\cdots,K^{(T)}\}, k \in \{1,\cdots,K\}, x \in \{S,D\}$$

$$(6-10)$$

6.4 实验结果及分析

在对弱监督语义关系抽取结果进行评测之前，首先要寻找与标注语义关系重叠最大的聚簇，并将这个聚簇视作该语义关系的实例[29]，然后按照常规的研究思路计算每个语义关系聚类 $c \in C$ 的各项指标，包括召回率 $R(c)$、准确率 $P(c)$ 和 F 值 $F(c)$。为了获得对模型的整体评价，本章采用类似于公式（5-10）的方式对上述召回率、准确率和 F 值指标进行加权平均。

6.4.1 数据集

为了评价 Rel-TNG 模型和 Type-TNG 模型的性能，本章使用源于 BioNLP-ST2009 评测[30]的两个数据集：GENIA 和 EPI（Epigenetics and Post-translational Modification），这两个数据集事先被领域专家标注了两种语义关系。虽然这些标注可能存在遗漏和错误，但是仍然可以作为模型评价的参考标准。GENIA 语料包含 1065 篇来自分子生物学的文档，内容主要涵盖了人血细胞转录因子方面的研究。EPI 语料包含了 732 篇文档，其原本的目标是抽取 14 种事件，包括主要蛋白质修饰类型和逆转反应等。这两个语料都标注了两种关系：存在于基因和蛋白质组件之间的 PROTEIN-COMPONENT（以下简称 R1），和存在于蛋白质与其复合体之间的 SUBUITE-COMPLEX（以下简称 R2）。这两种关系的参数的实体类型一般会被标注成 PROTEIN，或者被标注成没有特定含义的 ENTITY。

上述两个数据集被进一步分为 3 个子集：训练集、开发集和测试集。由于测试集中标注不完善，本章仅使用了训练集和开发集。为了减少候选实体对的数量，以便提高实验速度，只有出现同一句子中的实体才能组合成实体对，而且这个实体对不考虑实体间的顺序。本章所使用的特征也来源于语料自带的由斯坦福标注的词法和句法分析文件特征[31]（表 6-1），同时本章将特征限制为 30 个字符长度以内。经过以上数据清洗过程，GENIA 语料共生成了 29 563 个实体对，其中包括 1695 个 R1 关系实例和 647 和 R2 关系实例。EPI 语料生成了 12 497 个实体对，其中包括 643 个 R1 关系实例和 245 个 R2 关系实例，而未包含任何实体对的文档不在被考虑之列，实验数据的统计信息可见表 6-3。

表 6-3　GENIA 和 EPI 实验数据统计信息

语料	文档数量	实体对数量		
		R1	R2	共计
GENIA	1063	1695	647	29 563
EPI	732	643	245	12 497

6.4.2　语义关系抽取

本小节使用 Rel-LDA、Rel-TNG、Type-LDA 和 Type-TNG 模型进行了语义关系抽取对比实验。在实验中，模型将会根据实体对的特征自动为其指定语义关系。由于语料中只标注了两种关系（R1 和 R2）和两种实体类型（PROTEIN 和没有特定含义的 ENTITY），因此，关系数量 K 和实体类型数量 $K^{(T)}$ 分别取区间 [2, 8] 和 [2, 5] 中的整数。图 6-6 和图 6-7 分别展示了 4 个模型在 GENIA 和 EPI 数据集上 F 值随语义关系数量 K 和实体类型数量 $K^{(T)}$ 的变化情况。

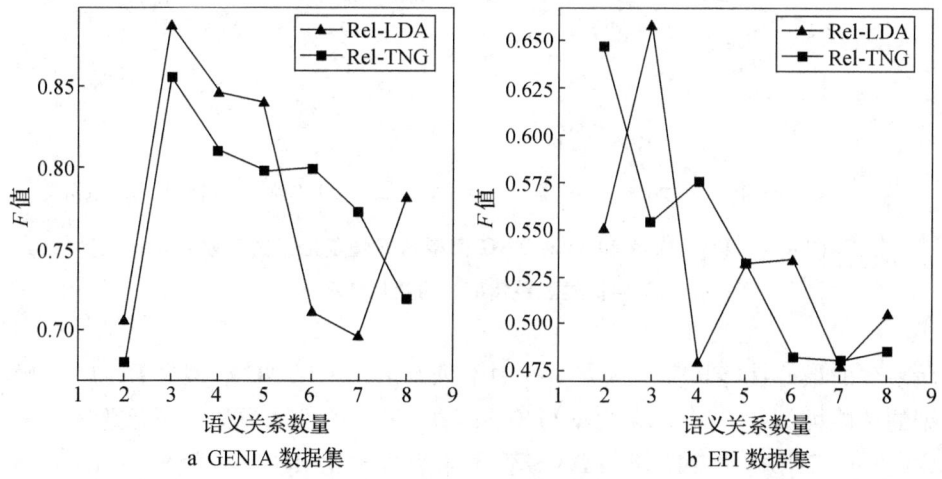

图 6-6　Rel-LDA 和 Rel-TNG 模型的 F 值随语义关系数量 K 的变化情况

从图中不难看出，4 个模型均对语义关系数量 K 和实体类型数量 $K^{(T)}$ 的取值十分敏感，因此，用户在使用模型时需要谨慎选择这两个参数。

选定图 6-6 和图 6-7 中表现最好的参数组合，表 6-4 给出了这 4 个模型

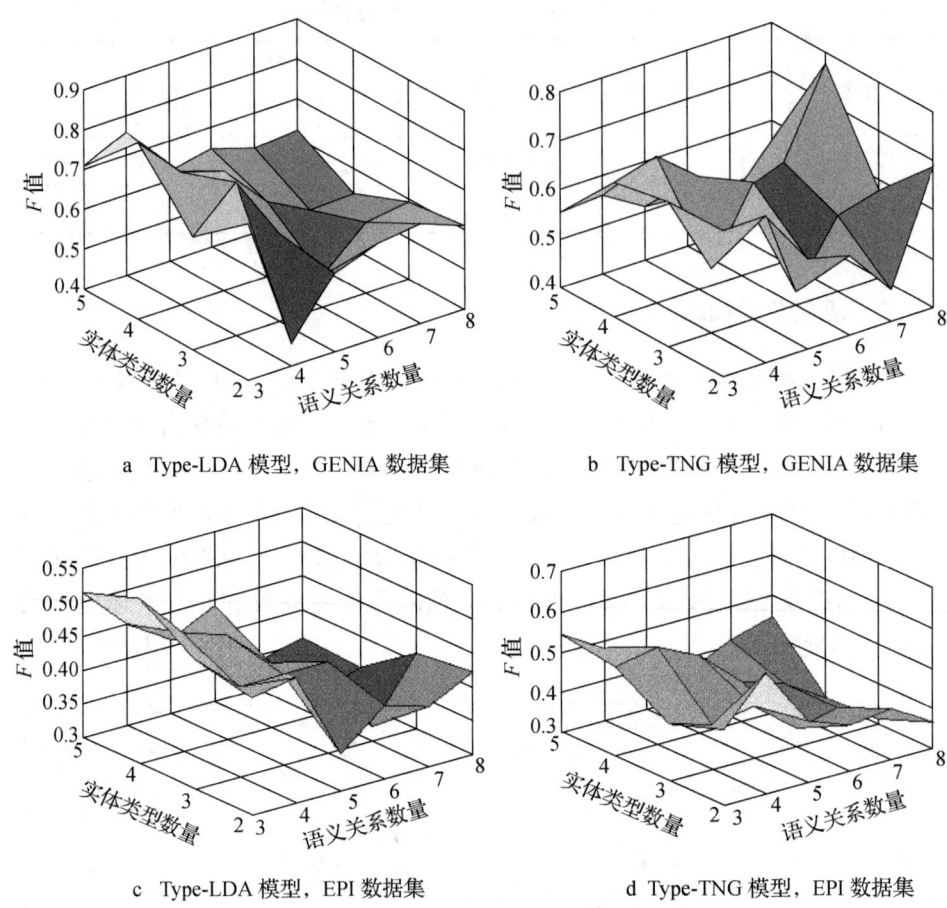

图 6-7 Type-LDA 和 Type-TNG 模型的 F 值随语义关系数量 K 和
实体类型数量 $K^{(T)}$ 的变化情况

所表现的最好性能指标。从表 6-4 中不难看出，Rel-TNG 模型与 Rel-LDA 模型的性能类似，Type-TNG 模型与 Type-LDA 模型的性能类似，而且总体上来说，Type-TNG 模型和 Type-LDA 模型并未表现出比 Rel-TNG 模型与 Rel-LDA 模型明显的优势，主要原因可能在于本章所使用数据集中 ENTITY 类型的实体过于宽泛，这其实是多种类型实体的统称。为了进一步验证本章的观察，我们对表 6-4 中的性能指标做了 95% 置信度的双尾配对样本 t 检验，检验结果见表 6-5，这再次表明 Rel-TNG 模型和 Type-TNG 模型与相应的一元语法参照模型的性能不具有统计显著性差异。

第六章 基于弱监督学习的语义关系抽取方法

表6-4 GENIA 和 EPI 的准确率、召回率和 F 值

单位:%

模型	度量	GENIA			EPI		
		R1	R2	总体	R1	R2	总体
Rel-LDA	准确率	97.97	75.19	91.68	90.99	73.22	86.09
	召回率	85.37	90.88	86.89	48.68	71.43	54.95
	F 值	91.24	82.30	88.77	63.42	72.31	65.88
Rel-TNG	准确率	97.89	71.98	90.73	86.80	62.50	80.09
	召回率	79.53	90.11	82.45	48.06	36.73	44.93
	F 值	87.76	80.03	85.62	61.86	46.27	57.56
Type-LDA	准确率	95.31	73.68	89.33	84.23	37.92	71.47
	召回率	79.12	83.93	80.44	44.01	55.10	47.07
	F 值	86.46	78.47	84.25	57.81	44.93	54.26
Type-TNG	准确率	97.48	79.27	92.45	88.64	60.98	81.00
	召回率	66.08	70.94	67.42	54.59	30.61	47.97
	F 值	78.76	74.88	77.69	67.56	40.79	60.17

表6-5 95%置信度双尾配对样本 t 检验

单位:%

语料	Rel-LDA 与 Rel-TNG			Type-LDA 与 Type-TNG		
	准确率	召回率	F 值	准确率	召回率	F 值
GENIA	0.97	0.84	0.97	0.79	0.26	0.09
EPI	0.83	0.93	0.71	0.74	0.52	0.60

6.4.3 先验知识

相对于其他模型来说,本章所涉及的4个模型都属于贝叶斯模型家族,贝叶斯模型具有天然的引入先验知识的能力。在本小节中,本章引入了一些标注过的"种子"文档作为先验知识,并验证先验知识对模型性能的影响。为了减少种子集合的干扰,本章分别从 GENIA 和 EPI 数据集中随机生成了60份不同的"种子"文档,这些"种子"文档的数量占总文档数量的百分

比从 5% 到 50% 不等。

图 6-8 和图 6-9 分别展示了 4 个模型在 GENIA 和 EPI 数据集上 F 值随"种子"文档占比的变化情况。从图中不难看出，Rel-TNG 和 Type-TNG 模型随着"种子"文档数量的增多，性能逐渐趋于稳定，这点在 EPI 数据集上表现得尤为明显，但是 Rel-LDA 和 Type-LDA 模型对"种子"文档数量相对更为敏感。这说明如果有一定量的可用先验知识，可以选择 Rel-TNG 和 Type-TNG 模型抽取语义关系。

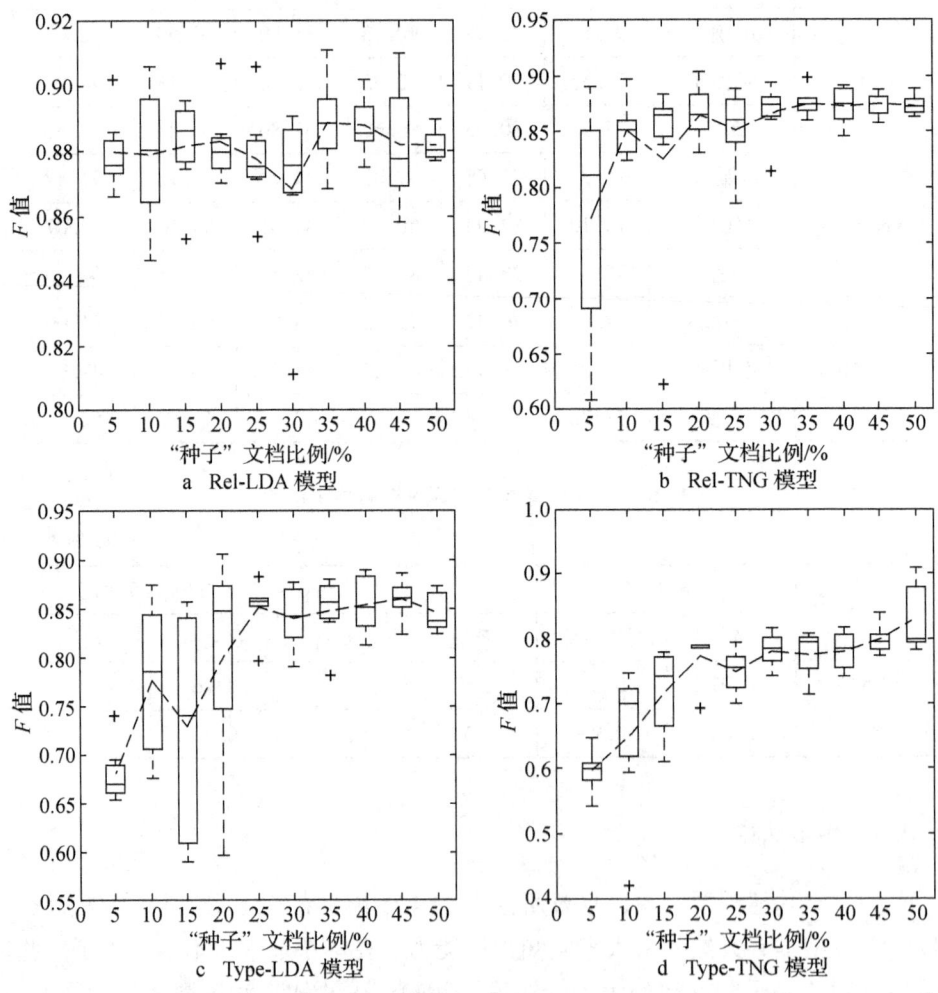

图 6-8　4 种模型在 GENIA 数据集上的 F 值随"种子"文档比例变化的情况

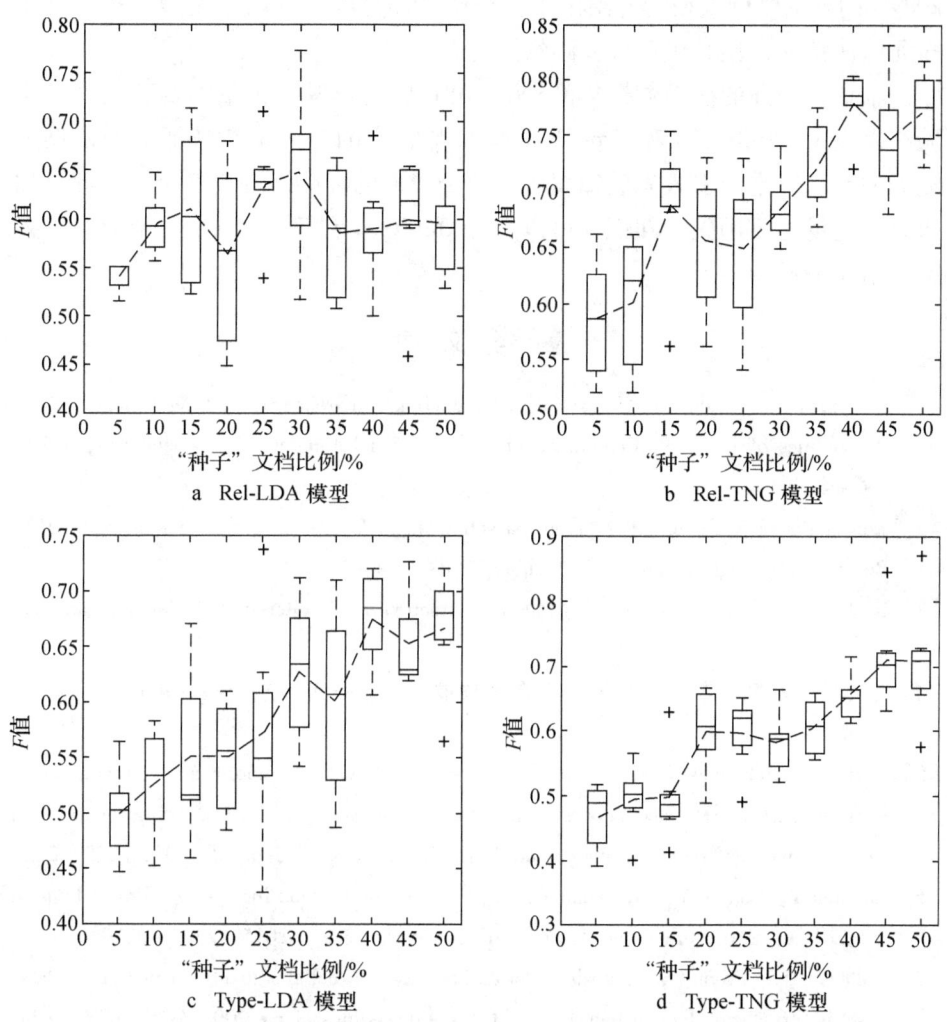

图 6-9 4 种模型在 EPI 数据集上的 F 值随"种子"文档比例变化的情况

6.5 本章小结

Rel-LDA 和 Type-LDA[11]将语义关系抽取问题建模为主题挖掘问题,并将文档看作由潜在的语义关系产生的多个相互独立的特征组成,这两个模型明显提升了语义关系抽取模型的效果,扩大了概率主题模型的适用范围。本章所做工作受 Rel-LDA、Type-LDA[11]及 TNG 模型[24]的启发,提出了 Rel-

TNG 和 Type-TNG 模型，并给出了吉布斯采样算法，这两个模型有机融合了多元语法特征，使其更符合实际情形。

本章在公开的标准数据集 GENIA 和 EPI 上开展了大量的实验工作，实验结果显示，Rel-TNG 和 Type-TNG 模型与相应的一元语法特征对照模型无显著差异。但是当引入先验知识后，两个模型的性能表现更稳定。因此，如果有一定量的可用先验知识，可以选择 Rel-TNG 和 Type-TNG 模型抽取感兴趣的语义关系。

参 考 文 献

[1] Grishman R, Sundheim B. Message understanding conference-6: A brief history [C]// Proceedings of the 16th Conference on Computational Linguistics, Copenhagen, 1996: 466 – 471.

[2] Konstantinova N. Review of relation extraction methods: What is new out there? [M]. Berlin: Springer International Publishing, 2014: 15 – 28.

[3] Bach N, Banaskar S. A review of relation extraction [R]. Literature Review for Langauge and Statistics II, 2007.

[4] 车万翔，刘挺，李生. 实体关系自动抽取 [J]. 中文信息学报，2005，19（2）: 1 – 6.

[5] Hoffart J, Suchanek F M, Berberich K, et al. YAGO2: Exploring and querying world knowledge in time, space, context, and many languages [C]// Proceedings of the 20th International Conference Companion on World Wide Web, Hyderabad, 2011: 229 – 232.

[6] Mitchell T, Cohen W, Hruschka E, et al. Never-ending learning [C]// Proceedings of the 29th AAAI Conference on Artificial Intelligence, Texas, 2015: 2302 – 2310.

[7] Bollacker K, Evans C, Paritosh P, et al. Freebase: A collaboratively created graph database for structuring human knowledge [C]// Proceedings of the 2008 ACM SIGMOD International Conference on Management of Data, Vancouver, 2008: 1247 – 1250.

[8] Auer S, Bizer C, Kobilarov G, et al. DBpedia: A nucleus for a web of open data [C]// Proceedings of the 6th International Conference on Semantic Web, Busan, 2007: 722 – 735.

[9] Dong X, Gabrilovich E, Heitz G, et al. Knowledge vault: A web-scale approach to probabilistic knowledge fusion [C]// Proceedings of the 20th ACM SIGKDD International Conference, New York, 2014: 601 – 610.

[10] Barwise J, Etchemendy J, Allwein G, et al. Language, proof and logic [M]. 2nd ed. Stanford: CSLI Publications, 2002.

[11] Yao L, Haghighi A, Riedel S, et al. Structured relation discovery using generative models [C]// Proceedings of the 2011 Conference on Empirical Methods in Natural Language Processing, Edinburgh, 2011: 1456-1466.

[12] Surdeanu M, Tibshirani J, Nallapati R, et al. Multi-Instance Multi-Label learning for relation extraction [C]// Proceedings of the 2012 Conference on Empirical Methods in Natural Language Processing, Jeju, 2012: 455-465.

[13] Zelenko D, Aone C, Richardella A. Kernel methods for relation extraction [J]. Journal of Machine Learning Research, 2003, 3 (2): 1083-1106.

[14] Brin S. Extracting patterns and relations from the world wide web [C]// Proceedings of the International Workshop of the World Wide Web and Databases, Valencia, 1998: 172-183.

[15] Etzioni O, Banko M, Soderland S, et al. Open information extraction from the web [J]. Communications of the ACM, 2008, 51 (12): 68-74.

[16] Zhu X. Semi-supervised learning literature survey [R]. Computer Sciences TR 1530, University of Wisconin, 2008.

[17] Blum A, Mitchell T. Combining labeled and unlabeled data with co-training [C]// Proceedings of the 11th Annual Conference on Computational Learning Theory, Madison, 1998: 92-100.

[18] Kothari R, Jain V. Learning with labeled and unlabeled data [C]// Proceedings of the International Joint Conference on Neural Networks, Honolulu, 2002: 1-62.

[19] Kozareva Z, Riloff E, Hovy E. Semantic class learning from the web with hyponym pattern linkage graphs [C]// Proceedings of the 46th Annual Meeting of the Association for Computational Linguistics, Ohio, 2008: 1048-1056.

[20] Craven M, Kumlien J. Constructing biological knowledge bases by extracting information from text sources [C]// Proceedings of the International Conference on Intelligent Systems for Molecular Biology, Heidelberg, 1999: 77-86.

[21] Bordes A, Usunier N, Garcia-Durán A, et al. Translating embeddings for modeling multi-relational data [C]// Advances in Neural Information Processing System 13, Lake Tahoe, 2013: 2787-2795.

[22] Nguyen N T H, Miwa M, Tsuruoka Y, et al. Open information extraction from biomedical literature using predicate-argument structure patterns [C]// Proceedings of the 5th International Symposium on Languages in Biology and Medicine, Tokyo, 2013: 51-55.

[23] Fader A, Soderland S, Etzioni O. Identifying relations for open information extraction [C]// Proceedings of the 2011 Conference on Empirical Methods in Natural Language Processing, Edinburgh, 2011: 1535-1545.

[24] Wang X, McCallum A, Wei X. Topical N-Grams: Phrase and topic discovery, with an application to information retrieval [C]// Proceedings of the 7th IEEE International Conference on Data Mining, Omaha, 2007: 697-702.

[25] Jordan M, Grhahramani Z, Jaakkola T S, et al. An introduction to variational methods for graphical models [J]. Machine Learning, 1999, 37 (2): 183-233.

[26] Andrien C, de Freitas N, Doucet A, et al. An introduction to MCMC for machine learning [J]. Machine Learning, 2003, 50 (1-2): 5-43.

[27] Hoffman M D, Blei D M, Wang C, et al. Stochastic variational inference [J]. Journal of Machine Learning Research, 2013, 14 (5): 1303-1347.

[28] The Y, Newman D, Welling M. A collapsed variational Bayesian inference algorith for latent dirichlet allocation [C]// Advances in Neural Information Processing Systems 19, Vancouver, 2007: 1353-1360.

[29] Xu S, Qiao X, Zhu L, et al. Reviews on determining the number of clusters [J]. Applied Mathematics & Information Scineces, 2016, 10 (4): 1493-1512.

[30] Pyysalo S, Ohta T, Tsujii J. Overview of the entity relations (REL) supporting task of BioNLP shared task 2011 [C]// Proceedings of BioNLP Shared Task 2011 Workshop, Portland, 2011: 83-88.

[31] Mamming C D, Surdeanu M, Bauer J, et al. The Stanford CoreNLP natural language processing toolkit [C]// Association for Computational Lin-guistics (ACL) System Demonstrations, Barcelona, 2014: 55-60.

第七章 几种叙词表复杂逻辑错误检查算法研究

7.1 引　言

对于技术术语间语义关系的构建，由于计算机相关技术发展水平的限制，在特定领域辅助构建法目前处于主流地位，而且我国现有相关词汇知识组织系统（如叙词表、主题词表等）大部分是手工编纂的，因此，难免会出现各种逻辑错误，部分逻辑错误见表 7-1[1]。

表 7-1　逻辑错误列表

错误代码	描述	图示
01	款目词重复	
02	用、代项同时不为空	
03	有多个用项	
04	用项与用和项均不为空	
05	有且只有一个"用和"项	
06	既有用项，又有至少一个其他参照项（属、分、参）	
07	参照项中的词不是款目词	
08	关系不闭合：只有 A-关系-B，不存在 B-逆关系-A	
09	两个概念间存在多种关系，即：A-关系1-B，又有 A-关系2-B，关系1<>关系2	
10	款目词与其参照项相同，即：A-关系-A	
11	关系重复，即：A-关系-B 出现超过 1 次	
12	参照项（属、分、参）为非正式主题词	

续表

错误代码	描述	图示
13	概念的多个属项在同一属分链上	图 7-1(b) ~ 图 7-1(d)
14	属/分关系循环	图 7-1（e）
15	概念及其参项在同一属分链上	图 7-2（a）
16	一个概念的多个参项在同一属分链	图 7-2（b）
17	参项交叉	图 7-2（c）
18	一个概念的多个范畴间构成上下级关系	
19	概念的范畴在范畴表中不存在	
20	范畴表中的范畴号重复	
21	用项或用和项为非正式主题词	

为了保证词汇知识组织系统的一致性，经常需要对其中的逻辑错误进行纠正，从而提高词汇知识组织系统的科学性。目前常用的检查方法[2]是首先将词汇知识组织系统转化为本体，然后借助本体语言的推理能力进行严格的一致性检测。但该方法只能检测一些比较简单的逻辑错误，如款目词重复、关系不闭合、款目词与其参照项相同等。由于逻辑错误校验的复杂性，本章借助图论的相关知识，对传统叙词表的"用、代、属、分、参"关系的几种复杂逻辑校验，设计几种有效的算法。

7.2 预备知识

图是一种数据结构[3]，通常表示为 $G=(V,E)$，其中，V 为节点的有穷非空集合，E 是两个节点间的关系集合。若 $<v,v'> \in E$ 表示从节点 v 到节点 v' 的一条弧，且称 v 为初始点，称 v' 为终端点，此时的图称为有向图。若 $<v,v'> \in E$ 必有 $<v',v> \in E$，即 E 是对称的，则以无序对 (v,v') 代替这两个有序对，表示 v 和 v' 之间存在一条边，此时的图称为无向图。叙词表中的用/代关系或属/分关系及相关的款目词构成了一个有向图，而参考关系及相关的款目词构成了一个无向图。

对于无向图 $G=(V,E)$，顶点 v 的度定义为和 v 相邻接的边的数目，记为 $D(v)$。对于有向图 $G=(V,E)$，如果 $<v,v'> \in E$，则称节点 v 是节点

v' 的父节点,称节点 v' 为节点 v 的孩子节点。以顶点 v 为终端点的弧的数目称为 v 的入度,记为 $ID(v)$;以 v 为初始点的弧的数目称为 v 的出度,记为 $OD(v)$;顶点 v 的度定义为入度与出度之和,即 $D(v) = ID(v) + OD(v)$。

在无向图 $G = (V,E)$ 中,如果 $(v_{i,j-1}, v_{i,j}) \in E$ ($1 \le j \le m$),其中,$v_{i,0} = v$,$v_{i,m} = v'$,则节点序列 $(v_{i,0}, v_{i,1}, \cdots, v_{i,m})$ 称为节点 v 与 v' 的一条长为 m 的路径。当然,在有向图 $G = (V,E)$ 中两个节点的路径也可类似定义。第一个节点和最后一个节点相同的路径称为回路或环。序列中节点不重复出现的路径称为简单路径。

对于一部叙词表来说,无论根据用/代关系还是根据属/分关系构建的有向图,通常不止一个节点的入度为 0,也就是说很可能会形成许多子图。同样,根据参考关系构建的无向图也会形成许多子图,但每个子图都是一个完全图。本章主要考虑属/分及参考关系,对于属/分关系,我们将叙词 w 的属/分关系图定义为包含叙词 w 的那个有向子图,记为 $G^w = (V^w, E^w)$,并定义一个有向图 G 的深度为入度为 0 的节点到出度为 0 的节点的路径最大长度,记为 $h(G)$。

7.3 属/分关系中的逻辑错误检查算法

在具体描述各种逻辑错误检查算法之前,需要首先定义一个函数 $ascent(w_1, w_2, G^{w_1}, G^{w_2})$,用于判断两个叙词 w_1 在有向图 G^{w_1} 或 G^{w_2} 中是否是 w_2 的祖先节点。具体算法如下:

算法 7-1 判断一个叙词是否为另一个叙词的祖先节点。

输入:两个叙词 w_1、w_2,以及对应的属/分关系图 $G^{w_1} = (V^{w_1}, E^{w_1})$,$G^{w_2} = (V^{w_2}, E^{w_2})$。

输出:如果 w_1 是 w_2 的一个祖先节点,返回 TRUE,否则返回 FALSE。

1   IF $w_1 \in parent(w_2, G^{w_2})$ OR $w_2 \in parent(w_1, G^{w_1})$ THEN
2   RETURN TRUE
3   END IF
4   FOR EACH w IN $parent(w_2, G^{w_2})$
5   RETURN $ascent(w_1, w, G^{w_1}, G^w)$
6   END FOR
7   RETURN FALSE

需要注意的是，函数 $ascent(\cdot,\cdot,\cdot,\cdot)$ 是采用递归方式定义的，它的基本思想是自底向上遍历属/分关系图。之所以采用自底向上遍历的方式，主要原因是属/分关系图通常是一个有向无环图（DAG）[4]，出度大于 2 的节点数通常要远远大于入度大于 2 的节点数，因此，这种遍历方式的时间代价比较小。该算法的时间复杂度为 $\mathcal{O}(\min\{h(G^{w_1}),h(G^{w_2})\})$。

7.3.1 有两个以上的上位词，即多属

当然，某个叙词有两个以上（含两个）的上位词，如图 7-1[J] 中（a）所示。不一定是逻辑错误，但根据我们的经验，多属项通常隐含某种错误，因此，需要对这类情形仔细检查。对这类叙词的检查比较容易，只需判断每个叙词对应节点的入度是否大于 2 即可。

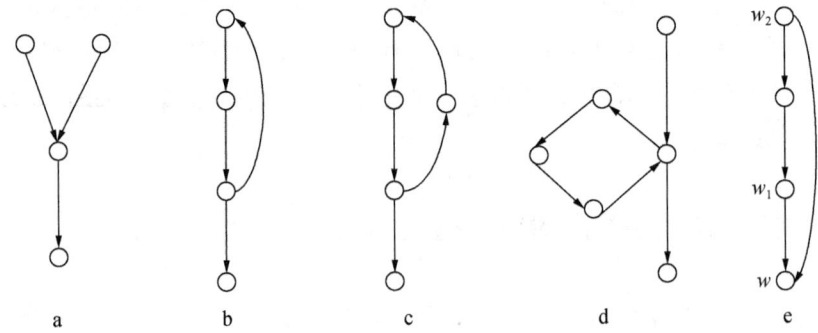

图 7-1 属/分关系中的逻辑错误示意

7.3.2 多个属项出现在同一条（单线）属分链上

用图论描述语言，这种逻辑错误是指对应的属/分关系图 $G=(V,E)$ 中存在环路，如图 7-1（b）~图 7-1（d）所示。这样就将检查这种逻辑错误的问题转换为检查 G 中是否存在环路的问题。检查环路通常采用深度优先遍历（DFS）有向图 G[3,5]，时间复杂度为 $\mathcal{O}(|V|+|E|)$。

7.3.3 属/分关系出现"循环"

假设叙词 w 有两个上位词 w_1 与 w_2，"属/分关系出现'循环'"是指 w_1/w_2 是 w_2/w_1 的直接或间接上位词，如图 7-1（e）所示，这是 7.3.1 节中多属项的一个特例。检查该类逻辑错误的具体算法如下：

算法 7-2 检查"属/分关系出现'循环'"的逻辑错误。

输入：一个表示属/分关系的有向图 $G = (V, E)$ ($|V| \geq 3$)。

输出：所有符合要求的叙词三元组。

1　FOR EACH v IN V
2　IF $ID(v) \geq 2$ THEN
3　　FOR $parent(v, G)$ 中任意无序词对 (w_1, w_2)
4　　IF $ascent(w_1, w_2, G, G)$ OR $ascent(w_2, w_1, G, G)$ THEN
5　　　输出 v, w_1, w_2
6　　END IF
7　　END FOR
8　END IF
9　END FOR

7.4　参考关系中的逻辑错误检查算法

参考关系中的逻辑错误示意如图 7-2 所示。

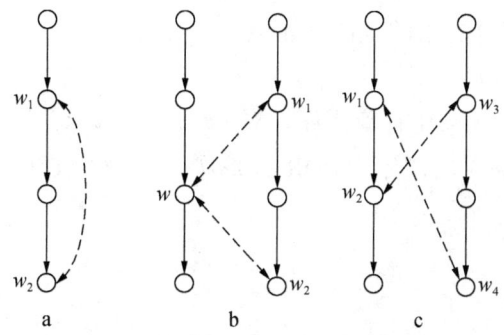

图 7-2　参考关系中的逻辑错误示意

7.4.1　参上、下级词

也就是两个叙词 w_1 与 w_2 间不仅具有参考关系，而且具有属/分关系，如图 7-2[6] (a) 所示。具体算法如下：

算法 7-3 检查"参上、下级词"的逻辑错误。

输入：一个具有参考关系的词集 $S = \{w_1, w_2, \cdots, w_n\}$ ($n \geq 2$)，以及词集 S 中所有词的属/分关系图 $G^w = (V^w, E^w)$, $w \in S$。

输出：所有符合要求的叙词二元组。
1　FOR 词集 S 中任意无序词对 (w_i, w_j) $(i < j)$
2　IF $ascent(w_i, w_j, G^{w_i}, G^{w_j})$ OR $ascent(w_j, w_i, G^{w_j}, G^{w_i})$ THEN
3　输出 w_i, w_j
4　END IF
5　END FOR

该算法的时间复杂度为 $\mathcal{O}(|S|^2 \times \max\{h(G^w) : w \in S\})$。需要注意的是，该算法将一个具有参考关系的词集作为一个整体来考虑，输出该集合中所有满足要求的逻辑错误。

7.4.2　多个参项词在一条属分链上

也就是对于某个叙词 w，存在两个参项词 w_1、w_2，使得 w_1 与 w_2 间存在属/分关系，如图 7-2（b）所示。具体算法如下：

算法 7-4　检查"多个参项词在一条属分链上"的逻辑错误。

输入：一个具有参考关系的词集 $S = \{w_1, w_2, \cdots, w_n\}$ $(n \geq 2)$，以及词集 S 中所有词的属/分关系图 $G^w = (V^w, E^w)$, $w \in S$。

输出：所有符合要求的叙词三元组。
1　FOR EACH w IN S
2　FOR 词集 $S \setminus w$ 中任意无序词对 (w_i, w_j) $(i < j)$
3　IF $ascent(w_i, w_j, G^{w_i}, G^{w_j})$ OR $ascent(w_j, w_i, G^{w_j}, G^{w_i})$ THEN
4　输出 w, w_i, w_j
5　END IF
6　END FOR
7　END FOR

该算法的时间复杂度为 $\mathcal{O}(|S|^3 \times \max\{h(G^w) : w \in S\})$。需要注意的是，该算法将一个具有参考关系的词集作为一个整体来考虑，输出该集合中所有满足要求的逻辑错误。

7.4.3　上参下，下参上，相关关系出现交叉

假设叙词 w_1 是 w_2 的直接/间接上位词，w_1 的参项为 w_4，w_2 的参项为 w_3，"上参下，下参上，相关关系出现交叉"的逻辑错误是指 w_4 作为 w_3 的直接/

间接下位词的情形，如图7-2（c）所示。具体算法如下：

算法7-5 检查"上参下，下参上，相关关系出现交叉"的逻辑错误。

输入：两个具有参考关系的词集 $S_1 = \{w_{1,1}, w_{1,2}, \cdots, w_{1,n}\}$（$n \geq 2$），$S_2 = \{w_{2,1}, w_{2,2}, \cdots, w_{2,m}\}$（$n \geq 2$），以及词集 $S_1 \cup S_2$ 中所有词的属/分关系图 $G^w = (V^w, E^w)$，$w \in S_1 \cup S_2$。

输出：所有符合要求的叙词属/分关系二元组。

1    $SF_1 = SF_2 = \phi$
2   FOR EACH w_1 IN S_1
3   FOR EACH w_2 IN S_2
4   IF $ascent(w_1, w_2, G^{w_1}, G^{w_2})$ THEN
5    $SF_1 = SF_1 \cup \{<w_1, w_2>\}$
6   ELSE IF $ascent(w_2, w_1, G^{w_2}, G^{w_1})$ THEN
7    $SF_2 = SF_2 \cup \{<w_2, w_1>\}$
8   END IF
9   END FOR
10   END FOR
11   IF $SF_1 \neq \phi$ AND $SF_2 \neq \phi$ THEN
12   输出 SF_1 和 SF_2
13   END IF

该算法的基本思想为：对于两个具有参考关系的词集 S_1、S_2，如果 S_1 中的某个叙词是 S_2 中的某个叙词的上位词，并且，S_1 中的另外一个叙词是 S_2 中的某个叙词的下位词，那么将这两个集合间具有属/分关系的所有叙词对输出，以便人工纠正相应的错误。该算法的时间复杂度为 $\mathcal{O}(|S_1| \times |S_2| \times \max\{h(G^w) : w \in S_1 \cup S_2\})$。

7.5 本章小结

高效的词汇知识组织系统逻辑错误检查算法不仅可大大节省知识工程师的工作量，同时可有力保证所构建词汇知识组织系统的质量，为技术机会发现应用提供保障。本章将属/分关系及相应的叙词表示成有向图，将参考关系及相应的叙词表示成无向图，借助图论的相关知识，为几种复杂的逻辑错误检查设计了有效的算法,并给出了相应的时间复杂度分析。虽然这些算法是针对叙词表设计的,但是对其他词汇知识组织系统的逻辑错误检查也具有一定的参考价值。

参 考 文 献

[1] 叙词表编制管理系统需求说明书 [Z]. V0.6 版本. 中国科学技术信息研究所信息技术支持中心及信息资源中心, 2010 – 01 – 29.

[2] 曾新红, 林伟明. 中文叙词表本体一致性检测机制研究与实现 [J]. 现代图书情报技术, 2008 (5): 1 – 9.

[3] 严蔚敏, 吴伟民. 数据结构(C 语言版)[M]. 北京: 清华大学出版社, 2007: 156 – 192.

[4] Thulasiraman K, Swamy M N S. Graphs: Theory and algorithms [M]. New York: John Wiley & Son, 1992: 118 – 119.

[5] Cormen T H, Leiserson C E, Rivest R L, et al. Introduction to algorithms [M]. 2nd ed. Cambridge: The MIT Press, 2001: 525 – 700.

[6] 叙词表编制管理系统业务需求说明书 [Z]. 中国科学技术信息研究所信息资源中心, 2009 年 10 月.

第八章 融合科技文献内外部特征的主题模型发展综述

8.1 引 言

科技文献作为学术成果的重要载体,凝聚了人类的大量智慧,是传播知识、进行学术交流的重要途径。按出版形式,科技文献可进一步分为科技图书、科技期刊、专利文献、会议文献、科技报告、政府出版物、学位论文、标准文献、产品资料和其他文献等。众所周知,科技文献的元数据项因类型不同而异。本章将涉及文献内容的元数据项统称为内部特征,而不涉及文献内容的元数据项统称为外部特征。以科技期刊为例(表8-1),它的内部特征包括篇名、摘要、关键词、标引词及正文等,而外部特征包括作者、作者单位、参考文献、母体文献、项目资助、卷号、期号、收稿日期、录用日期、发表日期等。

尽管经过多年的实践,我国的科技文献资源建设已成规模[1],但目前仍以原文揭示、发现和传递为主,以实现文献保障作为资源建设主要战略目标,尚未实现以文献传递服务为主向情报分析服务为主的转变,难以满足用户的真实需求。例如,用户通过搜索引擎检索"情报分析"时,用户关心的可能不是包含"情报分析"这个术语的科技文献,很可能是与"情报分析"语义相关的科技文献,也可能是希望了解在"情报分析"方面做出突出贡献的科研人员、研究机构,或经常刊登与"情报分析"主题相关的母体文献等。

造成资源建设与用户真实需求间鸿沟的原因是多方面的,本书认为可能与图情档领域和数学、计算机科学等相关领域交叉融合不够有关。图情档领域的科研人员主要着眼研究文献的外部特征(引文分析[2]、共词分析[3]等);而其他领域的学者更着重于文献的内部特征(如潜在语义分析[4]、倾向性分析[5,6]等)。实际上,科技文献所包含的信息不仅限于元数据本身,还有大

表 8-1　科技文献主要元数据及特征分类

元数据项	对应的特征	特征分类
篇名	文本特征	内部特征
摘要		
关键词		
标引词		
正文		
作者	作者（科研人员）	外部特征
作者邮箱		
作者排名		
作者单位	科研机构	
通信地址		
作者合著关系	作者合著关系	
机构合作关系	机构合作关系	
参考文献	参考文献（文档引用关系）	
文献来源	母体文献	
项目资助	项目来源	

量的隐含信息，如词与词的潜在语义关系，主题与主题之间的隐含联系，科研人员的研究兴趣，科研机构的研发重点，母体文献的刊文主题，以及研究热点的兴起、成熟到逐渐衰退的过程等。图情档领域与其他相关领域的研究过于分离，使得隐含信息的揭示不够深入，从而导致科技文献检索系统难以准确把握用户的真实意图。

为尽量缩小这一鸿沟，国内外学者尝试性地提出了许多方法[4-6]，但效果并不理想。近年来，以 LDA[7-9]为代表的主题模型在表示文档、模拟文档的产生过程、处理文档降维、揭示文档中的隐含信息等方面取得了长足进步，已经被广泛应用于信息抽取、社会媒体挖掘和学术挖掘等领域，正逐渐引起图情档领域学者的关注[10-14]。经过近 10 年的发展，对主题模型的研究越来越深入，取得的成果也越来越显著，但本书认为距离情报分析的工程化应用仍然存在不少差距。因此，本章希望通过对融合科技文献内外部特征的主题模型发展现状进行综合客观分析，总结各种模型的优缺点，以期为主题模型在图情档领域的进一步发展提供新的思路。值得一提的是，徐戈和王厚峰[15]、Teh 和 Jordan[16]和梅素玉等人[17]分别从自然语言处理和非参数统计应用等视角介绍了相关主题模型的研究进展，而本章综述立足于情报分析工作。

8.2 历史渊源及符号表示

从历史渊源来说，人们对主题模型的研究始于 1983 年由 Salton 和 McGill 提出的 TF-IDF 文档表示模型[18]。该模型的主要思想是：如果某个词项在一篇文档中出现的频率较高，而在其他文档中很少出现，则认为该词项具有很好的类别区分能力。这样，TF-IDF 模型可以方便地过滤掉区分能力较弱的词项，从而可以压缩文档的长度，但该模型所减少的文档幅度非常有限，而且不能揭示文档之间的统计结构。

为了克服 TF-IDF 模型的缺陷，潜在语义分析（Latent Semantic Analysis，LSA）模型或潜在语义索引（Latent Semantic Indexing，LSI）模型应运而生。这两个模型不仅能够大幅压缩文档的长度，而且能够简单区分同义词和多义词[4]。但是，LSA 模型不是概率生成模型，因此，难以利用成熟的贝叶斯理论[19]对其进行解释。

1999 年，Hofmann 利用潜变量成功将统计技术引入 LSA 模型中，将其重新命名为 pLSA（probabilistic LSA）模型[20-22]。模型中的每个变量及相应的概率分布都被赋予了明确的物理解释。然而，依据贝叶斯理论，pLSA 模型仍然不够完备，而且模型的参数随着文档的增加呈线性增长，使得该模型更易产生过拟合现象。

在这之后，国内外学者对 pLSA 模型做了不少的改进和扩展[23]，但在业界的影响都非常有限，本书认为主要原因很可能是后续工作鲜有触及 pLSA 模型的根本问题——不完备性。2002 年，Blei 等人提出的 LDA 模型[7-9]彻底解决了这一根本问题，使其成为第一个完备的贝叶斯网络模型。实际上，LDA 模型可以看成是对 pLSA 模型进行了贝叶斯化，使得参数具备了概率分布，变成了随机变量，这样可将 pLSA 模型作为特例纳入 LDA 模型的框架内[24]。

LDA 模型的概率图模型表示如图 8-1 所示，它是一种产生式（Generative）非监督机器学习技术，不仅可以识别大规模文档集合中潜藏的技术主题信息，即估计每篇文档中主题的混合比例及每个主题中词项的混合比例，而且可以自动生成文档。具体生成过程如下：对每篇需要生成的文档，首先从主题的多项式分布中抽取一个主题，然后根据选定的主题，从对应词项的多项式分布中抽取一个单词，重复上述过程直到满足文档的长度为止。

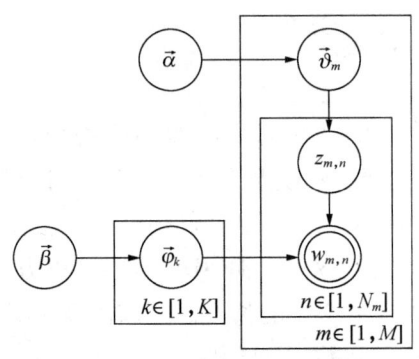

图 8-1 LDA 模型的概率图模型表示

较之以往的模型和方法，LDA 模型的优点无疑非常突出，但缺点也不容忽视。例如，它仅限于分析科技文档的内部特征，而不考虑外部特征，使得适用范围大打折扣。为提高 LDA 模型的适用范围，国内外学者们以 LDA 模型为基础，融合各种不同的文献外部特征，衍生出不少更符合实际需求的模型。8.3 节至 8.6 节将依次详述融合科技人员特征、时间特征、参考文献特征和多种外部特征的主题模型，有关这些模型的发展历史见图 8-2 中的实线部分。

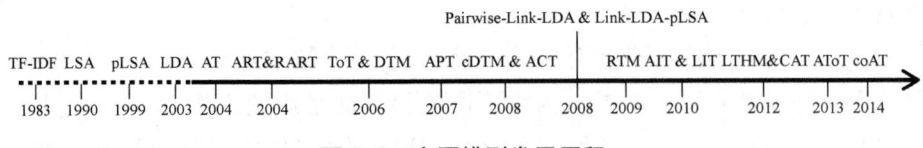

图 8-2 主题模型发展历程

为叙述方便，表 8-2 对本章所使用的共同符号统一进行说明。

第八章 融合科技文献内外部特征的主题模型发展综述

表 8-2 符号及表示的意义

符号	含义	符号	含义
K	技术主题个数	R	角色的数量
M	文档个数	N_m	文档 m 中词项的数量
V	单词个数	$w_{m,n}$	文档 m 中的第 n 个词项
A	作者/邮件账户的数量	$x_{m,n}$	词项 $w_{m,n}$ 所对应的作者
E	社区的个数	$z_{m,n}$	词项 $w_{m,n}$ 所对应的技术主题

8.3 融合科研人员特征

科研人员作为科技文献的创造者,毋庸置疑是科技文献的一个很重要的外部特征。通过融合科研人员和内部特征,可以了解其学术专长及研究方向的演变过程。因此,已有不少学者将科研人员这一特征融入 LDA 模型中。

8.3.1 AT 模型

Rosen-Zvi 等人用科研人员所对应的主题分布 $\vec{\vartheta}_a$ 替代了 LDA 模型中文档所对应的主题分布 $\vec{\vartheta}_m$,提出了 AT(Author Topic)模型[25-27],相应的概率图模型表示如图 8-3 所示。AT 模型能够从大量文档中挖掘出研究人员同主

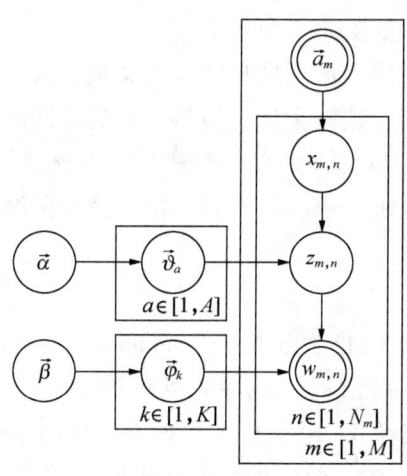

图 8-3 AT 模型的概率图模型表示

题之间的关系，进而揭示科研人员的研究兴趣与偏好。但是该模型隐式地假设，每个科研人员只有一个研究兴趣，这一点显然有违常理。

8.3.2 ART 和 RART 模型

为了处理具有方向性的文档（如电子邮件），McCallum 等人将科研人员进一步区分为发送者 a_m 和接收者 r_m，在 AT 模型的基础上，提出了 ART（Author Recipient Topic）模型[28]，相应的概率图模型表示如图 8-4（a）所示。该模型不仅可以揭示同一个科研人员分别以接收者和发送者身份时的主题概率分布，而且还可引入社会角色变量构建 RART（Role Author Recipient Topic）模型[28]，从而方便判断科研人员在每篇文档中所充当的社会角色。

关于社会角色变量 ψ_a 如何融入模型的方式，McCallum 等人提出了 3 种解决决方案，分别如图 8-4（b）~ 图 8-4（d）所示。在同一篇文档中，RART1 模型允许发送者或接收者体现多种独立的社会角色；RART2 模型只允许发送者或接收者有一种独立的角色；RART3 模型中接收者之间可以共享社会角色，在这种情况下所有的接收者只能有一个确定的角色，但是某一个接收者的角色可能会依赖其他接收者来确定。

8.3.3 APT 模型

为了解决 AT 模型中每个科研人员只有一个研究兴趣的问题，Mimno 和 McCallum 在 AT 模型的基础上构建了 APT（Author Persona Topic）模型[29]，相应的概率图模型表示如图 8-5 所示。

该模型可将每个科研人员所撰写的科技文献分为多类，每一类都有各自所对应的技术主题分布。这些类代表该科研人员不同的"身份"（Persona），即不同专业之间技术主题上的交叉。该模型将"身份"与研究兴趣相对应，并给出一种估计研究兴趣个数的启发式方法，使其更贴合实际情形。

8.3.4 AIT 和 LIT 模型

2010 年，Kawamae 相继提出 AIT（Author Interest Topic）模型[30]和 LIT（Latent Interest Topic）模型[31]，具体的概率图模型表示如图 8-6 所示。

AIT 模型可以看成是 AT 模型和 APT 模型的扩展。就像 LDA 模型将共现单词归为同一个主题一样，AIT 模型将有相似主题的文档归为同一个文档类，生成 J 个文档类。因此，AIT 模型把研究兴趣表示成为在科研人员层面

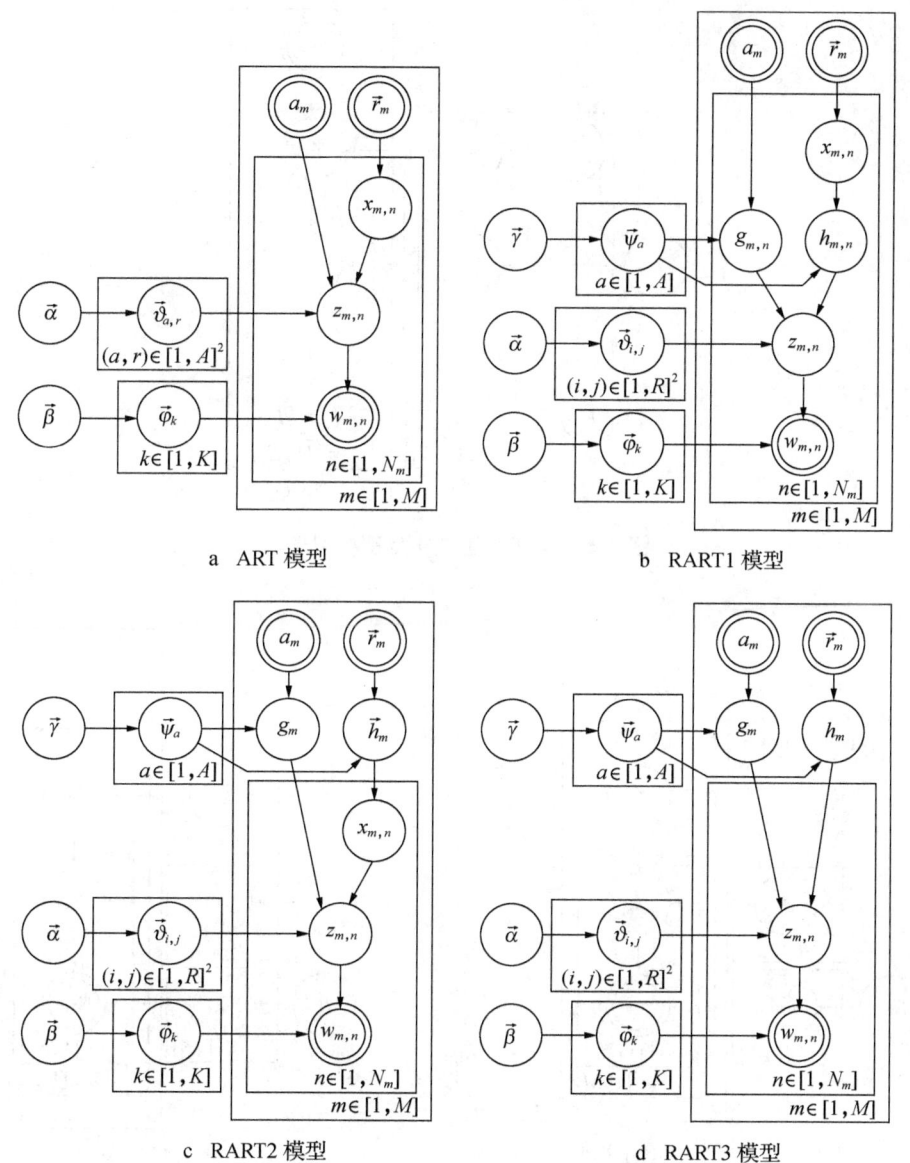

图 8-4 ART 和 RART 模型的概率图模型表示

上文档类的混合 $\vec{\psi}_a$，并且允许多个可能的潜变量与研究兴趣变量相结合（这是 AT 模型和 AIT 模型做不到的），从而使得 AIT 模型能够体现出更全面的研究兴趣。

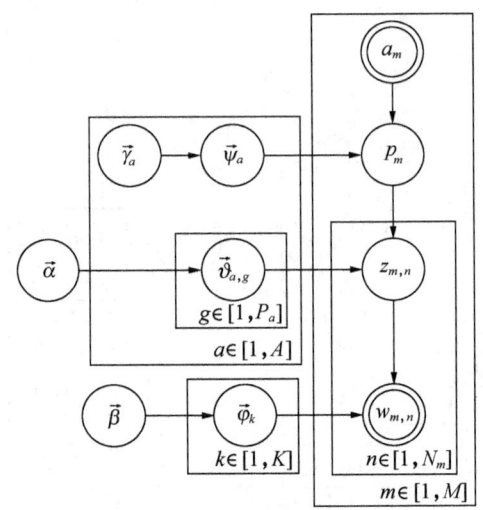

图 8-5　APT 模型的概率图模型表示

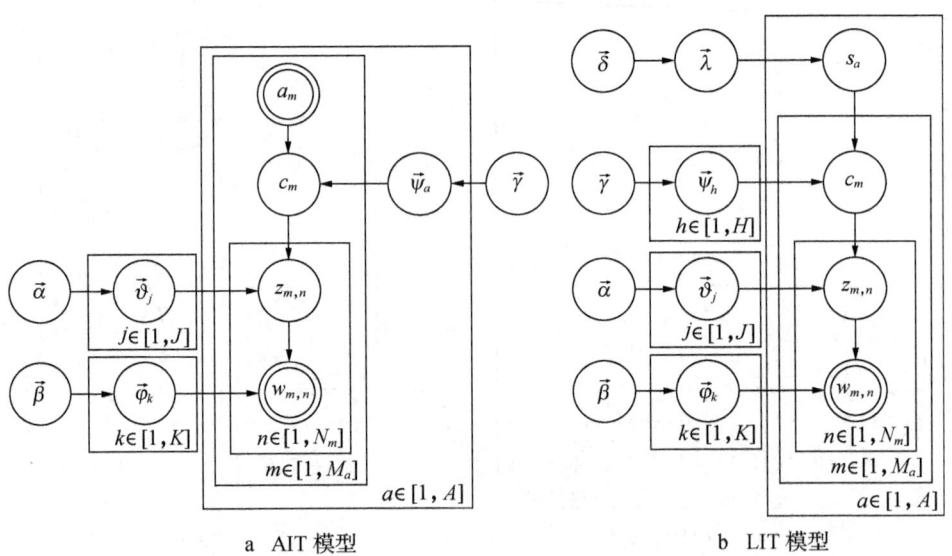

a　AIT 模型　　　　　　　　　b　LIT 模型

图 8-6　AIT 和 LIT 模型的概率图模型表示

LIT 模型不仅将文档分成了 J 类，而且也将科研人员分成了 H 类。这样，该模型不仅可以将文档主题与研究兴趣区分开，而且能揭示出数据背后的因果关系，因此，LIT 模型可以比 AIT 模型更加深入地揭示科研人员的研究兴趣。

8.3.5 本节评述

上述模型虽然都涉及了科研人员这一特征，但是却各有特色。AT 模型直接假设每个作者只有一个兴趣，这虽然与实际情况不相符，但是，AT 模型参数个数少，易于推断；APT 模型尽管解决了 AT 模型中每个作者只有一个研究兴趣的问题，但是它和 AT 模型在挖掘科研人员的研究兴趣时，都只考虑了他们所撰写的文献（无论是第几作者），而没有考虑与他们研究兴趣类似的其他科研人员的文献，也就是仅在局部而非全局信息的基础上来挖掘科研人员的研究兴趣；ART 模型和 RART 模型仅针对特定文档，但是它能判断出作者在社会网络中的角色，这是其他模型所不能做到的；AIT 和 LIT 模型虽然能处理作者的多兴趣情况，并且加入了"文档类"的概念，站在一个相对全局化的角度来挖掘科研人员的研究兴趣，但是它假定了每个作者都可能有 J 个兴趣，这样虽然不会遗漏作者兴趣，但是却会增加计算复杂度（详细比较见表 8-3）。

表 8-3 融合科研人员特征的主题模型比较

	AT	ART	RART	AIT	LIT	APT
推断方法	吉布斯采样	吉布斯采样	吉布斯采样	吉布斯采样	吉布斯采样	吉布斯采样
参数个数	$K\times(A+V)$	$K\times(A^2+V)$	$(R^2+V)\times K+A\times R$	$J\times(A+K)+K\times V$	$J\times(H+K)+H+K\times V$	$K\times V+(K+1)\times\left(A+\sum_a\left\lvert\frac{M_a}{20}\right\rvert\right)$
是否开源	有	无	无	无	无	无
兴趣个数	1	—	—	J	J	$1+\sum_a\left\lvert\frac{M_a}{20}\right\rvert$
兴趣总数	A	—	—	J	J	$A+\sum_a\left\lvert\frac{M_a}{20}\right\rvert$

8.4 融合时间特征

从表8-1可以看出，时间特征包括文献的卷号、期号、收稿日期、录用日期、发表日期等，是包含文献元数据项最多的一类外部特征。通过对时间特征的融合分析，可以揭示领域深层主题随时间的演化过程。因此，不少学者将时间特征纳入研究范畴，产生了不少标志性的研究成果。

8.4.1 动态主题模型（DTM 和 cDTM）

2006年，Blei和Lafferty借助时间序列的方法提出动态主题模型（Dynamic Topic Model，DTM）[32]，该模型将整个文档集划分到不同的时间窗口中，利用LDA模型对每个时间窗口中的文档子集进行建模分析。该模型不仅认为主题会受时间影响，而且还满足一阶马尔科夫假设，即这一刻的主题中词项的分布是依赖于前一个时间点的状态的。不过，由于DTM模型对时间的离散化处理，使得该模型的实际效果对时间粒度特别敏感。

为了解决DTM对时间粒度过分敏感的问题，2008年，Wang等人利用布朗运动模型将文档的时间戳信息引入到参数演化过程中，构建了连续时间版本的DTM模型（cDTM）[33]。这两个模型的概率图模型表示如图8-7所示。

8.4.2 ToT 模型

不同于DTM和cDTM模型的马尔科夫假设，Wang和McCallum将服从贝塔分布的时间随机变量引入LDA模型中，避免了DTM和cDTM模型中的主题对齐问题，构建了ToT（Topic over Time）模型[34]，具体的概率图模型表示如图8-8所示。该模型把时间归一化到[0，1]区间，从而把每个主题都看成随时间不断变化的连续分布，这样可揭示技术主题随时间不断演化的模式。

8.4.3 本节评述

上述模型虽然都涉及了时间特征，但是对时间的处理却不尽相同。ToT模型将时间作为连续观测变量，假设其服从贝塔分布；DTM将时间进行离散处理，然后通过一阶马尔科夫假设将相邻的时间片段进行对齐；而cDTM

第八章 融合科技文献内外部特征的主题模型发展综述

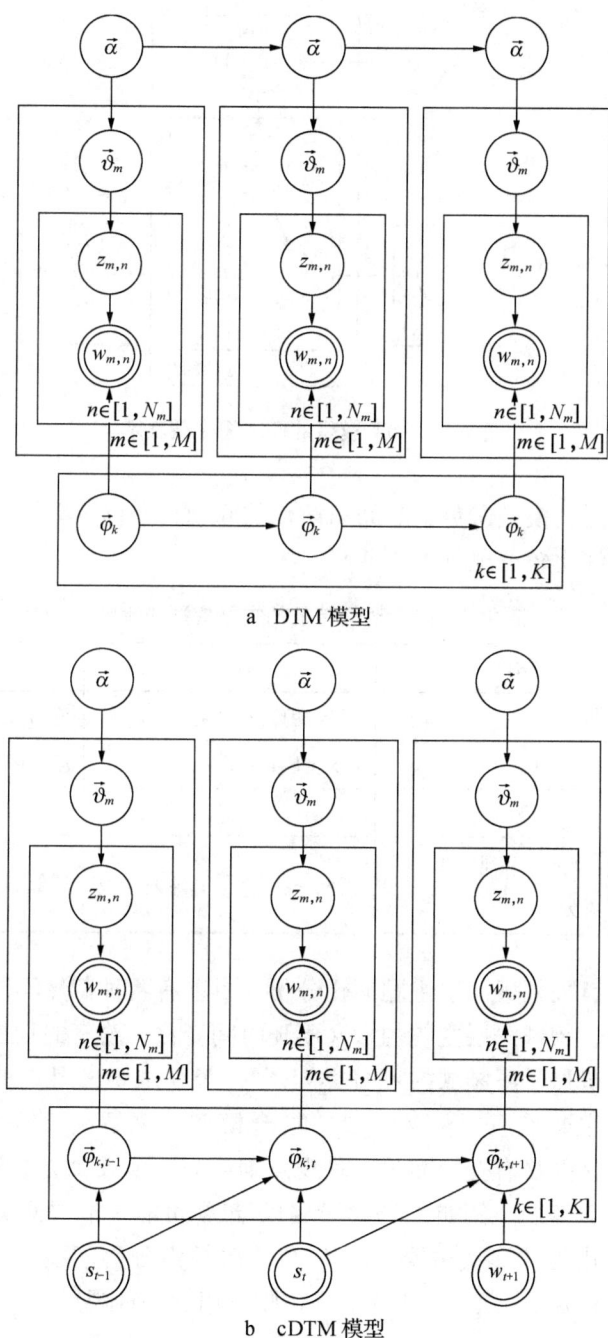

图 8-7 DTM 和 cDTM 模型的概率图模型表示

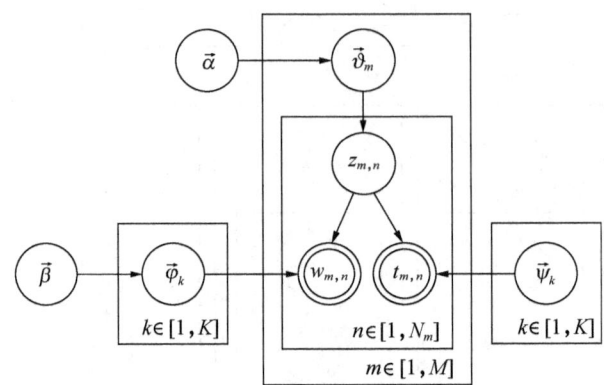

图 8-8　ToT 模型的概率图模型表示

尽管运用布朗运动模型避免了时间离散化的问题，但仍然必须满足一阶马尔科夫假设，详细比较情况见表 8-4。

表 8-4　融合时间特征的主题模型的比较

	ToT	DTM	cDTM
推断方法	吉布斯采样	变分期望最大化	变分期望最大化
参数个数	$K \times (V + M + 2)$	$K \times (V + M)$	$K \times (V + M)$
是否开源	无	有	有
时间处理	连续，归一化到 [0, 1] 的贝塔分布	离散，一阶马尔科夫假设	连续，布朗运动模型

实际上，有关领域深层主题演化分析，目前有两种截然不同的观点。第一种观点认为，领域深层主题的含义不随时间变化，改变的只是与其共现的主题。例如，机器学习领域的"分类问题"，最初主要采用"神经网络"来解决，而最近主要采用"SVM"或"混合模型"来解决，但"分类问题"这一主题的含义并没有变。而另一种观点则认为，领域深层主题本身的含义随时间是不断演变的。例如，"分类问题"最初可能专指"两类分类问题"，但后来不断演化为"多类分类问题"和"多标识分类问题"等。ToT 模型采用的是前一种观点，而 DTM 和 cDTM 则采用后一种观点。

8.5 融合参考文献特征

参考文献在图情档领域具有举足轻重的作用,早在 1979 年 Garfield 提出引文分析[2]以来,国内外不少学者就把目光聚焦到了参考文献相关的研究上。随着时间的推移和跨界知识的融合,融入参考文献特征的主题模型研究[35-37]是大势所趋。这类主题模型,不仅可以分析文献间已施引的链接关系,而且可以预测出文献间该施引但未施引的链接关系,从而可为专利审查时文献推荐提供支撑。

8.5.1 Pairwise-Link-LDA 和 Link-pLSA-LDA 模型

Pairwise-Link-LDA 和 Link-pLSA-LDA 模型是由 Nallapati 等人于 2008 年提出的[35],具体的概率图模型表示如图 8-9 所示。

Pairwise-Link-LDA 模型允许在模型中建立任意的链接结构,这样虽然可以预测已知文档引用未知文档或被未知文档引用的链接关系,但是会导致计算上的复杂和浪费。而 Link-pLSA-LDA 模型将链接结构看成一个双向图,克服了 Pairwise-Link-LDA 模型的缺陷,但是对于测试集中的文档只能预测其引用其他文档的概率。

仔细观察图 8-9(a)和图 8-9(b)不难看出,这两个模型都由两部分组成,Pairwise-Link-LDA 模型同时利用 LDA 模型建模引文档和被引文档,而 Link-pLSA-LDA 模型分别利用 Link-LDA 和 pLSA 模型建模施引文档和被引文档。对于任意一篇文档,Link-LDA 模型不仅能生成其中所有的单词,而且能生成所有的链接(Link),而链接所指向(引用)的文档正是那些在 pLSA 模型训练时用到的文档[15]。

8.5.2 关系主题模型(RTM)

关系主题模型(Relational Topic Model,RTM)[36],主要用于建模文档间的引用和被引关系,该模型根据文档的内容将每对文档看成是一个二元随机变量,据此构建文献间的关系网络,同时预测文档间的链接及文档中出现的词项,具体的概率图模型表示如图 8-10 所示。

具体说来,RTM 模型将每对文档间的关系表示成一个指示变量 $y_{m,n}$ ~ $\psi(\cdot | z_{m,n}, z_{m',n})$,其中,函数 ψ 是链接概率函数,依赖于两篇文档中用来产

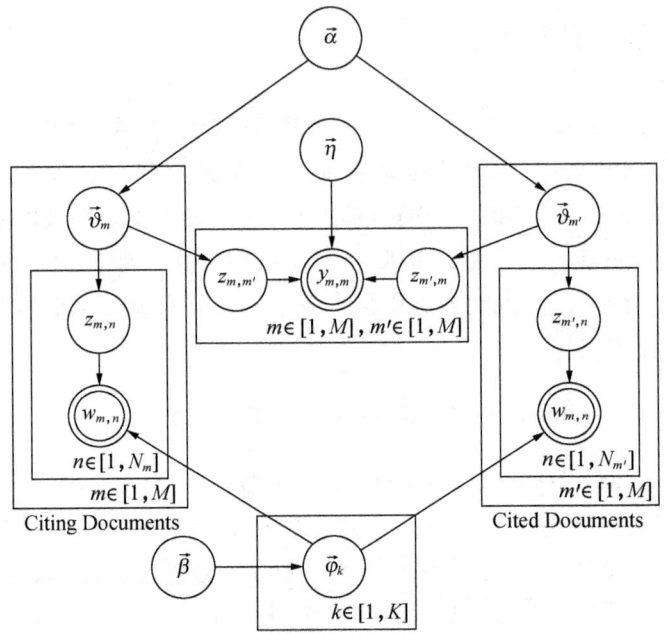

a　Pairwise-Link-LDA 模型

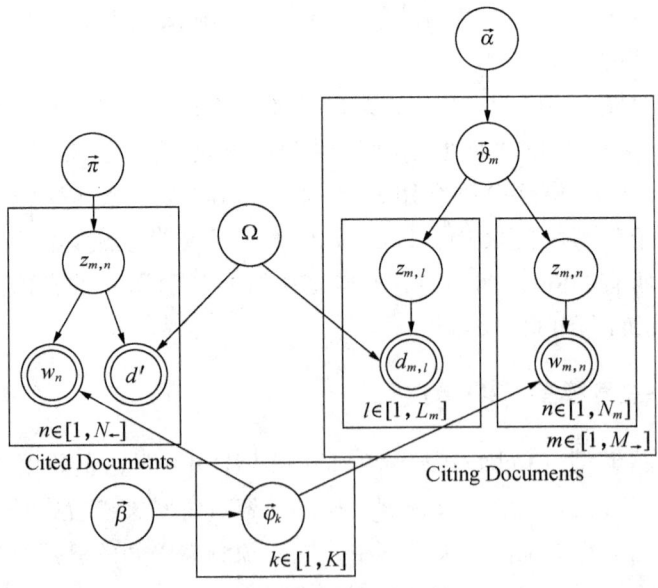

b　Link-pLSA-LDA 模型

图 8-9　Pairwise-Link-LDA 和 Link-pLSA-LDA 模型的概率图模型表示

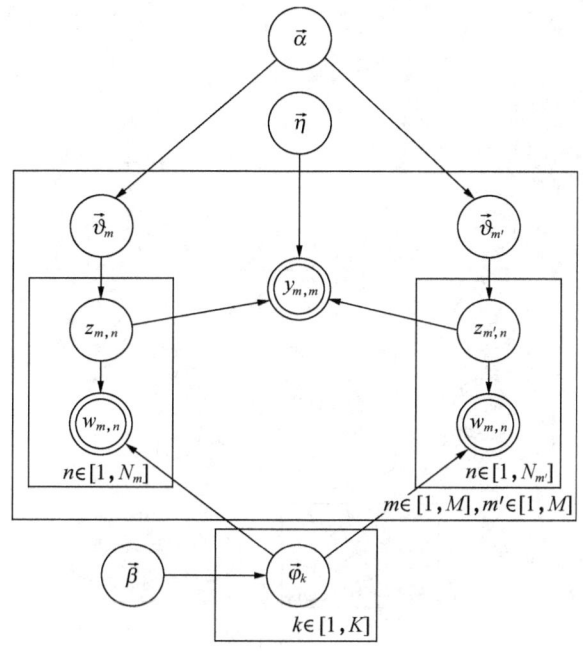

图 8-10　RTM 模型的概率图模型表示

生词项的主题分配 $z_{m,n}$ 和 $z_{m',n}$，它定义了文档间的链接分布。

8.5.3　潜主题超文本模型（LTHM）

为描述文档间的链接生成过程，Gruber 等人于 2012 年提出了潜主题超文本模型（Latent Topic Hypertext Model，LTHM）[37]，图 8-11 是具体的概率图模型表示。

为直观说明链接生成机制，以文档 m' 对文档 m 生成的链接为例，具体过程如下：对文档 m' 中的每个词项 $w_{m',n}$，首先从对应的链接多项式分布中抽取一个链接指数 $\tau_{m',n}$，$\tau_{m',n}$ 为 0 时，表示该词项对文档 m 不产生链接；$\tau_{m',n}$ 不为 0 时，从链接所对应主题的多项式分布中抽取一个链接主题 $\tilde{z}_{m',n}$，当词项 $w_{m',n}$ 所对应的主题 $z_{m',n} = \tilde{z}_{m',n}$ 时，则表示在词项 $w_{m',n}$ 和文档 m 中产生了一个新链接。迭代该过程直至遍历文档中的所有词，就得到了文档 m' 对文档 m 的链接。

图 8-11（a）中 LTHM1 表示两篇文档间的引用生成关系，而图 8-11（b）中 LTHM2 表示任意一篇文档同语料库中其他文档间的引用生成关系。

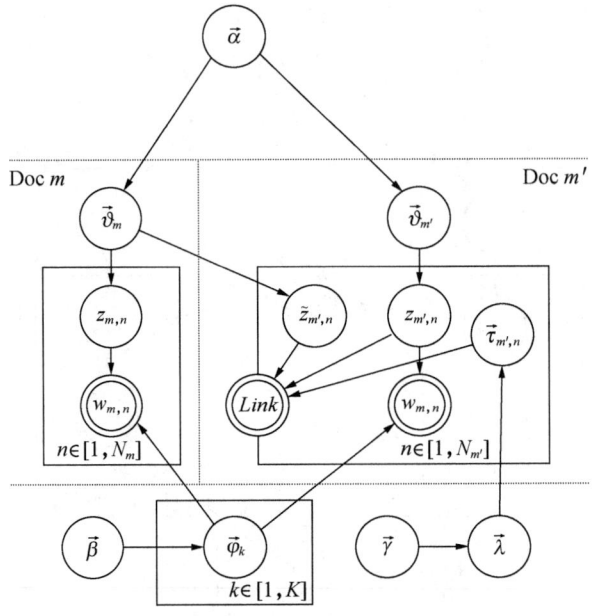

a LTHM1 模型

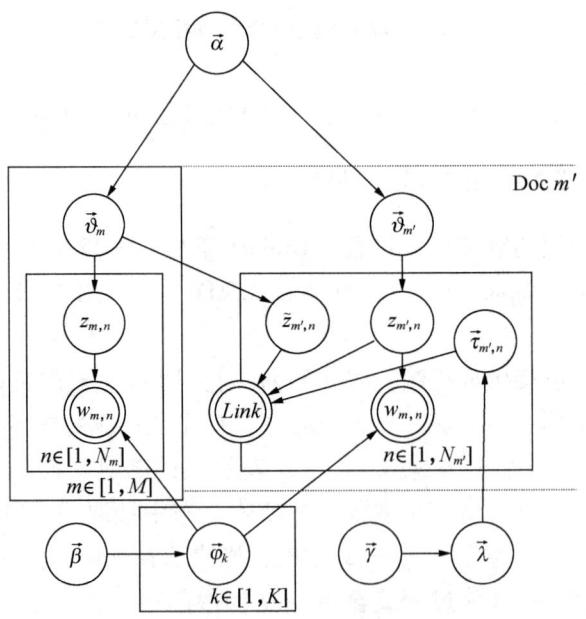

b LTHM2 模型

图 8-11 LTHM 的概率图模型表示

8.5.4 本节评述

本节综述了几种比较具有代表性的融合参考文献特征的主题模型,它们各有特色。Pairwise-Link-LDA 模型计算复杂,但是能够预测已知文档引用未知文档或被未知文档引用的概率;Link-pLSA-LDA 模型计算较简单,但是只能预测未知文档引用其他文档的概率;RTM 不仅能预测给定链接条件下的词项,而且还能预测给定词项条件下的链接;LTHM 虽然不能预测链接关系,但是它却可以详细表示链接的生成过程。具体比较如表 8-5 所示。

表 8-5 融合参考文献特征的主题模型特点比较

	Pairwise-Link-LDA	Link-pLSA-LDA	RTM	LTHM1	LTHM2
推断方法	变分期望最大化	变分期望最大化	变分期望最大化	变分期望最大化	变分期望最大化
参数个数	$K \times (V+M) \times M \times (M-1)$	$K \times (V+M) \times \dfrac{M \times (M-1)}{2}$	$K \times (V+M) \times M \times (M-1)$	$(2K \times (M+V) + M + 1) \times \dfrac{M \times (M-1)}{2}$	$(K \times (M+2V) + M + 1) \times M \times (M-1)$
是否开源	无	有	无	有	有
链接预测	是	是	是	否	否

8.6 融合多个外部特征

随着融合科技文献内外部特征的主题模型研究的逐渐深入,单一科技文献外部特征的融合显得越来越不合时宜,也难以满足用户多样化的实际需求。然而,同时融合多个外部特征的主题模型研究才刚刚起步,本节将就我们所知,对这类主题模型进行简单描述。

8.6.1 融合科研人员和母体文献特征

ACT(Author Conference Topic)模型[38-40]是清华大学唐杰老师所带领

的团队于 2008 年提出的，应该是第一个同时融合多个外部特征的主题模型，该模型可同时揭示科研人员的研究兴趣和母体文献的刊文主题。

为了更好地表达科研人员、文档及母体文献之间的内在依赖关系，ACT 模型以主题分布为纽带，根据人们在撰写科技文献时的直观想法提出了 3 种不同的方案，分别如图 8-12（a）~图 8-12（c）所示。

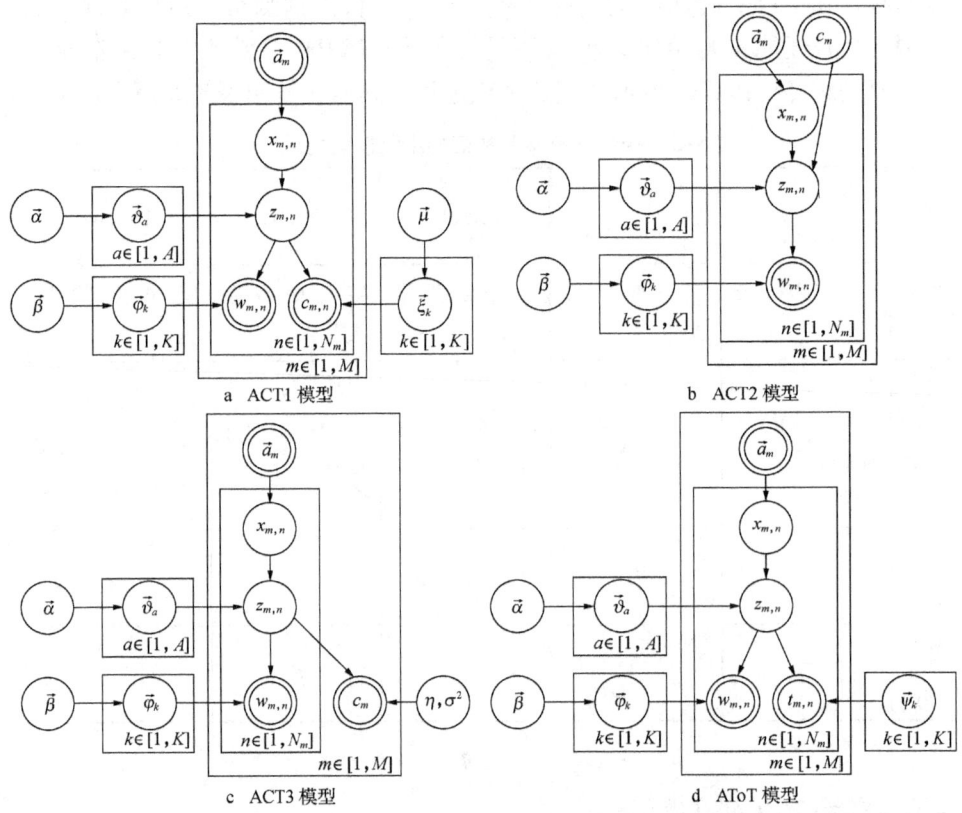

图 8-12 ACT 和 AToT 模型的概率图模型表示

一般来说，人们在撰写科技文献时经常会遇到两种不同的情形：第一种情形是先撰写好文章，然后依据文章所讨论的主题确定要投稿的母体文献；第二种情形类似于约稿，要投稿的母体文献是事先确定的，只是需要依据该母体文献的刊文主题和自身的研究兴趣撰写论文。ACT1 和 ACT3 模型对应于第一种情形，ACT2 模型对应于第二种情形，而 ACT1 模型和 ACT3 模型的主要差别在于所采用的模型参数推断方法不同。

8.6.2 融合科研人员和时间特征

作者主题演化（Author Topic over Time，AToT）模型[11-13]是本书作者所带领团队于2013年提出的，具体的概率图模型表示如图8-12（d）所示。该模型结合了AT和ToT模型的优势，不仅可以揭示科技文献中隐含的主题和科研人员的研究兴趣随时间的演化过程，而且可以挖掘领域深层主题随时间变化不断演化的规律。

8.6.3 融合科研人员和合著关系特征

合著现象在科技文献的撰写中十分常见，它体现了合著者们群策群力、攻坚克难的过程，因此，通过对合著科技文献的深入分析，应该可以揭示科研人员间的合著主题，以及各自研究方向关注的重点。

合著主题（coAuthor Topic，coAT）模型[14]，以AT模型为基础，引入合著作者变量 $y_{m,n}$，以此来建模科研人员间的合著关系，具体的概率图模型表示如图8-13（a）所示。该模型不仅可以挖掘科研人员间的共同研究主题，而且还能够从科研社会网络中识别有类似兴趣的其他科研人员。

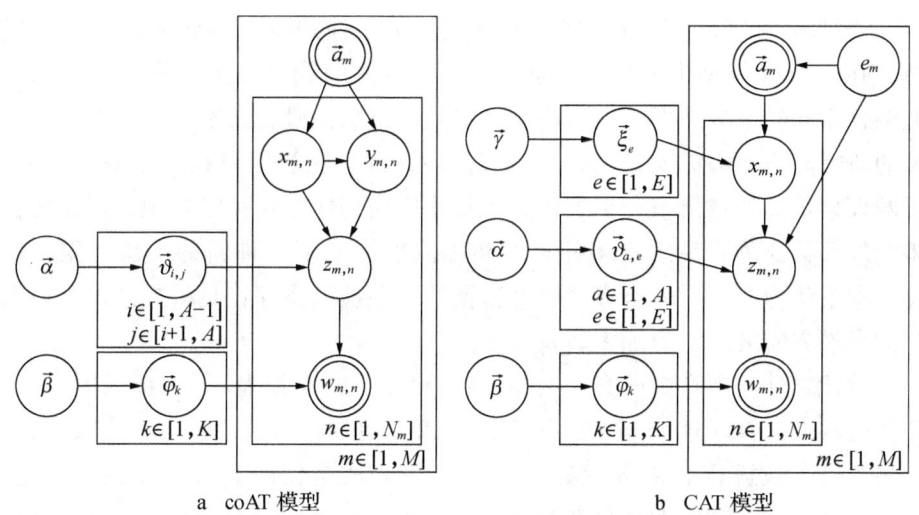

a　coAT 模型　　　　　　　　b　CAT 模型

图8-13　coAT 和 CAT 模型的概率图模型表示

8.6.4 融合科研人员和社区结构特征

严格来说，社区结构即不是科技文献的外部特征，又不是内部特征。传统社区结构揭示仅从科技人员合著网络入手，鲜有考虑科技文献内容本身的，而最近正呈现集成分析合著关系与文档内容，以便更准确揭示社区结构的趋势[14,41]，通常比传统文献计量分析更为有效。因此，为了完整性，本章将揭示社区结构的主题模型也纳入综述范围之内。

CAT（Community Author Topic）模型[10]将社区变量 e_m 引入主题模型中，可依据科研人员间的合著关系和文档内容显性化社区结构，以及每个社区的研究主题和代表人物，具体的概率图模型表示如图 8-13（b）所示。

8.7 本章小结

本章从主题模型发展的历史渊源入手，分别综述了融合单一外部特征和同时融合多个外部特征的主题模型的发展现状，介绍了几种典型主题模型的特点，并比较客观公正地比较了相关模型的优缺点，可为后续相关应用研究技术主题揭示选型提供依据。

通过本章的综述分析发现，融合文献单一外部特征的研究已经非常成熟，并且 LDA 模型中不考虑文献的外部特征的问题也已经分别由不同的模型融合不同的单一外部特征所解决。但是，目前在融合文献多个外部特征方面的研究却还不够深入，仍处在初级阶段，并且在智能科技文献服务方面，主题模型距离科技情报分析工作的工程化应用仍然存在一定差距，但是融合多个外部特征为满足用户多样化的实际需求提供了一种新的解决方案。因此，本书认为，同时融合多个外部特征的主题模型研究将是科技情报分析未来的发展方向之一，应加大研发力度。

除此之外，本章中所介绍的模型都继承了 LDA 模型不能自动计算主题个数的缺点，针对这一问题，不少研究人员也提出了许多方法[42-47]，而其中将主题个数进行非参数化处理[43-45]这一方法是比较直观有效的。因此，本书认为，将主题模型进行非参数化表示也将是科技情报分析未来的发展方向之一。

参 考 文 献

[1] 梁芳, 李燕. NSTL 文献资源建设的实践与发展 [J]. 数字图书馆论坛, 2010 (10): 22-29.

[2] Garfield E, Merton R K. Citation indexing: Its theory and application in science, technology, and humanities [M]. New York: John Wiley & Sons, 1979.

[3] 徐硕, 乔晓东, 朱礼军, 等. 共现聚类分析的新方法: 最大频繁项集挖掘 [J]. 情报学报, 2012, 31 (2): 143-150.

[4] Deerwester S, Dumais S T, Furnas G W, et al. Indexing by latent semantic analysis [J]. Journal of the American Society for Information Science, 1990, 41 (6): 391-407.

[5] Mei Q, Ling X, Wondra M, et al. Topic sentiment mixture: Modeling facets and opinions in weblogs [C]// Proceedings of the 16th International Conference on World Wide Web, Banff, 2007: 171-180.

[6] Jo Y, Oh A H. Aspect and sentiment unification model for online review analysis [C]// Proceedings of the 4th ACM International Conference on Web Search and Data Mining, Hongkong, 2011: 815-824.

[7] Blei D M, Ng A Y, Jordan M I. Latent Dirichlet allocation [J]. Journal of Machine Learning Research, 2003, 3 (1): 993-1022.

[8] Blei D M, Ng A Y, Jordan M I. Latent Dirichlet allocation [C]// Advances in Neural Information Processing Systems 14. Cambridge: MIT Press, 2002.

[9] Griffiths T L, Steyvers M. Finding scientific topics [J]. Proceedings of the National Academy of Sciences of the United States of America, 2004, 101 (Suppl 1): 5228-5235.

[10] 苗蕊, 刘鲁. 科学家合作网络中的社区发现 [J]. 情报学报, 2012, 30 (12): 1312-1318.

[11] Xu S, Shi Q, Qiao X, et al. Author-Topic over Time (AToT): A dynamic users' interest model [C]// Proceedings of the 2nd International Conference on Ubiquitous Context-Awareness and Wireless Sensor Network, Jeju, 2013: 227-233.

[12] 史庆伟, 乔晓东, 徐硕, 等. 作者主题演化模型及其在研究兴趣演化分析中的应用 [J]. 情报学报, 2013, 32 (9): 912-919.

[13] Xu S, Shi Q, Qiao X, et al. A dynamic users' interest discovery model with distributed inference algorithm [J]. International Journal of Distributed Sensor Networks, 2014, 2014 (280892): 1-11.

[14] An X, Xu S, Wen Y, et al. A shared interest discovery model for coauthor relationship

in SNS [J]. International Journal of Distributed Sensor Networks, 2014, 2014 (529842): 1-14.

[15] 徐戈, 王厚峰. 自然语言处理中主题模型的发展 [J]. 计算机学报, 2011, 34 (8): 1423-1436.

[16] Teh Y W, Jordan M I. Hierarchical Bayesian nonparametric models with applications [Z]. Bayesian Nonparametrics: Principles and Practice, 2010: 158-207.

[17] 梅素玉, 王飞, 周水庚. 狄利克雷过程混合模型、扩展模型及应用 [J]. 科学通报, 2012, 57 (34): 3243-3257.

[18] Salton G, McGill M J. Introduction to modern information retrieval [M]. New York: McGraw-Hill Book Company, 1983.

[19] Bishop C M. Pattern recognition and machine learning [M]. New York: Springer, 2006.

[20] Hofmann T. Probabilistic latent semantic indexing [C]// Proceedings of the 22nd Annual International ACM SIGIR Conference on Research and Development in Information Retrieval. New York: ACM, 1999: 50-57.

[21] Hofmann T. Probabilistic latent semantic analysis [C]// Proceedings of the 15th Conference on Uncertainty in Artificial Intelligence. San Francisco: Morgan Kaufmann Publishers Inc., 1999: 289-296.

[22] Hofmann T. Unsupervised learning by probabilistic latent semantic analysis [J]. Machine Learning, 2001, 42 (1-2): 177-196.

[23] Hofmann T. The cluster-abstraction model: Unsupervised learning of topic hierarchies from text data [C]// Proceedings of the 16th International Joint Conference on Artificial Intelligence, Stockholm, 1999: 682-687.

[24] Girolami M, Kabán A. On an equivalence between pLSI and LDA [C]// Proceedings of the 26th Annual International ACM SIGIR Conference on Research and Development in Information Retrieval, Toronto, 2003: 433-434.

[25] Rosen-Zvi M, Chemudugunta C, Griffiths T, et al. Learning author-topic models from text corpora [J]. ACM Transactions on Information Systems, 2010, 28 (1): 1-38.

[26] Rosen-Zvi M, Griffiths T, Steyvers M, et al. The author-topic model for authors and documents [C]// Proceedings of the 20th Conference on Uncertainty in Artificial Intelligence, Arlington, 2004: 487-494.

[27] Steyvers M, Smyth P, Rosen-Zvi M, et al. Probabilistic author-topic models for information discovery [C]// Proceedings of the 10th ACM SIGKDD International Conference on Knowledge Discovery and Data Mining, New York, 2004: 306-315.

[28] McCallum A, Corrada-Emmanuel A. The author-recipient-topic model for topic and role discovery in social networks: Experiments with Enron and academic email [R]. Depart-

ment of Computer Science, University of Massachusetts Amherst, 2004.

[29] Mimno D, McCallum A. Expertise modeling for matching papers with reviewers [C]// Proceedings of the 13th ACM SIGKDD International Conference on Knowledge Discovery and Data Mining, New York, 2007: 500 – 509.

[30] Kawamae N. Author interest topic model [C]// Proceedings of the 33rd International ACM SIGIR Conference on Research and Development in Information Retrieval, New York, 2010: 887 – 888.

[31] Kawamae N. Latent interest-topic model: Finding the causal relationships behind dyadic data [C]// Proceedings of the 19th ACM International Conference on Information and Knowledge Management, New York, ACM, 2010: 649 – 658.

[32] Blei D M, Lafferty J D. Dynamic topic models [C]// Proceedings of the 23rd International Conference on Machine Learning, New York, 2006: 113 – 120.

[33] Wang C, Blei D, Heckerman D. Continuous time dynamic topic models [C]// Proceedings of the 24th Conference in Uncertainty in Artificial Intelligence, Helsinki, 2008: 579 – 586.

[34] Wang X, McCallum A. Topics over time: A non-Markov continuous-time model of topical trends [C]// Proceedings of the 12th ACM SIGKDD International Conference on Knowledge Discovery and Data Mining, New York, 2006: 424 – 433.

[35] Nallapati R M, Ahmed A, Xing E P, et al. Joint latent topic models for text and citations [C]// Proceedings of the 14th ACM SIGKDD International Conference on Knowledge Discovery and Data Mining, Las Vegas, 2008: 542 – 550.

[36] Chang J, Blei D M. Relational topic models for document networks [C]// Proceedings of the 12th International Conference on Artificial Intelligence and Statistics, Florida, 2009: 81 – 88.

[37] Gruber A, Rosen-Zvi M, Weiss Y. Latent topic models for hypertext [C]// Proceedings of the 24th International Conference in Uncertainty in Artificial Intelligence, Helsinki, 2008: 230 – 239.

[38] Tang J, Jin R, Zhang J. A topic modeling approach and its integration into the random walk framework for academic search [C]// Proceedings of the 8th IEEE International Conference on Data Mining, Pisa, 2008: 1055 – 1060.

[39] Tang J, Zhang J, Yao L, et al. ArnetMiner: Extraction and mining of academic social networks [C]// Proceedings of the 14th ACM SIGKDD International Conference on Knowledge Discovery and Data Mining, Las Vegas, 2008: 990 – 998.

[40] Tang J, Zhang J, Jin R, et al. Topic level expertise search over heterogeneous networks [J]. Machine learning, 2011, 82 (2): 211 – 237.

[41] Han H, Xu S, Gui J, et al. Uncovering research topics of academic communities of scientific collaboration network [J]. International Journal of Distributed Sensor Networks, 2014, 2014 (529842): 1-14.

[42] Griffiths T, Jordan M, Tenenbaum J, et al. Hierarchical topic models and the nested Chinese restaurant process [C]// Advances in Neural Information Processing Systems 16, Vancouver, 2004: 106-114.

[43] Teh Y W, Jordan M I, Beal M J, et al. Hierarchical Dirichlet processes [J]. Journal of the American Statistical Association, 2006, 101 (476): 1566-1581.

[44] Heinrich G. "Infinite LDA": Implementing the HDP with minimum code complexity [R]. arbylon. net, 2011.

[45] Zhang H, Xu, S, Qiao X, et al. Infinite coauthor topic model (infinite coAT): A nonparametric generalization for coAT model [C]// Proceedings of the 1st International Workshop on Patent Mining and its Applications, Hildesheim, 2014.

[46] Li W, Blei D, McCallum A. Nonparametric Bayes pachinko allocation [C]// Proceedings of the 23rd International Conference on Uncertainty in Artificial Intelligence, Vancouver, 2007: 243-250.

[47] Zavitsanos E, Paliouras G, Vouros G A. Non-parametric estimation of topic hierarchies from texts with hierarchical Dirichlet processes [J]. Journal of Machine Learning Research, 2011, 12 (10): 2749-2775.

第九章　论文和专利资源主题关联分析方法

9.1 引　言

众所周知，科学和技术具有不同的目的及看待世界的方式。为了理解科学与技术之间的关系，人们从面向技术创新过程的角度提出了线性或管道（Pipeline）模型[1,2]和双分支（Two Branched）模型[3]等。线性或管道模型认为科学的新发现激发了技术灵感，进一步促使企业研发新技术，然后产业化；而更为合理的双分支模型将科学与技术的关系看作两个相互依赖、互相联系的平行活动，科学和技术各自内部的联系要强于相互之间的联系，类似于一对舞伴[4]或 DNA 双螺旋[5]。同时，随着创新周期的缩短，科学与技术间的相互关联正变得越来越强。

论文资源通常被用于测度基础科学研究活动的水平，而专利资源通常被用于测度产业技术的创新水平[6-8]，因此，这两种资源之间应该存在某种潜在的相互联系和排斥关系。而且，根据多任务学习（Multi-Task Learning）理论[9,10]，同时分析源于同一领域的多种资源比仅分析单一资源应该更有优势，因为不同资源反映了该领域的不同侧面。这促进了论文和专利资源间关联分析研究工作，Narin 及其合作者是这项研究的先驱[11-13]。

大量研究结果[14-16]表明，论文和专利资源间的关联的确有助于探测技术机会[14,17]、理解产学政关系[18,19]、度量创新水平[20]及构建高质量路线图[21]等。实际上，以往有关论文和专利资源间的关联研究主要集中于分析专利文档首页的非专利参考文献（Non-Patent Reference，NPR）。经仔细分析不难发现，以往研究主要存在 3 个方面的问题：①非专利参考文献如何被引用因国家而异[22]；②仅有 30%~40% 的专利文档包含非专利参考文献[23]；③专利与被引的非专利参考文献在内容上并不总是相关[24]。

据我们所知，两个例外情形是文献［25，26］和文献［16］，采用了类似的框架来构建论文和专利资源间的主题关联：①分别抽取论文和专利资源的技术主题；②计算技术主题间的相似度或距离；③构建主题关联。文献［25，26］和文献［16］的主要区别在于采用了不同的技术主题抽取方法，文献［25，26］使用了引文分析法，而文献［16］采用了文本挖掘法。正如 Shibata 等人[25,26]所指出的，引文分析法的主要缺陷是大量专利文献不能被包括在最大连通子图中，从而不能被用于分析，因此，本章偏好于文本挖掘法。另外，论文和专利经常包含许多不同类别的命名实体，像生物医学文献中的药物、公式和蛋白质等。图 9-1 分别给出了一个论文和专利文档样例，使用软件 Brat[27] 显式地标注其中的命名实体。这些命名实体使得论文和专利资源间的主题关联分析更加复杂，因此，本章将推广我们以前的研究工作[16]用于这种复杂的情形。

本章沿用了文献［16］中描述的简单框架。具体来说，一种新的实体主题模型被提出用于分别提取论文和专利资源中的技术主题，并给出了一种吉布斯采样推断算法用来估计模型的参数。为了减少缘于论文和专利资源的表述差异对技术主题相似度计算带来的负面影响，利用 Brown 聚类方法[28,29]分别对词项和命名实体进行聚类分析。然后，在对称 KL 散度（Kullback Leibler Divergence）的基础上，计算技术主题间的相似度，紧接着将主题关联构建问题变换为著名的最优运输问题[30,31]进行求解。最后，大量的实验结果验证了本章方法的有效性和可行性。

9.2 技术路线

如图 9-2 所示，主题关联分析技术路线由三个阶段组成。第一阶段主要是预处理：句子切分、分词、命名实体识别及停用词过滤等。如果命名实体已经被人工标注或事先已经识别完成，命名实体识别子步骤可以直接跳过。在第二阶段，技术主题分别从论文和专利资源中提取，在提取技术主题时需要同时考虑词项和提及的命名实体。由于论文和专利资源在表述上的差异，使得许多单词和命名实体仅出现于单一资源中。为了减少对技术主题相似度计算的影响，词汇和提及的命名实体需要在这一阶段进行聚类分析。第三阶段就是计算技术主题间的相似度或距离，然后构建技术主题间的关联关系。下面分别对第二和第三阶段进行详细描述。

第九章 论文和专利资源主题关联分析方法

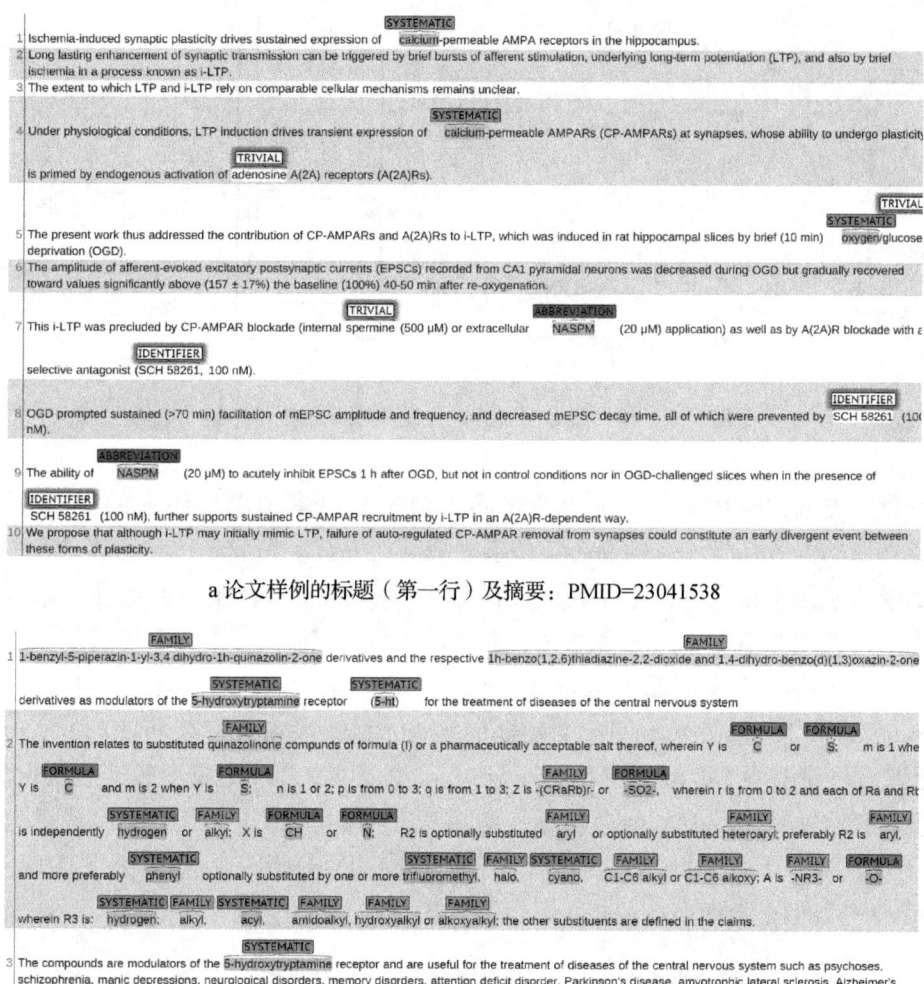

a 论文样例的标题（第一行）及摘要：PMID=23041538

b 专利样例的标题（第一行）及摘要：专利号=EP1708713B1

图 9-1 标注命名实体的论文和专利样例

9.3 技术主题抽取

主题模型是从文档集合中揭示主题的产生式概率模型家族的总称[32]，第八章所介绍的模型都是这个家族的成员。在论文、专利、电子邮件及网页等资源上的许多成功应用也表明了这些模型的强大，其中不乏在文献/科学

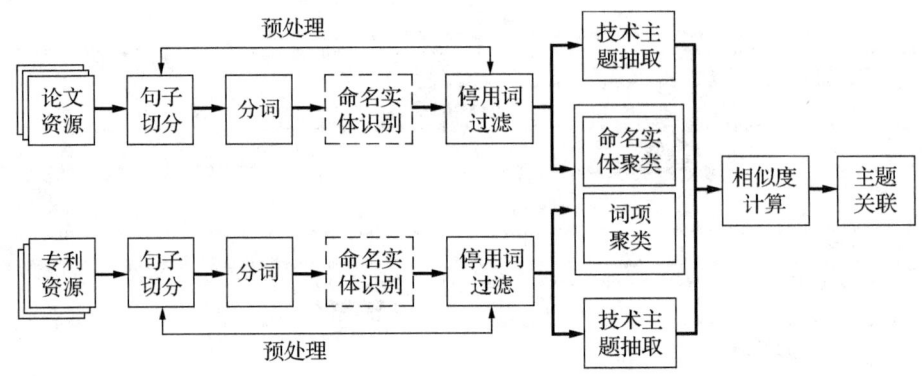

图 9-2 论文和专利资源间主题关联分析技术路线

计量学方面的应用[33-35]。由于命名实体通常是由多个单词组成的，因此，最朴素的方式是将所有的命名实体事先捆绑在一起，然后直接利用第八章中的模型来揭示相应的技术主题。然而效果并不理想[36]，主要原因在于第八章中的模型并不能显式地考虑文章中提及的命名实体。

为了解决这个问题，Newman 等人[36]提出了两种统计实体主题模型：SwitchLDA 和 CorrLDA2。通过大量的实验比较这两个模型及 CI-LDA 模型[37]、CorrLDA1 模型[38]等，Newman 等人发现 CorrLDA2 模型的性能最优。实际上，文章中提及的命名实体通常属于不同的类别，如图 9-1 中的学名（SYSTEMATIC）、家族名（FAMILY）、公式（FORMULA）和俗称（TRIVIAL）等，但是上面所有的模型并没有考虑这些类别信息。

表 9-1 实体主题模型中用到的符号及意义

符号	意义
$K, \tilde{K}$	词汇主题及实体主题的数量
M, C	文档及实体类别的数量
$V, \tilde{V}$	单词及实体的数量
$\vec{\vartheta}_m$	特定于文档 m 的词汇主题多项式分布
$\vec{\varphi}_k$	特定于词汇主题 k 的词汇多项式分布
$\vec{\phi}_{\tilde{k}}$	特定于实体主题 $\tilde{k}$ 的实体多项式分布

第九章 论文和专利资源主题关联分析方法

续表

符号	意义
$\vec{\psi}_{k,c}$	特定于词汇主题 k 和实体类别 c 的实体主题多项式分布
$\vec{\xi}_k$	特定于词汇主题 k 的实体类别多项式分布
$z_{m,n}$	文档 m 中第 n 个词项的词汇主题分配
$\tilde{z}_{m,\tilde{n}}$	文档 m 中第 $\tilde{n}$ 个实体提及的实体主题分配
$x_{m,\tilde{n}}$	文档 m 中第 $\tilde{n}$ 个实体提及的超主题（词汇主题）分配
$y_{m,\tilde{n}}$	文档 m 中第 $\tilde{n}$ 个实体提及的实体类别分配
$w_{m,n}, \tilde{w}_{m,\tilde{n}}$	文档 m 中第 n 个词项及第 $\tilde{n}$ 个实体
$\vec{\alpha}, \vec{\beta}, \vec{\delta}, \vec{\gamma}, \vec{\mu}$	超参数

本章通过引入两个潜随机变量 $\vec{y}$ 和 $\vec{\xi}$，将 CorrLDA2 模型推广用于学习技术主题、命名实体及实体类别之间的关系，将这个新的模型命名为 CCorrLDA2 模型。如果所有命名实体属于同一个类别（即 $C = 1$），则 CCorrLDA2 模型退化为 CorrLDA2 模型。如果论文或专利资源中根本就不包括任何命名实体，则 CCorrLDA2 模型和 CorrLDA2 模型都退化为标准的 LDA 模型[39,40]。也就是说，LDA 模型和 CorrLDA2 模型是本章所述模型的两个特例。值得注意的是，本章所述模型 CCorrLDA2 的思想亦可以用于其他类似模型。为叙述方便，表 9-1 总结了本章所用到的符号及其含义，CorrLDA2 和 CCorrLDA2 模型的概率图模型表示如图 9-3 所示。

类似于其他主题模型，CCorrLDA2 模型可以从产生过程的视角描述如下：

（1）对于每篇文档 $m \in \{1, \cdots, M\}$，生成 $\vec{\vartheta}_m \sim \text{Diri}(\vec{\alpha})$。

（2）对于每个词汇主题 $k \in \{1, \cdots, K\}$，生成 $\vec{\phi}_k \sim \text{Diri}(\vec{\beta})$ 和 $\vec{\xi}_k \sim \text{Diri}(\vec{\mu})$。

（3）对于每个技术主题 $k \in \{1, \cdots, K\}$ 和每个实体类别 $c \in \{1, \cdots, C\}$，生成 $\vec{\psi}_{k,c} \sim \text{Diri}(\vec{\gamma})$。

（4）对于每个实体主题 $\tilde{k} \in \{1, \cdots, \tilde{K}\}$，生成 $\vec{\phi}_{\tilde{k}} \sim \text{Diri}(\vec{\delta})$。

（5）对于文档 $m \in \{1, \cdots, M\}$ 中的每个词项 $n \in \{1, \cdots, N_m\}$：

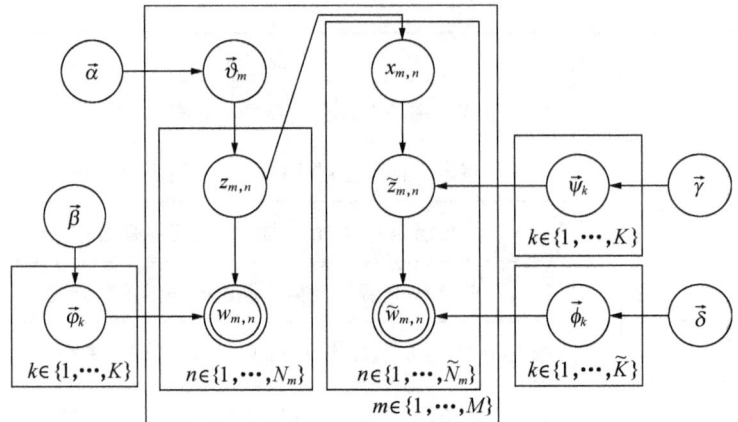

a　CorrLDA2 模型

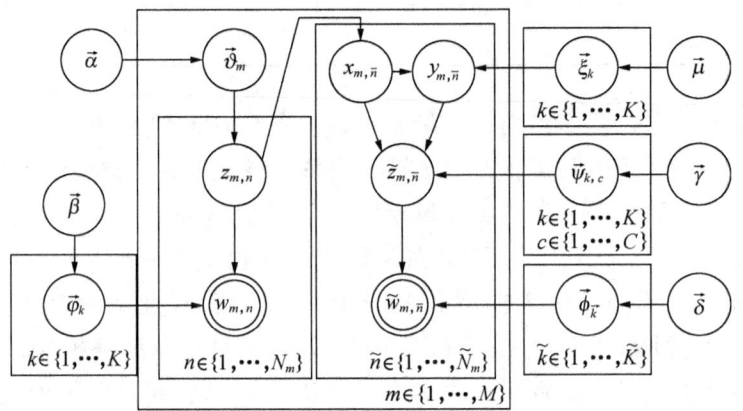

b　CCorrLDA2 模型

图9-3　CorrLDA2 和 CCorrLDA2 模型的概率图模型表示

①生成词汇主题 $z_{m,n}$ ~ $\text{Mult}(\vec{\theta}_m)$；
②生成词项 $w_{m,n}$ ~ $\text{Mult}(\vec{\varphi}_{z_{m,n}})$。
(6) 对于文档 $m \in \{1,\cdots,M\}$ 中的每个命名实体 $\tilde{n} \in \{1,\cdots,\tilde{N}_m\}$：
①生成超主题（词汇主题）$x_{m,\tilde{n}}$ ~ $\text{Unif}(z_{m,1},\cdots,z_{m,N_m})$；
②生成实体类别 $y_{m,\tilde{n}}$ ~ $\text{Mult}(\vec{\xi}_{x_{m,\tilde{n}}})$；
③生成实体主题 $\tilde{z}_{m,\tilde{n}}$ ~ $\text{Mult}(\vec{\psi}_{x_{m,\tilde{n}},y_{m,\tilde{n}}})$；
④生成命名实体 $\tilde{w}_{m,\tilde{n}}$ ~ $\text{Mult}(\vec{\varphi}_{\tilde{z}_{m,\tilde{n}}})$。

与很多著名的概率主题模型一样，CCorrLDA2 模型的参数也无法准确估计。幸运的是，近年来出现了许多近似推断算法，如平均场变分法（Mean-Field Variational Method）[41]、蒙特卡洛马尔科夫链（Monte Carlo Markov Chain，MCMC）采样[42]和随机变分推断（Stochastic Variational Inference）[43]等。每种参数估计方法都各有利弊，选择一种合适的近似算法要在效率、复杂性、准确性和概念简洁性之间综合考量。由于 Collapsed 吉布斯采样方法描述简单且更易于实现，成为主题模型中最常采用的参数估计方法之一，也是本章所采用的参数估计方法，这种方法是 MCMC 采样法的一种特例。

在 Collapsed 吉布斯采样过程中，需要计算 CCorrLDA2 模型的后验概率分布，即给定观测值和其他隐变量的条件下 $z_{m,n}$、$x_{m,\tilde{n}}$、$y_{m,\tilde{n}}$ 和 $\tilde{z}_{m,\tilde{n}}$ 的概率：$\Pr(z_{m,n} \mid \vec{w}, \vec{z}_{\neg(m,n)}, \vec{\alpha}, \vec{\beta})$ 和 $\Pr(x_{m,\tilde{n}}, y_{m,\tilde{n}}, \tilde{z}_{m,\tilde{n}} \mid \vec{\tilde{w}}, \vec{z}, \vec{x}_{\neg(m,\tilde{n})}, \vec{y}_{\neg(m,\tilde{n})}, \vec{\tilde{z}}_{\neg(m,\tilde{n})}, \vec{\mu}, \vec{\gamma}, \vec{\delta})$，其中，$\vec{z}_{\neg(m,n)}$、$\vec{x}_{\neg(m,\tilde{n})}$、$\vec{y}_{\neg(m,\tilde{n})}$ 和 $\vec{\tilde{z}}_{\neg(m,\tilde{n})}$ 分别表示除文档 m 中的词项 n 或命名实体 $\tilde{n}$ 对应的词项主题、超主题、实体类别和实体主题之外的所有词项主题、超主题、实体类别和实体主题变量。经推导，CCorrLDA2 模型的吉布斯采样（这些公式通常被称为全条件概率）公式为：

$$\Pr(z_{m,n} \mid \vec{w}, \vec{z}_{\neg(m,n)}, \vec{\alpha}, \vec{\beta}) \propto \frac{n_{z_{m,n}}^{(w_{m,n})} + \beta_{w_{m,n}} - 1}{\sum_{v=1}^{V}(n_{z_{m,n}}^{(v)} + \beta_v) - 1}(n_m^{(z_{m,n})} + \alpha_{z_{m,n}} - 1)$$

(9-1)

$$\Pr(x_{m,\tilde{n}}, y_{m,\tilde{n}}, \tilde{z}_{m,\tilde{n}} \mid \vec{\tilde{w}}, \vec{z}, \vec{x}_{\neg(m,\tilde{n})}, \vec{y}_{\neg(m,\tilde{n})}, \vec{\tilde{z}}_{\neg(m,\tilde{n})}, \vec{\mu}, \vec{\gamma}, \vec{\delta})$$

$$\propto \frac{n_m^{(x_{m,\tilde{n}})}}{N_m} \frac{n_{\tilde{z}_{m,\tilde{n}}}^{(\tilde{w}_{m,\tilde{n}})} + \delta_{\tilde{w}_{m,\tilde{n}}} - 1}{\sum_{\tilde{v}=1}^{\tilde{V}}(n_{\tilde{z}_{m,\tilde{n}}}^{(\tilde{v})} + \delta_{\tilde{v}}) - 1} \frac{n_{x_{m,\tilde{n}}}^{(y_{m,\tilde{n}})} + \mu_{y_{m,\tilde{n}}} - 1}{\sum_{c=1}^{C}(n_{x_{m,\tilde{n}}}^{(c)} + \mu_c) - 1}$$ (9-2)

$$\frac{n_{x_{m,\tilde{n}}, y_{m,\tilde{n}}}^{(\tilde{z}_{m,\tilde{n}})} + \gamma_{\tilde{z}_{m,\tilde{n}}} - 1}{\sum_{\tilde{k}=1}^{\tilde{K}}(n_{x_{m,\tilde{n}}, y_{m,\tilde{n}}}^{(\tilde{k})} + \gamma_{\tilde{k}}) - 1}$$

其中，$n_k^{(v)}$ 表示词汇 v 对应的词项分配给词汇主题 k 的数量，$n_m^{(k)}$ 表示文档 m 中的词项被分配到词汇主题 k 的数量，$n_k^{(c)}$ 表示围绕在超主题 k 周围的属于类别 c 的命名实体数量，$n_{k,c}^{(\tilde{k})}$ 表示围绕在超主题 k 周围的属于类别 c 的命名实体被分配给实体主题 $\tilde{k}$ 数量，$n_{\tilde{k}}^{(\tilde{v})}$ 表示词汇 $\tilde{v}$ 对应的命名实体分配给实体主题 $\tilde{k}$ 的数量。公式（9-1）与标准 LDA 模型[40]相同，公式（9-2）的前两项与 CorrLDA2 模型[36]相同。利用狄利克雷分布的期望，可很容易估算模型参数：

$$\varphi_{k,v} = \frac{n_k^{(v)} + \beta_v}{\sum_{v=1}^{V}(n_k^{(v)} + \beta_v)}, k \in \{1,\cdots,K\}, v \in \{1,\cdots,V\} \quad (9-3)$$

$$\vartheta_{m,k} = \frac{n_m^{(k)} + \alpha_k}{N_m + \sum_{k=1}^{K}\alpha_k}, m \in \{1,\cdots,M\}, k \in \{1,\cdots,K\} \quad (9-4)$$

$$\xi_{k,c} = \frac{n_k^{(c)} + \mu_c}{\sum_{c=1}^{C}(n_k^{(c)} + \mu_c)}, k \in \{1,\cdots,K\}, c \in \{1,\cdots,C\} \quad (9-5)$$

$$\psi_{k,c,\tilde{k}} = \frac{n_{k,c}^{(\tilde{k})} + \mu_{\tilde{k}}}{\sum_{\tilde{k}=1}^{\tilde{K}}(n_{k,c}^{(\tilde{k})} + \mu_{\tilde{k}})}, k \in \{1,\cdots,K\}, c \in \{1,\cdots,C\}, \tilde{k} \in \{1,\cdots,\tilde{K}\}$$

$$(9-6)$$

$$\varphi_{\tilde{k},\tilde{v}} = \frac{n_{\tilde{k}}^{(\tilde{v})} + \delta_{\tilde{v}}}{\sum_{\tilde{v}=1}^{\tilde{V}}(n_{\tilde{k}}^{(\tilde{v})} + \delta_{\tilde{v}})}, \tilde{k} \in \{1,\cdots,\tilde{K}\}, \tilde{v} \in \{1,\cdots,\tilde{V}\} \quad (9-7)$$

本章将论文和专利资源中词汇主题 $K^{(s)}$ 和 $K^{(t)}$ 均设置为50，实体主题 $\tilde{K}^{(s)}$ 和 $\tilde{K}^{(t)}$ 均设置为20。对称狄利克雷分布先验分别设置为 $\alpha=0.5$，$\beta=0.01$，$\mu=0.1$，$\gamma=0.5$ 及 $\delta=0.01$，吉布斯采样迭代次数设置为2000。

9.4 词项和命名实体聚类

尽管论文和专利资源都是文本型媒体，但两种资源在目的、表述及质量等方面仍然存在异构性。具体来说，学术论文的主要目的是向相关研究社区和公众传递科学发现，专利作为法律文书主要用于防止竞争对手商业化所描述的技术过程或设备。为了保证质量，学术论文在正式出版前通常需要经过同行评议过程，而专利文档的评审更多受法律要求驱动，专利文档评审的要点之一是审查是否与已有专利文书或其他公开可用材料相重叠。换句话说，如果技术过程或设置已经在某篇论文中有描述，那么相应的技术过程或设备就不能专利化；反之，好像是可以的，尽管许多期刊并不愿意重新出版已有科技文献。

论文和专利资源的异构性使得许多单词和命名实体仅出现在一种资源中。表9-2分别给出了两个论文和专利标题实例，灰色文字对应于停用词，加粗文字对应于同时出现在两种资源的单词。这意味着无论采用哪种主题相似度或距离计算方法，大量单词和命名实体将直接被去掉，对相似度计算根本没有任何贡献。我们认为，这可能是导致以往主题关联性能不理想[16,25,26]的主要原因。因此，为了减少对主题相似度或距离计算的负面影响，词项和提及的命名实体需要提前进行聚类分析。

表9-2 两个论文和专利文档标题样例

PMID	标题（经过分词后）
9925120	**cholesterol**-**lowering** effects of **dietary** fiber：a meta-analysis
21776465	mechanisums underlying the **cholesterol-lowering** properties of soluble **dietary fibre** polysaccharides

a 论文样例

专利号	标题（经过分词后）
EP1526857A1	**cholesterol**-reducing agent made of **dietary fibre** and **cholesterol**-reducing substances
US6180660	**cholesterol**-**lowering** therapy

b 专利样例

目前，有许多无监督的词聚类方法，如Brown聚类法[28,29]、词嵌入法（Word Embedding）[44]、谱特征对齐法（Spectral Feature Alignment）[45]等。本章采用了Brown聚类法，该聚类法的输出是一个二叉树，每个叶子节点对应于一个聚簇，根节点对应于所有的单词或命名实体，中间节点对应于中等大小的聚簇。换句话说，二叉树从底向上所对应的聚簇大小越来越大。根据Huffman编码方法[46]，每个单词或命名实体可以被分配一个二进制字符串，分配二进制字符串的方式是沿着根节点遍历到叶子节点，每当遇到左节点就分配一个字符0，每当遇到右节点就分配一个字符1。

对表9-2进行Brown聚类分析，令聚簇个数为8，图9-4得到了相应的二叉树表示。直观上来说，Brown聚类法将具有类似上下文的单词或命名实体聚成同一个聚簇，如reducing和lowering、fibre和fiber。根据Brown聚类法的主要思想，如果单词或命名实体的Huffman编码的前缀越相似，则对应的单词或命名实体也越相似。例如，图9-4中cholesterol（1111）与dietary（1110）更相似，而与polysaccharides（11011）更不相似。综合Brown聚类分析，高维的单词或命名实体空间被大大压缩到低维空间中。本章采用了 Liang 实现的 Brown 聚类法①，将论文和专利信息资源中的词项和提及的命名实体分别聚成 $L=500$ 簇 $\{\mathcal{P}_1,\cdots,\mathcal{P}_l,\cdots,\mathcal{P}_L\}$ 和 $\tilde{L}=500$ 簇 $\{\tilde{\mathcal{P}}_1,\cdots,\tilde{\mathcal{P}}_l,\cdots,\tilde{\mathcal{P}}_{\tilde{L}}\}$。

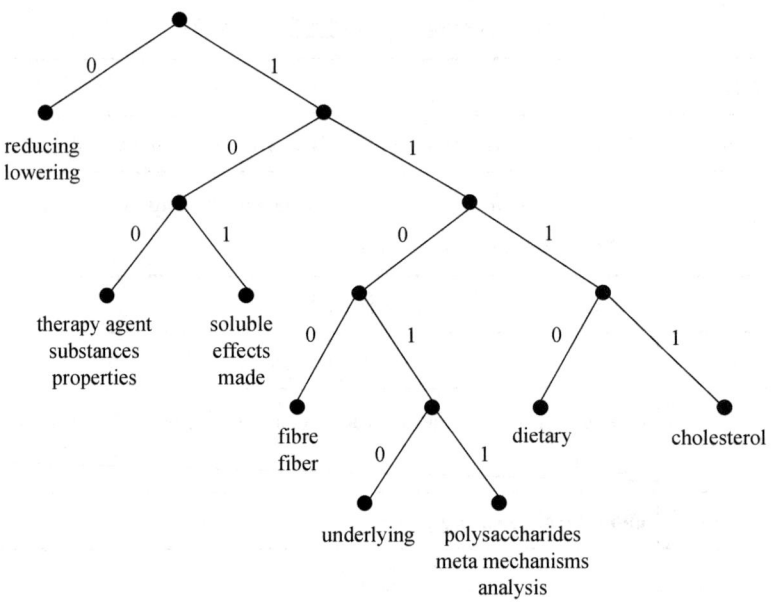

图 9-4　表 9-2 中论文和专利标题经过 Brown 聚类分析后得到的二叉树

9.5　主题相似度计算

为了建立论文和专利资源间的技术主题关联，源于论文资源和源于专利资源的技术主题间需要计算相似度或距离。在以往主题关联研究中[16,25,26]，许多相似度或距离度量被采用过，如对称 KL（Kullback-Leibler）散度[47,48]、JS（Jensen-Shannon）散度[47,49]、余弦相似度[50]、Spearman 阶次相关系数[51]、Kendall 的 Tau[51] 和 Jaccard 系数[52]等。根据我们以前的研究[16]，对称 KL 散度性能最优，故本章使用该度量，不过需要依据本章的 CCorrLDA2 模型对其进行适当修改。

从图 9-3 可以看出，CCorrLDA2 模型中的主题定义不同于标准 LDA 模

---

①　https://github.com/percyliang/brown-cluster。

型，CCorrLDA2 模型将单词主题与实体主题做了明确区分，其中，单词主题就是标准 LDA 模型中所谓的主题。具体来说，在 CCorrLDA2 模型中，每个单词主题周围有许多不同类别的命名实体，每种类别的命名实体又被进一步细分为不同的实体主题，单词主题充当着超主题的角色。图 9-5 给出了词项聚簇、词汇主题、实体类别、实体主题及实体聚簇之间所存在的复杂网络结构。

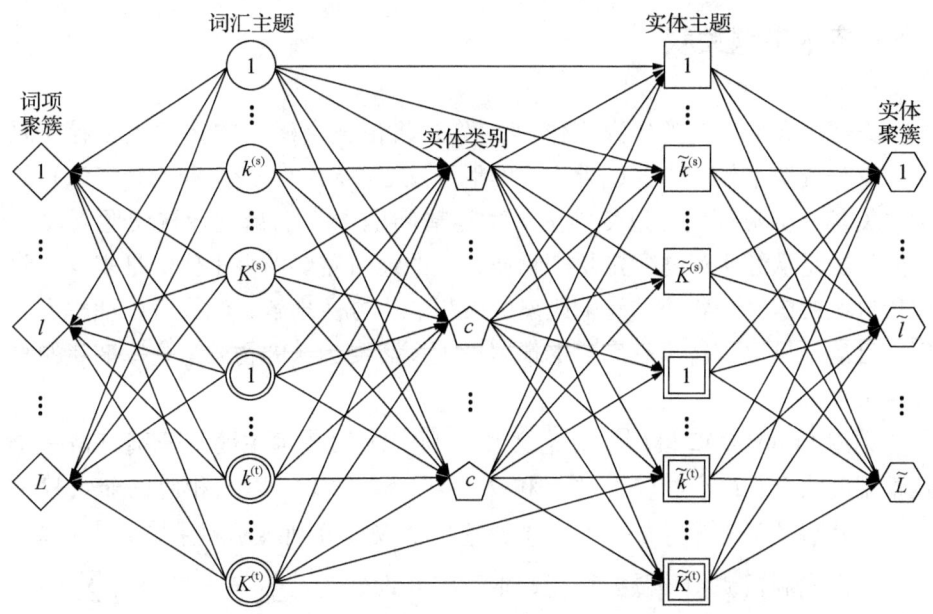

图 9-5 词项聚簇、词汇主题、实体类别、实体主题以及实体聚簇组成的网络结构

图 9-5 中箭头表示条件依赖关系，为清晰起见，词汇主题与实体主题之间的箭头并未完全画出。正是由于这种复杂的网络关系，词项聚簇、实体类别及实体聚簇充当了论文资源中的超主题 $k^{(s)}$ 和专利资源中的超主题 $k^{(t)}$ 之间的中间媒介，从而方便了主题间的相似度或距离的计算，详细计算公式如下：

$$\begin{aligned}
&\text{divergence}(k^{(s)}, k^{(t)}) \\
&= (1-\lambda-\rho)\,\text{symKL}(\Pr([P_l]_{l=1}^L \mid k^{(s)}), \Pr([P_l]_{l=1}^L \mid k^{(t)})) \\
&+ \lambda\,\text{symKL}(\Pr([c]_{c=1}^C \mid k^{(s)}), \Pr([c]_{c=1}^C \mid k^{(t)})) \\
&+ \rho\,\text{symKL}(\Pr([\tilde{\mathcal{P}}_l]_{l=1}^{\tilde{L}} \mid k^{(s)}), \Pr([\tilde{\mathcal{P}}_l]_{l=1}^{\tilde{L}} \mid k^{(t)}))
\end{aligned} \quad (9\text{-}8)$$

其中，$\text{symKL}(\vec{p},\vec{q}) = 0.5(\text{KL}(\vec{p}|\vec{q}) + \text{KL}(\vec{q}|\vec{p}))$ 表示对称 KL 散度，$\Pr(\mathcal{P}_l|\cdot) = \sum_{v \in P_l} \varphi_{\cdot,v}$，$\Pr(c|\cdot) = \xi_{\cdot,c}$，$\Pr(\tilde{\mathcal{P}}_l|\cdot) = \sum_{\tilde{v} \in \tilde{P}_l} \Pr(\tilde{v}|\cdot) = \sum_{\tilde{v} \in \tilde{P}_l} \sum_c \sum_{\tilde{k}} \xi_{\cdot,c} \psi_{\cdot,c,\tilde{k}} \varphi_{\tilde{k},\tilde{v}}$。上式等号的右边 3 项分别对应于词项聚簇、实体类别及实体聚簇间的距离，λ 和 ρ 表示 3 项距离间的权重，本章将 λ 和 ρ 均设置为 1/3，即 3 项具有同等重要程度。

9.6 技术主题关联

类似于我们以前的研究工作[16]，如果将论文资源中的技术主题看作源头，专利资源中的技术主题看作目的地，反之亦然，则论文和专利资源间的主题关联分析问题就可以变换为最优运输问题[30,31]。最优运输问题需要回答的问题是从源头运送一定量的物质到目的地所需要的最小代价是多少？此处代价通常定义为物质与运输距离的乘积。为方便理解，源头可以理解为工厂，目的地可以理解为仓库，本章假设工厂需要运送的物质与仓库期望的物质总量相同。

利用 CCorrLDA2 模型抽取论文和专利资源的技术主题，分别可得一个技术主题集合：$\mathcal{T}^{(s)} = [k^{(s)}]_{k=1}^{K^{(s)}}$ 和 $\mathcal{T}^{(t)} = [k^{(t)}]_{k=1}^{K^{(t)}}$，以及相应的非负权重 $p_{k^{(s)}} = \Pr(k^{(s)})$ 和 $q_{k^{(t)}} = \Pr(k^{(t)})$，这两个权重分别表示超主题 $k^{(s)}$ 和 $k^{(t)}$ 在论文和专利资源中的重要程度，本章将其设置为 $\sum_v n_k^{(v)}$ 与 $\sum_k \sum_v n_k^{(v)}$ 的比值。$\mathcal{T}^{(s)}$ 和 $\mathcal{T}^{(t)}$ 间的最优运输距离可定义为 $d(\mathcal{T}^{(s)}, \mathcal{T}^{(t)}) = \sum_{k^{(s)}=1}^{K^{(s)}} \sum_{k^{(t)}=1}^{K^{(t)}} [f_{k^{(s)},k^{(t)}}^* \times \text{divergence}(k^{(s)},k^{(t)})]$，其中，最优流矩阵 $F = [f_{k^{(s)},k^{(t)}}]_{K^{(s)} \times K^{(t)}}$ 是以下线性规划问题的最优解：

$$\begin{aligned}
&\min d(\mathcal{T}^{(s)}, \mathcal{T}^{(t)}) \\
&\text{s. t. } f_{k^{(s)},k^{(t)}} > 0, 1 \leq k^{(s)} \leq K^{(s)}, 1 \leq k^{(t)} \leq K^{(t)} \\
&\sum_{k^{(t)}=1}^{K^{(t)}} f_{k^{(s)},k^{(t)}} = p_k^{(s)}, 1 \leq k^{(s)} \leq K^{(s)} \\
&\sum_{k^{(s)}=1}^{K^{(s)}} f_{k^{(s)},k^{(t)}} = q_k^{(t)}, 1 \leq k^{(t)} \leq K^{(t)} \\
&\sum_{k^{(s)}=1}^{K^{(s)}} \sum_{k^{(t)}=1}^{K^{(t)}} f_{k^{(s)},k^{(t)}} = 1
\end{aligned} \quad (9-9)$$

一旦得到了最优流矩阵，就很容易从最优流矩阵的非零项中构建技术主题关联关系。以表 9-3 为例，假设相应的论文和专利资源分别由 $K^{(s)} = 4$ 和

$K^{(t)} = 5$ 个技术主题混合而成，这些技术主题间的距离矩阵如表 9-3（a）所示，其中，灰色单元格（大于或等于 50% 百分位数）表示相应的技术主题差别太大，以至于不太可能存在关联关系。非负权重 $p_{k^{(s)}}$ 和 $q_{k^{(t)}}$ 分别被设置为 $\frac{1}{K^{(s)}} = 0.25$ 和 $\frac{1}{K^{(t)}} = 0.25$，通过对公式（9-9）的求解可得最优流矩阵如表 9-3（b）所示。从表 9-3（b）可以建立论文资源中的技术主题 1 与专利资源中的技术主题 1 和技术主题 5 的关联关系，关联强度分别为 $\frac{f_{1,1}}{p_1} = 0.6$ 和 $\frac{f_{1,5}}{p_1} = 0.4$，如表 9-3（c）所示。专利资源中的技术主题 5 与论文资源中的技术主题 1、2 和 4 可以建立关联关系，关联强度分别为 $\frac{f_{1,1}}{q_1} = 0.5$、$\frac{f_{2,1}}{q_1} = 0.25$ 和 $\frac{f_{4,1}}{q_1} = 0.25$，如表 9-3（d）所示。源于论文资源的技术主题 3 和源于专利资源的技术主题 4 可以看作特定于资源的主题。

表 9-3 论文和专利资源主题关联示例

	1	2	3	4	5
1	0.30	0.70	0.60	0.95	0.15
2	0.85	0.24	0.40	0.80	0.30
3	0.80	0.90	0.85	0.95	0.87
4	0.90	0.50	0.20	0.85	0.40

a 主题相似度矩阵

	1	2	3	4	5
1	0.15	0.00	0.00	0.00	0.10
2	0.00	0.20	0.00	0.00	0.05
3	0.05	0.00	0.00	0.20	0.00
4	0.00	0.00	0.20	0.00	0.05

b 最优流矩阵

	1	2	3	4	5
1	0.60	—	—	—	0.40
2	—	0.80	—	—	0.20
3	—	—	—	—	—
4	—	—	0.80	—	0.20

c 论文→专利主题关联

	1	2	3	4	5
1	0.75	—	—	—	0.50
2	—	1.00	—	—	0.25
3	—	—	—	—	—
4	—	—	1.00	—	0.25

d 专利→论文主题关联

总之,源于任意一种资源的技术主题都可以与另外一种资源的多个技术主题建立关联关系,而且本章所建立的关联关系是非对称的,这一点不同于文献［25］。图9-6给出了文献［25］所定义主题关联与本章所定义主题关联的主要区别,图中灰色圆圈表示特定于资源的技术主题。在文献［25］中,"技术主题 a 链接于技术主题 b"与"技术主题 b 链接于技术主题 a"是等价的,然而本章的主题关联更像超链接,即"技术主题 a 超链接到技术主题 b"并不一定意味着"技术主题 b 超链接到技术主题 a"。

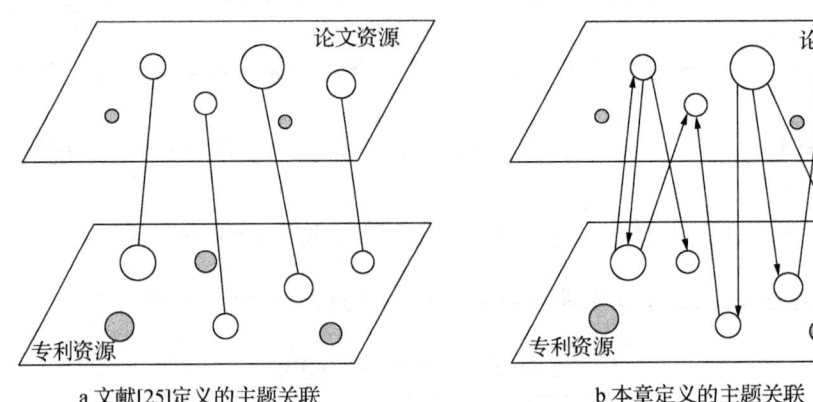

a 文献[25]定义的主题关联　　　　b 本章定义的主题关联

图 9-6　论文和专利资源间的主题关联示意

9.7　实验结果及讨论

9.7.1　数据集

为了建立论文和专利资源的主题关联并评价本章所述方法的优劣,本章使用了两个语料:CHEMDNER(chemical compound and drug named entity recognition)语料[53]和CHEMDNER-patent语料[54],这两个语料最初被用于BioCreative社区第Ⅳ和第Ⅴ期评测。语料CHEMDNER和语料CHEMDNER-patent分别包含10 000篇论文和14 000篇专利的标题和摘要,所有论文和专利都被领域专家标注了命名实体信息,共涉及7类命名实体,分别为:ABBREVIATION(缩写)、FAMILY(家庭名称)、FORMULA(公式)、IDENTIFIER(标识符)、MULTIPLE(实体组合)、SYSTEMATIC(学名)及TRIVIAL(俗称)。这两个语料又被进一步分为3个集合:train、development 和 test，由于语料 CHEMDNER-patent 中的 test 集的实体标注信息没有向公众开放，故仅使用语料 CHEMDNER-patent 中的 train 和 development 集合中的专利文档。感兴趣的读者可以参阅文献［53，54］，以便了解论文和专利文档的选择策略，实体标注策略及 train、development 和 test 3 个集合划分的方式。

本章按照文献［55］中所描述的步骤，对论文和专利资源进行句子切分和分词预处理。为了过滤停用词，NLTK（Natural Language Toolkit）[①] 的停用词列表被使用，但扩充了一些标点符号，如@ 和% 等，所有数字类词项都被替换成了 NUMBER。表 9-4 给出了两个语料的统计量信息，上半部分为单词的相关信息，下半部分为命名实体的相关信息，最后一列为交集与并集的比例。从表 9-4 最后一列可以看出，无论单词（27.44%）还是命名实体（8.24%），比例都很低，因此，在计算主题相似度或之前有必要对词项和提及的命名实体进行聚类分析。

表 9-4　CHEMDNER 和 CHEMDNER-patent 语料统计量信息

	论文资源		专利资源		交集	并集	比例（%）
	词项	单词	词项	单词			
	1 128 450	41 221	673 932	24 848	14 225	51 844	27.44

实体类别	论文资源		专利资源		交集	并集	比例（%）
	命名实体提及	命名实体	命名实体提及	命名实体			
1	13 118	1 781	1 042	343	120	2 004	5.99
2	11 935	3155	23 919	8458	494	11 119	4.44
3	12 028	1821	4359	1002	161	2662	6.05
4	1824	574	224	119	11	682	1.61
5	589	489	281	224	0	713	0
6	19 138	6152	18 764	5936	658	11 430	5.76
7	25 610	3764	17 096	3163	1007	5920	17.01
Σ	84 242	17 627	65 685	18 444	2747	33 324	8.24

注：1：ABBREVIATION；2：FAMILY；3：FORMULA；4：IDENTIFIER；5：MULTIPLE；6：SYSTEMATIC；7：TRIVIAL。

[①] http://www.nltk.org/。

9.7.2 技术主题示例

图 9-7 和图 9-8 分别给出一个论文资源和专利资源中的技术主题,每个主题的描述包括 4 部分:①与词汇主题最相关的前 10 个单词;②环绕词汇主题周围最相关的实体类别;③对于每个实体类别最相关的实体主题;④与实体主题最相关的前 10 个命名实体。容易看出,这两个技术主题均与癌症有关,说明论文和专利资源的确存在一些相互关联的技术主题。

Word Topic 37	
Word	Prob. (%)
cancer	8.53
cells	7.59
cell	7.47
tumor	3.85
human	2.68
lines	2.07
breast	1.87
growth	1.60
apoptosis	1.46
anticancer	1.45

Entity Class (%)	
TRIVIAL	ABBREVIATION
88.85	11.15

99.32　　93.41　　1.71

Entity Topic 7		Entity Topic 6		Entity Topic 19	
Entity	Prob. (%)	Entity	Prob. (%)	Entity	Prob. (%)
cisplatin	4.46	gsh	5.05	peg	5.36
tyrosine	4.17	mda	2.66	dox	3.70
rapamycin	2.23	mtt	2.26	plga	3.38
curcumin	2.05	dpph	1.88	pei	2.45
doxorubicin	1.79	nac	1.70	sds	2.45
paclitaxel	1.79	dha	1.65	pva	1.69
cysteine	1.59	meth	1.57	pla	1.40
progesterone	1.54	egcg	1.57	peo	1.25
serine	1.43	don	1.49	dppc	1.22
genistein	1.10	nadph	1.40	pvp	1.17

图 9-7　论文资源中的技术主题 37

9.7.3 技术主题关联

图 9-9 展示了技术主题关联强度图谱(大于或等于 95% 百分位数),图中的横轴对应于论文资源中的主题编号,纵轴对应于专利资源中的主题编号,方框的颜色深浅表示关联的强弱程度。无论是论文资源到专利资源的主题关联还是专利资源到论文资源的主题关联,均表现出一种稀疏对角结构。图 9-9(a)中的行或图 9-9(b)中的列无方块的,表示对应于行或列的主

第九章 论文和专利资源主题关联分析方法

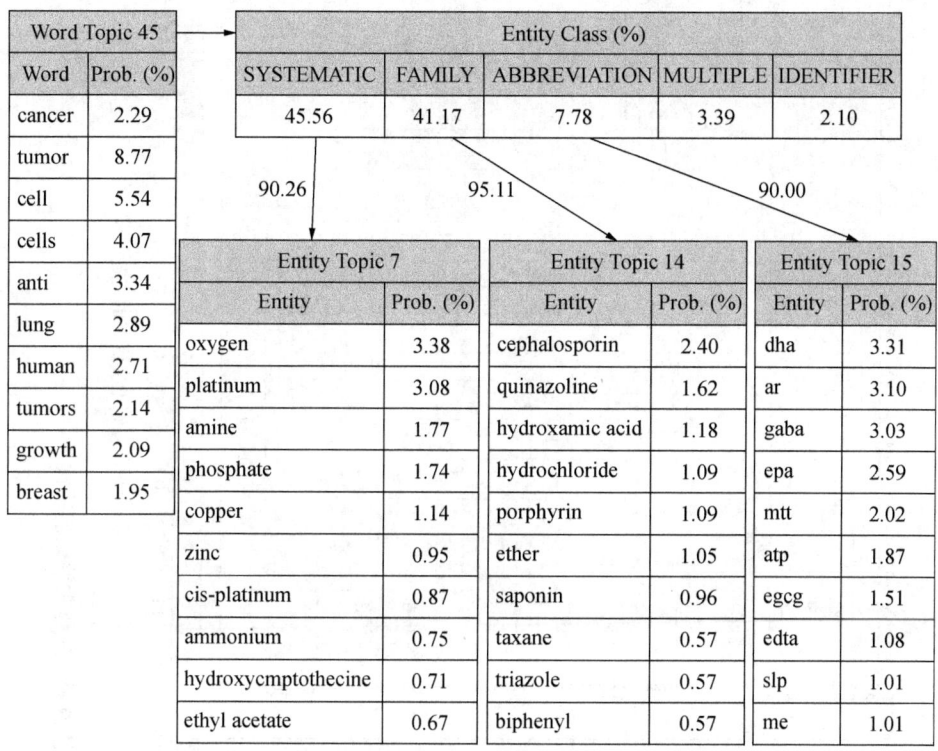

图 9-8 专利资源中的技术主题 45

题是那种资源里特有的。

为了比较本章的方法与我们以前的方法[16]，本书对主题关联的结果逐一进行了人工分析，并按五分量表的方式进行打分，分值越大表示构建的关联效果越好，同时与文献［16］所述方法进行了对比，如表 9-5 所示。从表 9-5 容易看出，利用本章构建的主题关联分值大于 3 的所占比例为 83.05%，而利用文献［16］构建的主题关联分值大于 3 的所占比例为 72.13%，说明本章所构建的主题关联的效果要优于文献［16］。

表 9-5 论文和专利资源主题关联效果比较

	5	4	3	2	1	Σ
本章方法	20 (33.90%)	14 (23.73%)	15 (25.42%)	9 (15.25%)	1 (1.68%)	59
文献［16］方法	16 (26.23%)	11 (18.03%)	17 (27.87%)	14 (22.95%)	3 (4.92%)	61

158　基于论文和专利资源的技术机会发现方法

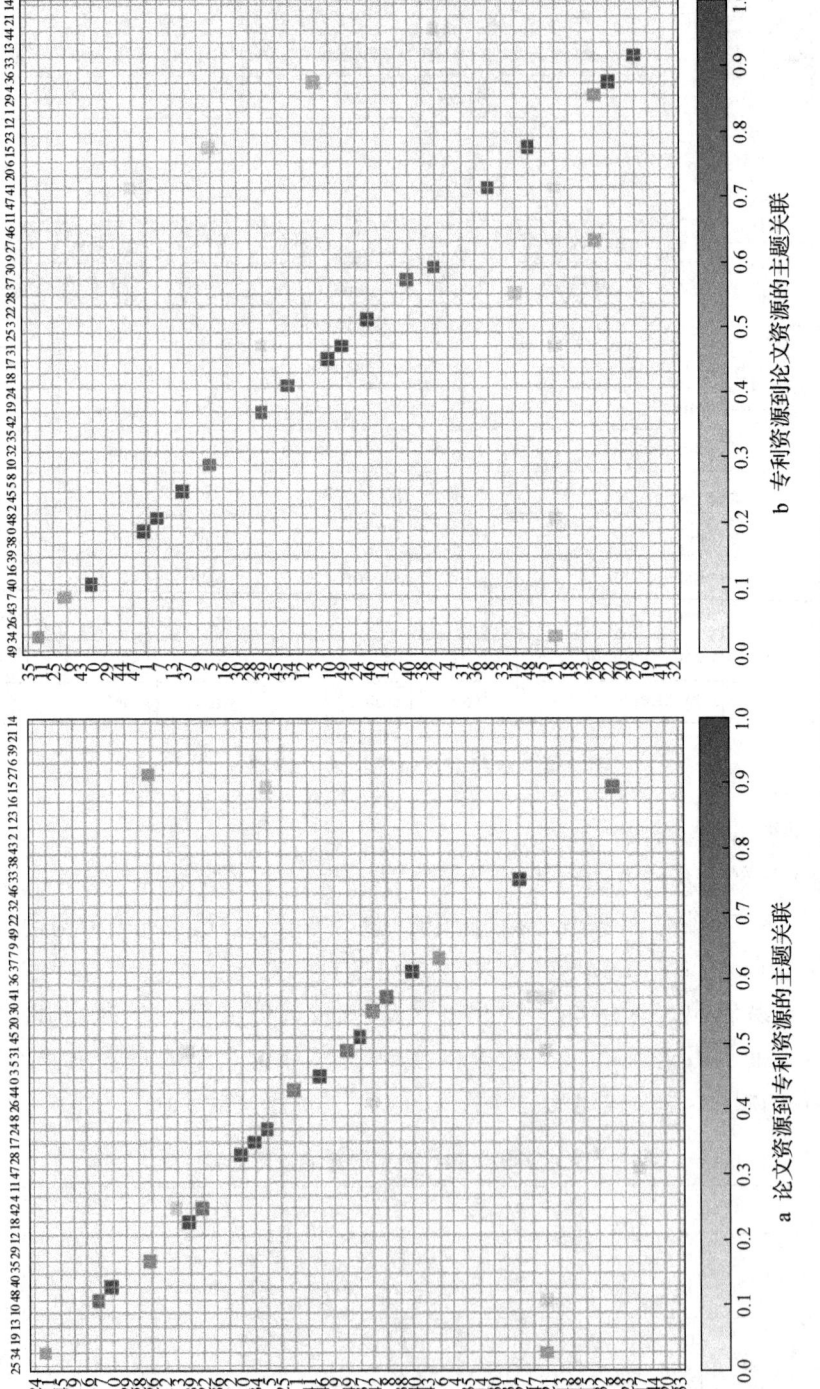

图 9-9　论文与专利资源间的主题关联强度图谱

9.8 本章小节

论文资源通常被用于测度基础科学研究活动的水平，而专利资源通常被用于测度产业技术的创新水平。为了理解科学与技术之间的关系，本章致力于构建论文和专利资源之间的主题关联关系。以往相关研究工作主要集中于分析专利文档首页的非专利参考文献（NPR）或相应的引用网络，但效果并不理想。同时，由于论文和专利通常包含大量命名实体信息，使得论文和专利资源间的主题关联变得更加复杂。

为了应付这种情形，一种新的统计实体主题模型（CCorrLDA2 模型）被提出用于揭示论文和专利资源中的技术主题，吉布斯采样算法被用于估计模型的参数，CCorrLDA2 模型的思想亦可用于其他类似模型。而且，论文和专利资源间的异构性使得许多单词和命名实体仅仅出现在单一资源中，这为主题相似度或距离计算带来了一定的负面影响。因此，在计算主题相似度或距离之前，Brown 聚类方法被用于对单词和命名实体进行聚类分析，然后将主题关联问题变换为著名的最优运输问题进行求解。

实际上，本章的主题关联更类似于超链接，源于任意资源的每个主题都可以链接到另外一种资源的多个主题，而且我们的主题关联是非对称的。大量的实验结果表明了本章所述方法是可行的，并优于传统方法。尽管可以非常自然地将本章所述非统一（Non-Joint）方法推广用于构建多种资源间的关联关系，但目前仍然缺乏统一（Joint）主题关联方法，而且目前尚缺乏公开可用的标准测试数据集，这使得公平地比较两种主题关联方案并非易事。

参 考 文 献

[1] Carpenter M P, Narin F. Validation study: Patent citations as indicators of sciences and foreign dependence [J]. World Patent Information, 1983, 5 (3): 180 – 185.

[2] Narin F. Patent bibliometrics [J]. Scientometrics, 1994, 30 (1): 147 – 155.

[3] Rip A. Science and technology as dancing partners [Z]. Technological Development and Science in the Industrial Age: New Perspectives on the Science-Technology Relationship. Dordrecht: Kluwer Academic Publishers, 1992: 231 – 270.

[4] Narin F, Noma E. Is technology becoming science? [J]. Scientometrics, 1985, 7 (3 – 6): 369 – 381.

[5] Brooks H. The relationship between science and technology [J]. Research Policy, 1994,

23 (5): 477-486.

[6] Calero-Medina C, Noyons E C M. Combining mapping and citation network analysis for a better understanding of the scientific development: The case of the absorptive capacity field [J]. Journal of Informetrics, 2008, 2 (4): 272-279.

[7] Dubarić E, Giannoccaro D, Bengtsson R. Patent data as indicators of wind power technology development [J]. World Patent Information, 2011, 33 (2): 144-149.

[8] Xu H-Y, Yue Z-H, Wang C, et al. Multi-source data fusion study in scientometrics [J]. Scientometrics, 2017, 111 (2): 773-792.

[9] Caruana R. Multitask learning [J]. Machine Learning, 1997, 28 (1): 41-75.

[10] Xu S, An X, Qiao X, et al. Multi-task least-squares support vector machines [J]. Multimedia Tools and Applications, 2014, 71 (2): 699-715.

[11] Narin F, Hamilton K S, Olivastro D. The increasing linkage between U. S. technology and public science [J]. Research Policy, 1997, 26 (3): 317-330.

[12] Narin F, Olivastro D. Status report: Linkage between technology and science [J]. Research Policy, 1992, 21 (3): 237-249.

[13] Narin F, Olivastro D. Linkage between patents and papers: An interim EPO/US comparison [J]. Scientometrics, 1998, 41 (1-2): 51-59.

[14] Albert T. Measuring technology maturity: Operationalizing information from patents, scientific publications, and the web [M]. Berlin: Gabler Verlag, 2016.

[15] Klitkou A, Gulbrandsen M. The relationship between academic patenting and scientific publishing in Norway [J]. Scientometrics, 2010, 82 (1): 93-108.

[16] Xu S, Zhu L, Qiao X, et al. Topic linkages between papers and patents [C]// Proceedings of the 4th International Conference on Advanced Science and Technology, Florida, 2012: 176-183.

[17] Lee M, Lee S, Kim J, et al. Decision-making support service based on technology opportunity discovery model [J]. Information Japan, 2011, 16 (1): 263-268.

[18] Leydesdoref L, Meyer M. The scientometrics of a triple helix of university-industry-government relations [J]. Scientometrics, 2007, 70 (2): 207-222.

[19] Tian Y. From publishing to patenting: Survey construction of Swedish academics' motivations [D]. Gothenburg: University of Gothenburg, 2015.

[20] Jibu M. An analysis of the achievements of JST operations through scientific patenting: Linkage between patents and scientific papers [C]// Proceedings of the Conference on Science and Innovation Policy, Atlanta, 2011: 1-7.

[21] Kostoff R N, Schaller R R. Science and technology roadmaps [J]. IEEE Transactions on Engineering Management, 2001, 48 (2): 132-143.

[22] Michel J, Bettels B. Patent citation analysis: A closer look at the basic input data from patent search reports [J]. Scientometrics, 2001, 51 (1): 185-201.

[23] Callaert J, Looy B V, Verbeek A, et al. Traces of prior art: An analysis of non-patent references found in patent documents [J]. Scientometrics, 2006, 69 (1): 3-20.

[24] Meyer M. Does science push technology? Patents citing scientific literature [J]. Research Policy, 2000, 29 (3): 409-434.

[25] Shibata N, Kajikawa Y, Sakata I. Extracting the commercialization gap between science and technology: Case study of a solar cell [J]. Technological Forecasting and Social Change, 2010, 77 (7): 1147-1155.

[26] Shibata N, Kajikawa Y, Sakata I. Detecting potential technological fronts by comparing scientific papers and patents [J]. Foresight, 2011, 13 (5): 51-60.

[27] Stenetorp P, Pyysalo S, Topić G, et al. Brat: A web-based tool for NLP-assisted text annotation [C]// Proceedings of the 13th Conference of the European Chapter of the Association for Computational Linguistics, Avignon, 2012: 102-107.

[28] Brown P F, deSouza P V, Mercer R L, et al. Class-based n-gram models of natural language [J]. Computational Linguistics, 1992, 18 (4): 467-479.

[29] Liang P. Semi-supervised learning for natural language [D]. Cambridge: Massachusetts Institute of Technology, 2005.

[30] Hillier F, Lieberman G J. Introduction to mathematical programming [M]. New York: McGraw-Hill, 1995.

[31] Rachev S T, Ruschendorf L. Mass transportation problems volume I: Theory (probability and its applications) [M]. Berlin: Springer, 1998.

[32] Blei D M. Probabilistic topic models [J]. Communications of the ACM, 2012, 55 (4): 77-84.

[33] Nichols L G. A topic model approach to measuring interdisciplinarity at the national science foundation [J]. Scientometrics, 2014, 100 (3): 741-754.

[34] Suominen A, Toivanen H. Map of science with topic modeling: Comparison of unsupervised learning and human-assigned subject classification [J]. Journal of the Association of Information Science and Technology, 2016, 7 (10): 2464-2476.

[35] Yau C-K, Porter A, Newman N, et al. Clustering scientific documents with topic modeling [J]. Scientometrics, 2014, 100 (3): 767-786.

[36] Newman D, Chemudugunta C, Smyth P. Statistical entity-topic models [C]// Proceedings of the 12th ACM SIGKDD International Conference on Knowledge Discovery and Data Mining, Philadelphia, 2006: 680-686.

[37] Cohn D, Hofmann T. The missing link: A probabilistic model of document content and

hypertext connectivity [C]// Advances in Neural Information Processing Systems 13, Vancouver, 2001.

[38] Blei D M, Jordan M I. Modeling annotated data [C]// Proceedings of the 26th International ACM SIGIR Conference on Research and Development in Information Retrieval, Toronto, 2003: 127 – 134.

[39] Blei D M, Ng A Y, Jordan M I. Latent Dirichlet allocation [J]. Journal of Machine Learning Research, 2003, 3 (1): 993 – 1022.

[40] Griffiths T L, Steyvers M. Finding scientific topics [J]. Proceedings of the National Academy of Sciences of the United States of America, 2004, 101 (Suppl 1): 5228 – 5235.

[41] Jordan M, Grhahramani Z, Jaakkola T S, et al. An introduction to variational methods for graphical models [J]. Machine Learning, 1999, 37 (2): 183 – 233.

[42] Andrieu C, de Freitas N, Doucet A, et al. An introduction to MCMC for machine learning [J]. Machine Learning, 2003, 50 (1 – 2): 5 – 43.

[43] Hoffman M D, Blei D M, Wang C, et al. Stochastic variational inference [J]. Journal of Machine Learning Research, 2013, 14 (5): 1303 – 1347.

[44] Collobert R, Weston J. A unified architecture for natural language processing: Deep neural networks with multitask learning [C]// Proceedings of the 25th International Conference on Machine Learning, Helsinki, 2008: 160 – 167.

[45] Pan S J, Ni X, Su J-T, et al. Cross-domain sentiment classification via spectral feature alignment [C]// Proceedings of the 19th International Conference on World Wide Web, Raleigh, 2010: 751 – 760.

[46] Huffman D A. A method for the construction of minimum-redundancy codes [J]. Proceedings of the I. R. E., 1952, 40 (9): 1098 – 1101.

[47] Heinrich G. Parameter estimation for text analysis [R]. Technical Report Version 2.9. Darmstadt: vsonix GmbH and University of Leipzig, 2009.

[48] Newman D, Asuncion A, Smyth P, et al. Distributed algorithms for topic models [J]. Journal of Machine Learning Research, 2009, 10 (8): 1801 – 1828.

[49] Minmno D, Wallach H M, Naradowsky J, et al. Polylingual topic models [C]// Proceedings of the Conference on Empirical Methods in Natural Language Processing, Singapore, 2009: 880 – 889.

[50] He Q, Chen B, Pei J, et al. Detecting topic evolution in scientific literature: How can citations help? [C]// Proceedings of the 18th ACM International Conference on Information and Knowledge Management, Hong Kong, 2009: 957 – 966.

[51] Press W H, Teukolsky S A, Vetterling W T, et al. Numerical recipes in C: The art of

scientific computing [M]. 2nd ed. New York: Cambridge University Press, 1992.

[52] Jain A K, Dubes R C. Algorithms for clustering data [M]. Englewood Cliffs: Prentice-Hall, 1988.

[53] Krallinger M, Rabal O, Leitner F, et al. The CHEMDNER corpus of chemicals and drugs and its annotation principles [J]. Journal of Cheminformatics, 2015, 7(Suppl 1): S2.

[54] Pérez-Pérez M, Rabal O, Pérez-Rodríguez G, et al. Evaluation of chemical and gene/protein entity recognition systems at bioCreative V.5: The CEMP and GPRO patents tracks [C]// Proceedings of the BioCreative V.5 Challenge Evaluation Workshop, Barcelona, 2017: 11-18.

[55] Xu S, An X, Zhu L, et al. A CRF-based system for recognizing chemical entity mentions (CEMs) in biomedical literature [J]. Journal of Cheminformatics, 2015, 7 (Suppl 1): S11.

第十章 基于事实型数据的技术生命周期判断方法综述

10.1 引 言

技术生命周期（Technology Life Cycle，TLC）的概念是由 Little 于 1981 年提出的，它是指通过竞争影响力和产品或过程的整合力来衡量技术变化的过程[1]。判断技术生命周期，跟踪技术发展，了解技术各个阶段的发展特点，是在整个技术发展变革中有力的事实依据。随着技术的不断发展，技术作为产品的重要组成部分，成为决策者需要考虑的主要决策依据[2]，而事实型数据资源为技术决策提供了最基本、准确的数据支撑。

事实型数据是经过长期积累形成的、与科技创新整个过程相关的各类科技信息资源的总称[3]。事实性数据客观地描述科技创新决策及创新活动全过程，具有多种表现形式，主要的形式除了科技基础设施和研发机构及力量外，还包括科研产出（科技论文、专利文献等）、技术产出（技术成果、标准和贸易额等）、政府及企业科研投入、国内外领域发展资料、研究案例等。作为创新活动的第一手资料，事实型数据更能够准确反映技术发展的各个阶段，也能够更好地反映领域专家对技术不同的关注程度及国家对相关技术的认可和政策支持的程度。

目前，关于技术生命周期判断方法的相关综述，主要论述专利分析法在技术生命周期判断中的应用，且对于新方法没有及时更新，也没有形成一个系统的方法体系。本章在综述新方法之前，从新的角度对技术生命周期及其判断方法进行论述。本章首先概括了技术生命周期阶段划分的不同观点，随后分析了科技论文和专利两大科研产出事实型数据的特点，并总结了目前常用的几种技术生命周期判断方法，最后对这些判断方法的优缺点进行了比对分析和讨论。

10.2 技术生命周期阶段划分

关于技术生命周期阶段的划分理论，目前主流的观点有两种：四阶段论和五阶段论。

10.2.1 四阶段论

四阶段论又可进一步分为两种主要的观点：一种是根据市场需求和产业发展进程中技术表现出来的社会属性，划分技术的发展演变过程，本章将此观点称为社会四阶段论；另一种是将技术类比为自然界的生物，根据其自然属性的观点来划分，本章将此观点称为自然四阶段论。

（1）社会四阶段论

社会四阶段论[4]认为，新技术产生于技术非连续状态，经过技术间的激烈竞争产生主导设计范式，随后进入渐进变革阶段，直到一种新的非连续技术状态的出现，从而将技术生命周期分为技术非连续状态、激烈竞争阶段、主导范式阶段和增值变革阶段，如图10-1所示。

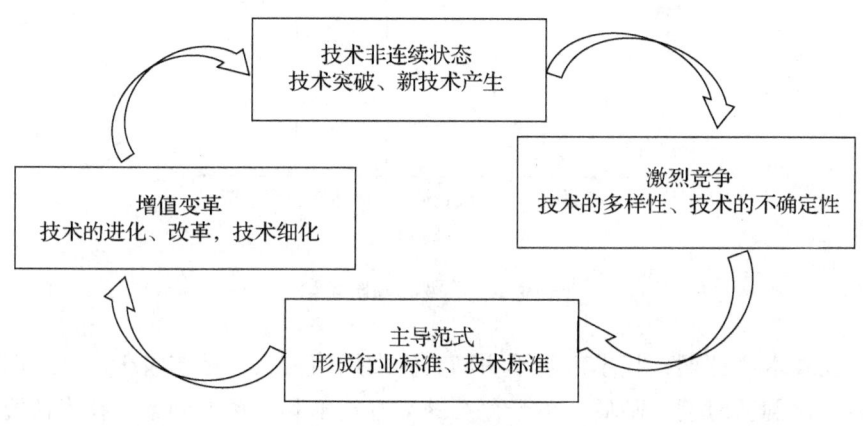

图 10-1　技术生命周期四阶段论

技术突破和产品更新致使技术产生不连续的状态，促进新技术的产生。随着新技术的产生，技术的多样性和应用的不确定性产生了激烈的竞争，导致主导技术随之产生。主导技术逐渐形成产业的技术标准，开始被推广和广泛采用。然而随着市场的竞争，主导技术开始进行增值变革，导致了技术的细化、延伸。一旦技术开始出现断层、退化，新技术又开始产生。该循环过程并不是简单地循环，而是随着需求的不断变化，技术不断地循环更新和发展的上升过程。

（2）自然四阶段论

自然界的每种生物都遵循自然发展的规律，要经历从萌芽到衰退的过程。Foster[5]首次以时间与技术绩效为坐标轴，描绘出技术发展趋势，发现技术发展开始很缓慢，随后加速。由于极限的限制，增速不可避免地下降，与生物发展极为相似，呈典型的 S 形曲线形状。因此，自然四阶段论认为[6-8]，由于早期产业竞争和技术的不确定性，技术发展缓慢（萌芽期）；当技术发展的障碍得以解决，技术迅速发展（成长期）；当越来越接近外界的自然限制时，发展速度开始放缓（成熟期）；技术变革和其他因素最终导致技术进入衰退的状态（衰退期），如图 10-2 所示。

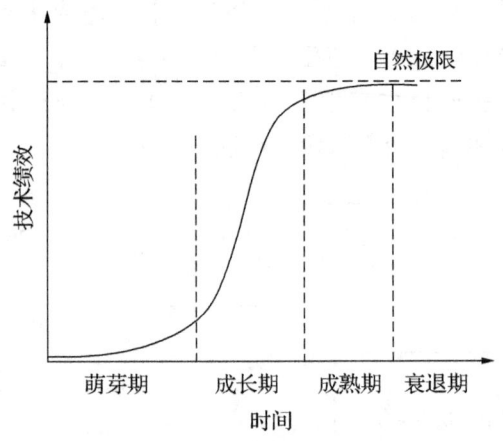

图 10-2 典型的四阶段论

在技术萌芽期，技术市场不明确，研发风险较大，参与者少。这个时期是根本性创新时期。随后，由于存在的某些技术和市场的问题，技术研究可能会相对减少，甚至停滞。在技术成长期，随着基本技术问题的解决和市场不确定性的消除，技术迎来了快速发展的成长期。主要表现在参与者增加、早期参与者（创新者）加大投资、市场及技术分布范围扩大。在技术成熟期，技术赢得了社会的广泛认同，并为广大用户所采用。在此阶段，参与者之间竞争日趋激烈，技术商品化的程度显著提高。技术成为主流技术，但是由于市场有限，企业进入市场的速度开始趋缓。在技术衰退期，伴随技术的领先优势趋于消失，技术的发展濒临饱和。此时的技术成为基础技术或常规技术。当技术老化后，企业也因收益锐减而纷纷退出该市场，或追寻新的技术。

10.2.2 五阶段论

五阶段论，顾名思义就是把技术生命周期划分为五个阶段：第一阶段通常被称为技术触发期（Technology Trigger），此时潜在技术开始出现，但由于媒体概念炒作，潜在技术逐渐受到越来越多的关注，公众对此的期望值开始升温，而技术的商业可行性仍有待证明；第二阶段通常被称为期望膨胀期（Peak of Inflated Expectation），早期的公众宣传产生了一系列的影响，使许多公司采取了行动，该技术被充满魅力的光环所笼罩，成为众所瞩目的明星；第三阶段通常被称为幻觉破灭期（Trough of Disillusionment），由于技术的不确定和市场的需求变化等原因，第一批尝鲜者实验失败，公众兴趣逐渐减弱，新技术的光环消退，导致技术提供商开始抽身；第四阶段通常被称为复苏期（Slope of Enlightenment），随着障碍的克服及更多技术获利案例的出现，新技术逐渐获得公众的认可，第二、第三代产品开始出现，从而吸引更多的公司开始参与其中，此时该技术逐渐成熟，适应能力越来越强；第五阶段通常被称为平稳成熟期（Plateau of Productivity），主流应用开始显现，评估标准日益明确，随着采购、部署和运行的稳定与优化，广阔的市场应用前景和收益也随之而来。

五阶段论的拥趸者中，比较有代表性的是高德纳（Gartner）公司提出的技术炒作（Hype Cycle）曲线[9]（图10-3），以及韩国科学技术情报研究院（KISTI）研发的 InSciTe 系统中采用的性能 S 形（Performance S Curve）曲线[10]（图10-4）。相比较而言，高德纳公司的技术炒作曲线很好地结合了人的本性和创新的本性[11]，更易于理解，有升有降，可以很好地体现技术受青睐的程度，但 InSciTe 系统中的性能 S 形曲线所体现的是一项技术的性能随着时间的推移而提高的情况，表达的信息更加丰富。除此之外，还有一种采用曲线（Adoption Curve），体现的是随着时间的推移市场方面的采用情况。尽管曲线形状不同，但是 Fenn 和 Raskino 已经证明技术炒作曲线、性能 S 形曲线及采用曲线三者是等价的[9]，如图10-5所示。

10.2.3 其他观点

从技术开发者的角度，Ford 和 Ryan[12]将技术生命周期划分为技术发

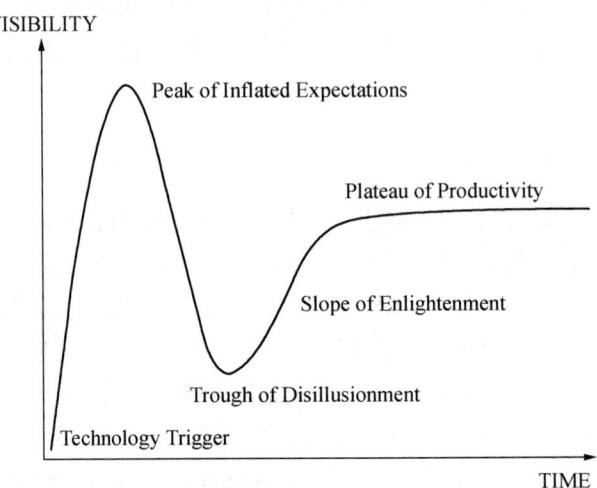

图 10-3　高德纳公司的技术炒作曲线示意

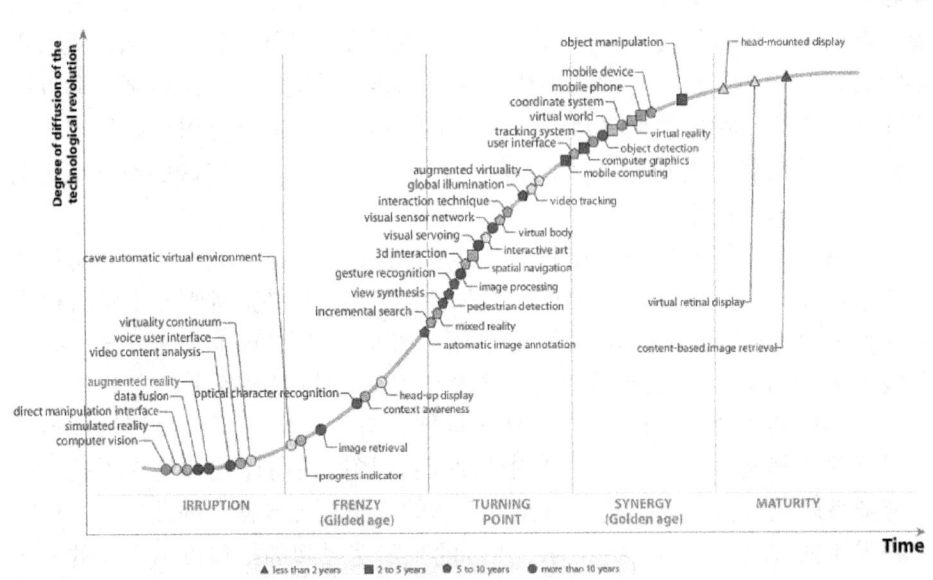

图 10-4　韩国科学技术情报研究院研发的 InSciTe 系统截图

展、技术应用、应用萌芽、应用成长、技术成熟和技术衰退 6 个阶段。根据技术的粒度，Margaret 和 Andrew[13]将技术由大到小分成用途（Application）、

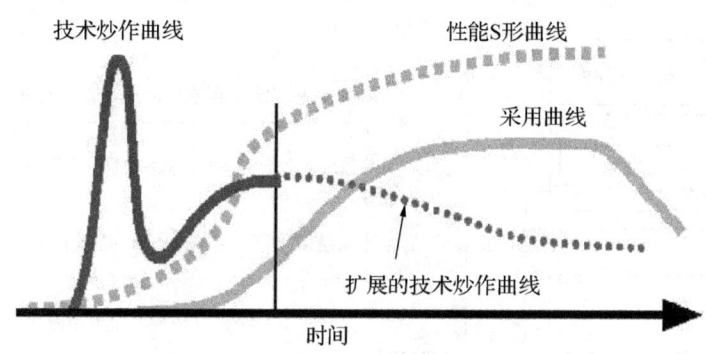

图 10-5　3 条等价曲线示意

范例（Paradigm）和代（Generation）3 个粒度，不同粒度的技术遵循不同的技术生命周期阶段论。用途粒度范畴内的新技术产生于不连续性，而范例和代粒度的内部分别服从典型的四阶段论观点，每一新范例或代是在上一个范例或代的结束段开始的，形成一种复合的 S 形曲线。

技术就绪水平（Technology Readiness Level，TRL）最初是由美国航空航天局（NASA）提出的被用于评估技术成熟度的指标，后来被美国国防部、能源部和欧洲航天局等联邦政府机构和国际机构所采用，主要应用在军事技术领域[14]。TRL 认为一个新技术在被提出或发明后不可能立即付诸应用，必须经过多次测试、改进及实践验证。只有被充分证明可行之后，该项新技术才可以投入使用。TRL 将技术的成熟度水平分为如图 10-6 所示的 9 个级别，各机构给出的不同级别具体内容的定义略有不同。

10.3　技术生命周期阶段判断方法

研究表明[15]，产品和市场数据可有效反映技术发展的后期变化，而科技论文和专利数据对于探测技术发展的早期阶段更有优势。实际上，通过大量的文献整理和实际数据分析，科技论文和专利在技术生命周期的不同阶段的确表现出不一样的模式，使得基于论文和专利资源的技术生命周期阶段的判断成为可能。以四阶段为例，在技术萌芽期，表 10-1 给出了论文和专利数据在各阶段的表现特征。具体来说，处于萌芽期的技术是领域会议讨论的热点，并在会议论文中密集体现。随着技术的不断发展，期刊论文中将会大

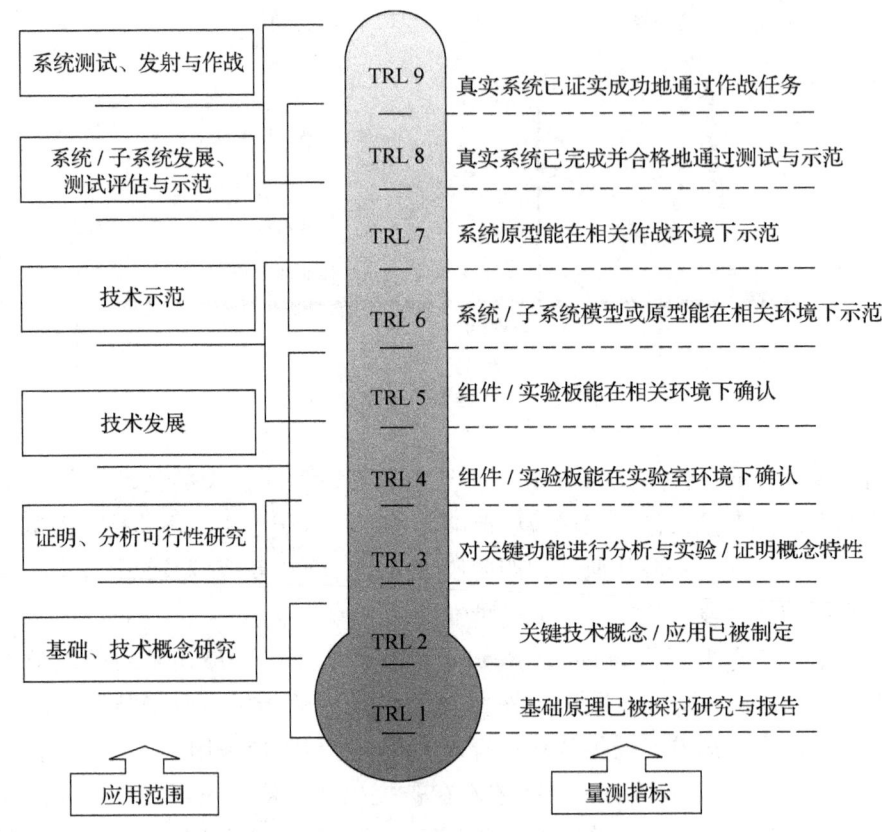

图 10-6 技术就绪水平中技术成熟度的 9 个级别

量引用该技术相关文献，期刊论文的数量将会增加，会议论文将逐渐减少，同时，此阶段内理论型论文数量突出。技术的理论知识成熟以后，文献的核心将会转移到技术的应用研究上，从而在技术发展后期，应用型论文数量激增。

表 10-1　技术生命周期各阶段在论文和专利资源中的表现特征

生命周期阶段	论文资源中的特征表现	专利资源中的特征表现
萌芽期	会议文献较多，期刊文献极少，文献类型主要是理论型文献	专利和申请人数量较少且增长缓慢，专利类型主要是发明专利

续表

生命周期阶段	论文资源中的特征表现	专利资源中的特征表现
成长期	会议文献和期刊文献都快速增长，应用型文献开始出现，但理论型文献占的比例较大	专利和申请人数量激增，类型主要是发明专利，专利密度增加
成熟期	会议文献有所减少，期刊文献持续增长，应用型文献增多，理论型文献减少	专利和申请人数量增长缓慢，类型主要是实用新型专利，专利密度达到最大
衰退期	会议文献几乎为零，期刊文献减少，理论型和应用型文献都减少	专利和申请人数量呈现负增长，类型主要是外观设计类专利

因为不同科技资源在技术的不同阶段具有不同的特征，所以，基于两大类科技文献进行技术生命周期阶段的判断方法有多种，主要包括定性判断和定量判断两大类。

10.3.1 定性判断法

定性判断法是对数据进行简单统计分析之后，国内外学者依照经验和主观认识对技术所处的生命周期阶段进行主观判断。由于专利本身所固有的新颖性、进步性和产业利用性等特点，专利文献经常被用于分析相关领域的技术发展和更新的整个过程，如技术创新活动的分析、技术评价和技术预测等[16-18]，因此，专利分析法是目前最具代表性的定性判断方法之一。

（1）专利技术生命周期法

专利技术生命周期法是通过分析历年专利申请数量（或授权数量）和专利申请人（或专利权人）的数量来分析技术趋势，如图10-7所示[19]。专利技术生命周期图将技术生命周期主要分为萌芽期、成长期、成熟期和衰退期4个阶段。在衰退期之后可能会形成技术的复苏期。复苏期的产生与否主要取决于技术是否有突破性的创新，为技术市场注入新的活力。

（2）专利指标分析法

专利指标分析法是通过综合分析技术生长系数（v_t）、技术成熟系数（α_t）、技术衰老系数（β_t）和新技术特征系数（N_t）随时间变化的情况，

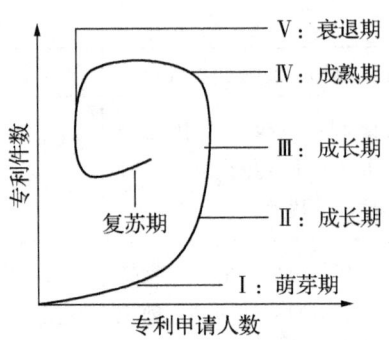

图 10-7 专利技术生命周期图

来判断技术所在生命周期阶段的方法。具体来说,令 a_t 表示年份 t 的发明专利申请或授权件数,b_t 表示年份 t 的实用新型专利申请或授权件数,c_t 表示年份 t 的外观设计专利申请或授权件数,A_t 表示追溯特定时间段的申请或授权总件数,各指标计算方法和含义如表 10-2 所示。该方法通过综合分析 4 个指标随时间的变化情况,来判断特定技术所在的生命周期阶段,其核心是分析历年发明、实用新型和外观设计 3 类专利文献在所有专利文献中所占比例。

表 10-2 专利指标的计算方法和含义

专利指标	计算公式	含义
技术生长系数（v_t）	$v_t = \dfrac{a_t}{A_t}$	v_t 递增,该技术处于萌芽、生长状态,若 v_t 连续几年持续增长,则说明该技术处于成长阶段
技术成熟系数（α_t）	$\alpha_t = \dfrac{a_t}{a_t + b_t}$	若 α_t 逐年递减,说明该技术处于成熟期
技术衰老系数（β_t）	$\beta_t = \dfrac{a_t + b_t}{a_t + b_t + c_t}$	若 β_t 逐年递减,说明该技术日渐陈旧,处于衰退期
新技术特征系数（N_t）	$N_t = \sqrt{v_t^2 + \alpha_t^2}$	新技术特性 N_t 越高,技术越具有发展潜力

(3) 技术层次矩阵法

技术层次矩阵法[20]通过分析某技术领域的相对增长率（Relative Growth

Rate，RGR）与相对增长潜力率（Relative Development Growth Rate，RDGR）构成的二维矩阵来判断特定技术所处的生命周期阶段。RGR 是指某技术领域的专利申请数的平均增长率与所有技术领域的专利申请数的平均增长率的比值；增长潜力率（Development Growth Rate，DGR）是指该技术领域后 N 年的专利申请数的平均增长率与前 N 年的专利申请数的平均增长率比值；RDGR 指某技术领域的 DGR 与所有技术领域的 DGR 的比值。图 10-8 所示的矩阵中 4 个区域分别对应技术生命周期的 4 个阶段，这样就很明显地描述出某技术所在的生命周期阶段，但是该方法的缺点也很明显，即两个指标的高低划分不明晰，导致各阶段的界限比较模糊。

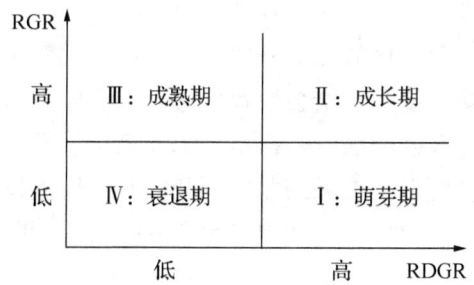

图 10-8　相对增长率二维矩阵

（4）技术周期年限计算法

TCT（Technology Cycle Time）计算法从专利年龄的角度分析专利的生命周期，它基于理论"技术生命周期可以用专利在其申请文件扉页中所有引证文献技术年龄的中间数表示"发展而来。TCT 一般测量的是单件专利所代表的技术周期，也就是现有技术和最新技术之间的发展周期。对于某项技术的 TCT 则要通过计算每件专利的 TCT，然后求平均值。一个技术的 TCT 平均值可以从本质上区别于其他技术领域，技术的类型不同，其整个生命周期年限也并不相同，不同阶段的年限也不尽相同，TCT 具有产业依附性，相对热门的技术 TCT 较短[19]。该方法计算相对较为烦琐，在判断技术所处的生命周期阶段方面作用不是很大，因此，一般只用其进行宏观讨论。

10.3.2　定量判断法

定量判断法是建立在大量事实型数据的基础之上，采用数据挖掘或机器学习的方法对技术生命周期阶段进行判断。根据判断的过程中是否需要预知技术所处的生命周期阶段,可将定量判断法分为监督判断法和非监督判断法。

(1)监督判断法

监督判断法将技术生命周期判断的问题看作多类分类问题,可直接利用许多成熟的分类模型或算法解决这个问题,可很好地利用先验知识。Gao 等人[21]以专利数据中的 13 个指标为特征,利用统计模式识别中邻近分类法分析了纳米生物传感器(Nano-Biosensor,NBS)技术的生命周期。Kim 等人[22]提出的技术机会发现(Technology Opportunity Discovery,TOD)模型从专利和科技文献中提取特征值,以此构建决策树,通过机器学习不断优化对技术生命周期进行判断。

监督判断法的一般流程如图 10-9 所示,该方法需要以大量的技术数据作为基础,数据的缺少或不完全会导致生命周期阶段判断不准确,甚至无法识别。同时,采用监督判断法时,样本技术和测试技术的相关性越大,监督判断法的效果越好。所以,在采用监督判断法时,样本技术的选取及阶段特征值的选取都是十分重要的,这些因素都会影响最后判断结果的准确性。

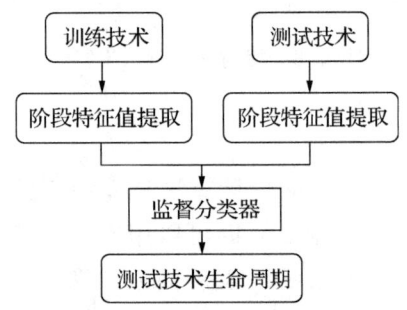

图 10-9 监督判断法流程

在样本技术的选取问题上,主要可以从 3 个方面获取样本技术的训练集:调查问卷、著名咨询公司的报告及相关的领域分析报告。在具体实施过程中,可能会出现强制符合某一阶段的问题。如某项技术在 2000—2005 年度处于成熟期,但 2006 年和 2007 年的指标特征更符合成长期的模式,那么对于后两年的技术生命周期判断就需要借助于强制分类。对于类似问题可以考虑引进时间约束处理,从而转化成一种带约束的分类问题。

(2)非监督判断法

在非监督判断方法中,成长曲线法是最常用的技术生命周期分析方法,该方法与上文提到的自然四阶段论相辅相成，该方法更适应于数据量大、趋于成熟的技术。成长曲线一般通过对历史数据变化的分析来描述事物发展的轨迹，其主要有两方面作用：一是通过数学模型来评价单一技术解决问题的绩效，并对事物现状进行评价；二是通过曲线预测事物的发展规律，对未来发展进行预测[19]。作为判断和预测生命周期的典型曲线，成长曲线被引入到技术生命周期判断和预测中，所使用的曲线主要有两种形式：Logistic 曲线[23]和 Gompertz 曲线[24,25]，这两种曲线的表达式和特点如表 10-3 所示。

表 10-3　成长曲线及其特点

曲线类型	曲线表达式	基本参数	曲线特点	适用类型
Logistic 曲线	$y(t) = \dfrac{K}{1 + a\mathrm{e}^{-bt}}$	K 为曲线的上限，a 和 b 为常数	拐点为 $\left(\dfrac{\ln a}{b}, \dfrac{k}{2}\right)$，曲线关于拐点对称	具有明显、快速成长率的技术生命周期预测
Gompertz 曲线	$y(t) = \dfrac{L}{\mathrm{e}^{a\mathrm{e}^{-bt}}}$	L 为曲线的增长上限，a 和 b 为常数	拐点为 $\left(\dfrac{\ln(a/\ln 2)}{b}, \dfrac{l}{\mathrm{e}}\right)$，为非对称曲线	适合技术成熟老化模式的预测

需要说明的是，使用成长曲线时要满足 3 个假设[26]：曲线上限是已知的、成长曲线与历史资料的变动情况是相符的、历史数据拟合的参数是正确的。实际上，作为衡量技术生命周期指标，技术绩效的选择成为采用成长曲线的难度之一。Ernst[27]提出采用专利指标来衡量技术绩效，此观点后来也被许多学者所采纳。

在利用该方法时，主要是通过分析曲线的拐点来判断技术所处的生命周期阶段（一般为自然四阶段论）。对于 Logistic 曲线，纵坐标值为 $0.1 \times K$、$0.5 \times K$、$0.9 \times K$ 对应的 3 个时间点分别被定义为萌芽期、成长期、成熟期和衰退期之间的临界点[28]，其中，$0.5 \times K$ 处为曲线的拐点。对于 Gomperz 曲线，主要借助于分析表达式 $\ln(a)$ 和参数 b 两者的取值来判断技术所在的生命周期阶段[29]，二者的取值不同所对应的生命周期阶段亦不相同，具体如图 10-10 所示。

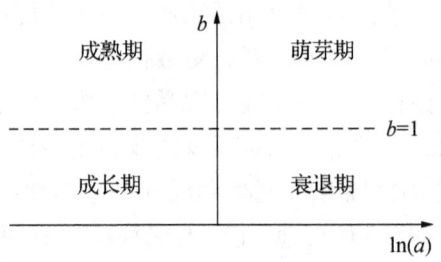

图 10-10　表达式 ln（a）和参数 b 的取值所对应的生命周期阶段

（3）TRIZ 成熟度预测

Altshuller 提出了 TRIZ（Theory of Inventive Problem Solving）理论，即发明问题解决理论[30]。该理论提供了一种识别和确认产品在 S 形曲线上所处状态的技术，借此可以判定技术系统的成熟度。

TRIZ 主要从专利数量、专利等级、性能和经济收益 4 个方面描述技术各个阶段的特征。首先总结出特定时间内与产品相关的 4 个指标的基本变化规律，然后收集当前产品的有关数据建立相应的 4 条曲线，通过将所建立的曲线形状与这 4 图中曲线的形状比较，从而确定产品的技术成熟度。图 10-11[31] 显示了技术在不同周期，性能、专利数量、专利等级和经济收

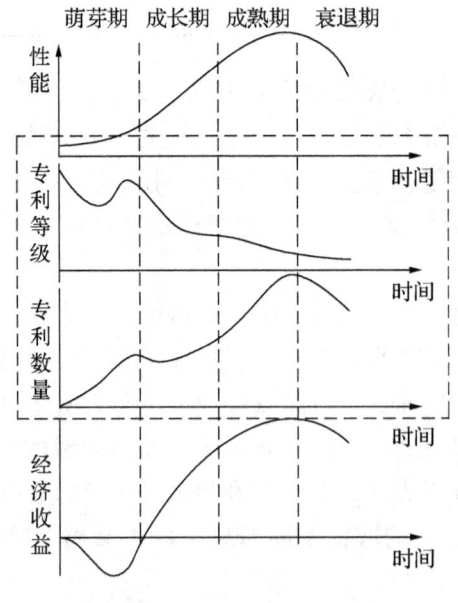

图 10-11　专利特性曲线

益的对应特征。该方法综合了技术系统本身的相关因素，还加入了技术所带的市场的经济收益，通过综合考虑技术内外的各个因素，对技术所在的生命周期进行判断。

（4）系统动力学

系统动力学（System Dynamics）是由麻省理工学院的 Forrester 于 20 世纪 50 年代创立的，该方法主要通过用因果关系图（Causal Loop Diagrams）和存量—流图（Stock and Flow Diagrams）来描述相互关联的系统之间的关系，并用仿真语言来模拟系统的动态变化。王丽芳[32]将系统动力学引入到技术生命周期判断方法中来，将技术看成一个复杂系统，受到来自社会、经济和技术自身的影响。把技术系统分为经济子系统、社会子系统和技术子系统，其中包括了政府、法律环境和市场等因素。通过 Vinsim PLE 软件仿真，预测了近 20 年来燃料电池汽车技术的生命周期发展趋势。胡斌[33]分析了影响企业生命周期的竞争能力、企业文化和公司业绩、内在惯性等因素，并验证了应用系统动力学分析企业生命周期的合理性。该方法综合考虑了技术外部因素和技术本身的影响，可以更加全面地分析技术生命周期。

10.4 本章小结

分析和判断特定技术所处的生命周期阶段，不仅能够促进技术科学的创新和发展，而且对于推动企业发展、更好掌握市场需求、提高企业效益也具有重要意义。如何准确地判断技术所处生命周期，是值得技术预测和决策者深入考虑的问题。以上判断技术生命周期的方法各有利弊，表 10-4 简单总结了每种方法的优缺点。

表 10-4 技术生命周期判断方法优缺点

	判断方法	优点	缺点
定量判断法	非监督判断法——成长曲线法	经验性强，人为因素较少，多用于技术预测和评估	技术衡量指标难以选择，综合类指标权重不容易确定；需不断修正拟合参数，上限不容易确定
	监督判断法	充分利用先验知识，多指标综合判断效果较好	样本技术和特征值的选择需谨慎

续表

	判断方法	优点	缺点
定性判断法	专利技术生命周期法	常用判断技术生命周期的方法	忽略了专利文献的特殊性，与实际技术发展有时差
	专利指标分析法	分析专利种类，综合4个指标进行判断	忽略了某些技术的特殊性，有些技术可能不一定产生实用新型或外观设计类专利
	技术层次矩阵	结果直观	阶段界限模糊，处于阶段过渡期的技术划分不明确
	TCT计算法	以数值的方式说明专利（技术）年龄	该方法计算烦琐，需要了解技术的一般年龄，判断较为模糊
其他方法	TRIZ成熟度预测	综合了成长曲线和专利两种方法	技术性能指标的选取困难
	系统动力学	考虑技术所在的外部环境，综合分析	操作起来比较困难，分析人员需要对外部环境相当了解

由于不同的技术生命周期轨迹各有不同，成长曲线的类型不易选择。成长曲线判断法在应用时，技术的上限不仅跟技术本身的性质有关系，还与时间有一定的关系，多指标权重优化机制的缺少也导致该方法适用性较弱。虽然专利承载了大量的技术信息，但是专利从申请到被检索还有一定时间差，不能很好地描述新型技术的生命周期，并且由于专利活动的特殊性，专利申请可能存在被撤销或其他情况，导致专利在判断技术生命周期过程中存在偏差。

目前关于技术生命周期判断的方法主要是基于单一数据源，以专利数据分析为主，尽管也有论文和专利数据进行融合分析的，这忽略了其他事实型数据的有力支撑。Makovetskaya和Bernadsky[34]综合分析论文、专利和标准3种类型数据资源，Robert和Porter[35]提出同时利用SCI、EI、专利和报纸摘要数据资源，它们分别代表科研成果、工程技术、应用技术和市场信息等维度，这样所判断的技术生命周期阶断将更加精准。

随着技术发展因素复杂性的增加，决策者往往要考虑多方面因素，进行综合分析、决策。通过对综合多种数据资源、构建综合指标体系进行技术生命周期分析，排除单一数据源和单一指标的不确定性，能更准确地分析技术所处的生命周期及技术的发展潜力，为决策者提供更为可信的信息支持。因此，建立综合的指标体系，构建普适性的、科学的判断模型是技术决策未来发展的方向。

参 考 文 献

［1］ Little A D. The strategic management of technology［M］. MA：Cambridge University Press，1981：321－324.

［2］ Kaplan S，Tripsas M. Thinking about technology：Applying a cognitive lens to technical change［J］. Research Policy，2008，37（5）：790－805.

［3］ 贺德方. 基于事实型数据的科技情报研究工作思考［J］. 情报学报，2009，28（5）：764－770.

［4］ Anderson P，Tushman M L. Technological discontinuities and dominant designs：A cyclical model of technological change［J］. Administrative Sciences Quarterly，1990，35（4）：604－633.

［5］ Foster R N. Innovation：The attacker's advantage［M］. New York：Simon & Schuster，1988.

［6］ Haupt R，Kloyer M，Lange M. Patent indicators for the technology life cycle development［J］. Research Policy，2007，36（3）：387－398.

［7］ Campbell R S. Patent trends as a technological forecasting tool［J］. World Patent Information，1983，5（3）：137－143.

［8］ 高丽丹. 基于专利文献的技术生命周期分析模式研究［D］. 西安：西安交通大学，2008：16－21.

［9］ Fenn A，Raskino M. Mastering the hype cycle：How to choose the right innovation at the right time［M］. Brighton：Harvard Business Press，2008.

［10］ Kim J，Hwang M，Jeong D-H，et al. Technology trends analysis and forecasting application based on decision tree and statistical feature analysis［J］. Expert Systems with Applications，2012，39（16）：12 618－12 625.

［11］ Bresciani S，Eppler M J. Gartner's magic quadrant and hype cycle［R］. Collaborative Knowledge Visualization Case Study Series，2010.

［12］ Ford D，Ryan C C. Taking technology to market［J］. Harvard Business Review，1981，59（3－4）：117－126.

［13］ Margaret T，Andrew T. The technology life cycle：Conceptualization and managerial implications［J］. International Journal of Production Economics，2012，140（1）：541－

553.

[14] Mankins J C. Technology readiness levels: A white paper [R]. Washington: Advanced Concepts Office, Office of Space Access and Technology, National Aeronautics and Space Administration (NASA), 1995.

[15] Albert T. Measuring technology maturity: Operationalizing information from patents, scientific publications, and the Web [M]. Wiesbaden: Springer Gabler, 2016.

[16] 黄鲁成, 历妍. 基于专利的技术发展趋势评价系统 [J]. 系统管理学报, 2010, 19 (4): 383-388.

[17] 于晓勇, 赵晓晨, 马晶, 等. 基于专利信息分析的我国电动汽车的技术发展趋势研究 [J]. 科学学与科学技术管理, 2011, 32 (4): 44-51.

[18] Archibugi D. Patenting as an indicator of technological innovation: A review [J]. Science and Public Policy, 1992, 6 (1): 357-368.

[19] 陈燕, 黄迎燕, 万建国. 专利信息采集与分析 [M]. 北京: 清华大学出版社, 2006: 244-248.

[20] 曹雷. 面向专利战略的专利信息分析研究 [J]. 科技管理研究, 2005, 25 (3): 97-100.

[21] Gao L, Porter A L, Wang J, et al. Technology life cycle analysis method based on patent documents [J]. Technological Forecasting & Social Change, 2013, 80 (3): 398-407.

[22] Kim J, Lee S, Lee J, et al. Design of TOD model for information analysis and future prediction [C]// Proceedings of the International Conference on U-and E-Service Science and Technology, Jeju, 2011: 301-305.

[23] Kucharavy D, de Guio R. Application of S-Curves [J]. Procedia Engineering, 2011 (9): 559-572.

[24] Meyer P S, Yung J W, Ausubel J H. A primer on logistic growth and substitution: The mathematics of the loglet lab software [J]. Technology Forecasting & Social Change, 1999, 61 (3): 247-271.

[25] Trappey C V, Wu H-Y. An evaluation of the time-varying extended logistic, simple logistic, and gompertz models for forecasting short product lifecycles [J]. Advanced Engineering Informatics, 2008, 22 (4): 421-430.

[26] Modis T. Strengths and weakness of S-Curves [J]. Technology Forecasting & Social Change, 2007, 74 (6): 866-872.

[27] Ernst H. Patent information for strategic technology management [J]. World Patent Information, 2003, 25 (3): 233-242.

[28] 钟华, 邓辉. 基于技术生命周期的专利组合判别研究 [J]. 图书情报工作, 2012,

56（18）：87-92.

[29] 唐田田，刘平，张鹏，等. 冈珀兹曲线模型在专利发展趋势预测中的应用 [J]. 现代图书情报技术，2009，25（11）：59-63.

[30] Altshuller G. The innovation algorithm, TRIZ, systematic innovation and technical creativity [M]. Worcester: Technical Innovation Center, Inc., 1999.

[31] 白雪冰. 基于 TRIZ 理论的产品技术进化预测的研究 [D]. 北京：北京工业大学，2010.

[32] 王丽芳，蒋国瑞，黄梯云. 基于系统动力学的技术生命周期预测 [J]. 未来与发展，2009，30（9）：92-94.

[33] 胡斌，章德宾，邵祖峰. 基于系统动力学的企业生命周期模拟研究 [J]. 管理学报，2007，10（S2）：64-67.

[34] Makovetskaya O, Bernadsky V. Scientometric indicators for identification of technology system life cycle phase [J]. Scientometrics, 1994, 30（1）：105-116.

[35] Robert W J, Porter A L. Innovation forecasting [J]. Technological Forecasting & Social Change, 1997, 56（1）：25-47.

第十一章 面向情报技术领域的 Loglet 分析

11.1 引 言

随着知识经济时代的到来,科学技术发展速度越来越快,技术演化的生命周期越来越短,新型技术如雨后春笋般快速萌芽和发展。由于技术的不断发展,技术商品化的步伐也逐渐加快。从技术发明到投入大规模商业化应用的时间不断缩短,技术的改革进化及产品的更新换代越来越快。技术进步对一个企业或一个国家的生存与发展的决定作用不断加大,从中获取的经济效益和社会效益越来越显著。

在信息化不断发展的时代,信息规模越来越大,"海量信息""大数据"等词汇成为热点词汇。同时,随着信息的不断膨胀,人类对信息的需求也在逐渐变化。人们的需求已经不只是简简单单地查询、统计和维护,而是希望能够得到深层次的分析结果和更加有效的增值服务。现代情报服务需要满足人们不断增长、不断深化的需求,因此,在整个情报工作中必须有强有力的技术支撑。

情报技术作为信息技术在图书情报领域应用的总称,相对于信息技术更偏重于应用层次。情报技术的快速发展,给整个情报工作的开展注入新的生机与活力,情报技术已经成为现代情报工作的支柱之一。了解情报技术的生命周期,跟踪情报技术的发展轨迹,是更好利用情报技术的基础。根据文献调研,国内对于技术生命周期的判断主要是基于专利文献,通过运用专利分析法和科学计量的方法进行分析,得出技术所处的生命周期阶段。从科学技术的研究流程上看,都是"理论—应用"模式,而期刊文献作为理论研究的重要载体,往往被忽略。从而导致不能更加系统化、准确地分析技术所处的生命周期阶段,亟须一种系统的判断方法。

Loglet 分析是由 Meyer 等人提出的[1],用来分析、分解和预测复杂增长过程。Loglet 一词是 1994 年由美国洛克菲勒大学结合了"Logistic"和"Wavelet"两个单词提出的。Loglet 分析主要包含两个目的：第一，分析现有时间序列增长数据集，将增长过程分解成多个子过程，阐明增长上限或其他方面的信息；第二，分析每个增长子过程，来确定整个宏观的增长过程。而整个 Loglet 分析的核心是 3 参数的 S 形 Logistic 增长曲线模型。

11.2 增长曲线模型

11.2.1 指数增长模型

指数增长模型（Exponential Growth Model）是常用的用来描述无限制增长的代表性模型，它的基本假设是增长率 $dP(t)/dt$ 与当前基数 $P(t)$ 成正比，可被形式化为：

$$\frac{dP(t)}{dt} = \alpha P(t) \tag{11-1}$$

引入自然对数，可将公式（11-1）通过微分方程转化为：

$$P(t) = \beta e^{\alpha t} \tag{11-2}$$

其中，α 是增长率常数，通常用百分比来表示，β 是 $P(t)$ 在 $t=0$ 时刻的初始值。如果参数 α 和 β 保持不变，那么无限制系统将会持续保持指数增长，如图 11-1 所示。但是，现实中无限制的增长系统很少，甚至没有，所以就需要给公式（11-2）设定一个极限值 K（或叫承载能力），转换成更为现实的 S 形增长曲线，即 Logistic 增长曲线，如图 11-1 所示。

11.2.2 Logistic 增长模型

Logistic 增长曲线是应用最为广泛的指数增长曲线的修正模型，Logistic 增长曲线最早是由 Verhulstyu 于 1838 年提出的，并于 20 世纪 20 年代成功应用于数理生物学后开始引起人们的广泛关注。Logistic 增长曲线在指数增长曲线的前提下增加了"负面反馈"$(1 - P(t)/K)$，即：

$$\frac{dP(t)}{dt} = \alpha P(t)\left(1 - \frac{P(t)}{K}\right) \tag{11-3}$$

当 $P(t) \ll K$ 时，反馈项 $(1 - P(t)/K)$ 趋近于 1；而当 $P(t) \rightarrow K$ 时，反馈项 $(1 - P(t)/K)$ 趋近于 0。因此可以得出，Logistic 增长曲线初期是指数

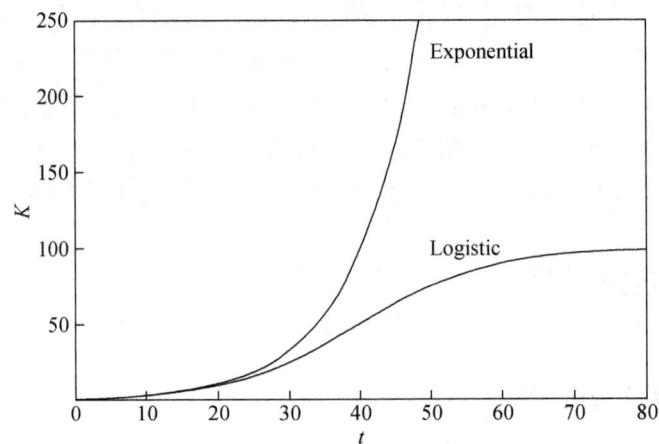

图 11-1　指数增长与 Logistic 增长曲线

增长的模式，当 $P(t)$ 逐渐接近其增长上限 K 时，增长速度逐渐变缓，并趋于 0，从而形成了 S 形的增长轨迹。将公式（11-3）进行微分转化，得到 Logistic 增长曲线：

$$P(t) = \frac{K}{1 + \exp(-\alpha(t-\beta))} \qquad (11-4)$$

公式（11-4）即为常用的 S 形曲线，其中包含 3 个待定参数 α、β 和 K。α 为增长率参数，表示 S 形曲线的宽度（或跨度），通常可以用变量"特征时间"来替代。"特征时间"表示由上限值 K 的 10% 增长到 K 值的 90% 所需要的时间，用 Δt 表示。通过运算，可以得到 $\Delta t = \ln(81)/\alpha$。通常情况下，在分析历史时间序列数据时，$\Delta t$ 比较容易获取，因而 Δt 比 α 更有效。参数 β 是指曲线在 $K/2$ 的时间点，同时也是整个增长轨迹的中心点和拐点 t_m。参数 K 是指整个曲线渐进的上限值。Logistic 增长曲线是对称曲线，其对称点也是其中心点 t_m。

从图 11-1 中指数增长曲线和 Logistic 增长曲线可以看出，在前 20 个时间单位中，指数增长曲线和 Logistic 增长曲线都以相同的增长率和起点开始指数增长，两条曲线几乎不能分辨。30 个时间单位之后，两条曲线开始明显出现偏离，一直到 $t = 50$，指数增长的曲线已经超出整个图的范围，而 Logistic 曲线依然稳定的增长，且越来越接近上限值 $k = 100$。用 Δt、t_m 分别替代公式（11-4）中的 α 和 β，得到：

$$N(t) = \frac{K}{1 + \exp(-\ln(81)/\Delta t(t - t_m))} \quad (11-5)$$

公式（11-5）中的参数很容易通过数据拟合获得，使得该模型在一定程度上得到广泛使用，同时，这些参数也可以辅助构建更为复杂的模型。

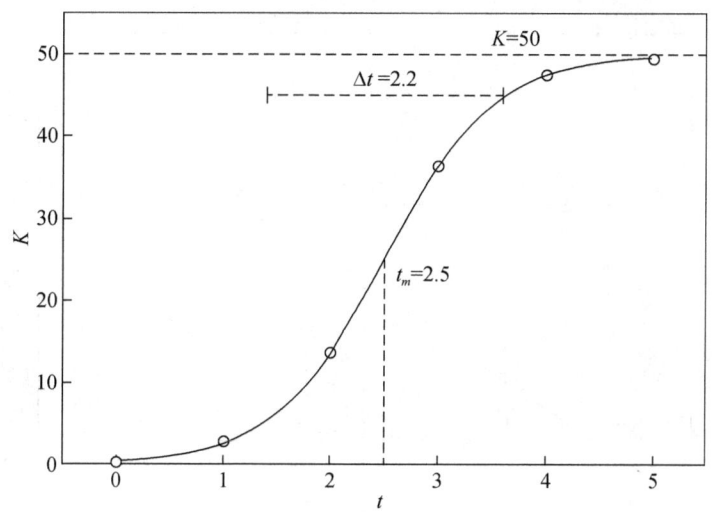

图 11-2　菌落增长的 Logistic 增长曲线

在图 11-2 中，Logistic 曲线很好地揭示了细菌增殖分裂过程中糖和矿物质消耗量的变化，尤其是当食物消耗完毕时的变化。在该案例中，其上限值（承载能力）K 受制于其食物（或者是生存空间）。随着营养成分的不断消耗，菌落的增长变缓，形成了 S 形曲线的轨迹。

在拟合 Logistic 曲线时，常常用到 Fisher-Pry 变换，使得 Logistic 曲线趋于一条直线，从而得到 Fisher-Pry 模型。其变换过程如下：

$$FP(t) = \frac{F(t)}{1 - F(t)} \quad (11-6)$$

其中，$F(t) = N(t)/K$，对公式（11-6）两边同时取自然对数，可得：

$$\ln(FP(t)) = \frac{\ln(81)}{\Delta t}(t - t_m) \quad (11-7)$$

因此，如果 $FP(t)$ 以对数坐标进行绘制，Logistic 曲线则由 S 形变成线性直线。从图 11-3 中 Fisher-Pry 变换后菌落增长的 Logistic 增长曲线中可以看出，$FP(t)$ 的值从 10^{-1} 增长到 10^1 所用的时间与 Δt 相同，$FP(t)$ 的值为 10^0 所对应的时间即为 t_m。图 11-3 中次纵坐标轴中标注了所占的饱和度百分比，即 $100 \times F$。$FP(t)$ 的值从 10^{-2} 到 10^2，次坐标轴的刻度间隔越来越小，即所对应的百分比越来越接近。如果对于多条 Logistic 曲线进行 Fisher-Pry 变换，可以将多条变换后的直线绘制在同一个坐标轴上，这样将方便不同 Logistic 曲线的对比。

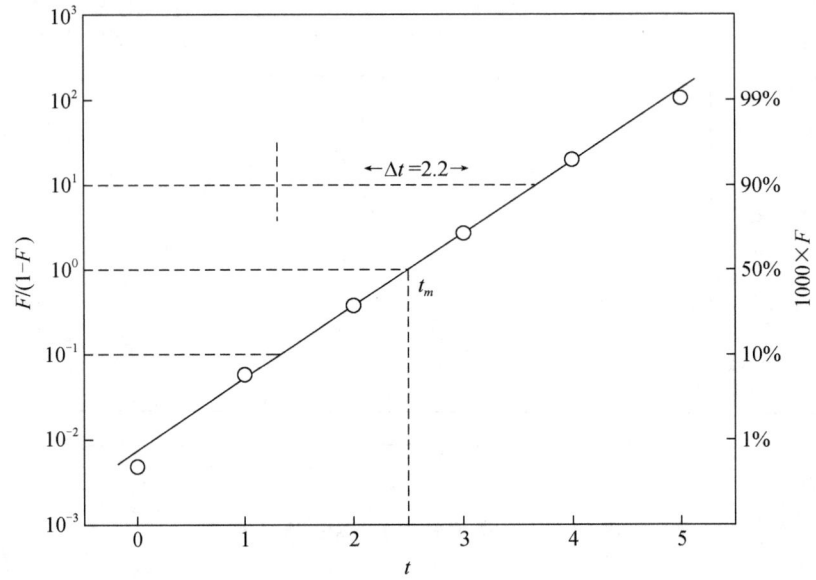

图 11-3　Fisher-Pry 变换后菌落增长的 Logistic 增长曲线

11.3　实验数据选取

Web of Science 是由汤姆森科技信息集团（Thomson Scientific）开发的大型综合性、多学科、核心期刊引文索引数据库。该数据库收录了 9000 余种经过领域专家评审的、世界范围内有影响力的高质量科技期刊及一流人文科学刊物，每周更新一次。为分析情报技术所处的生命周期阶段，本章选取国外图书情报技术类期刊的学术论文为研究对象。

首先分析了 2011 年国外图书情报类核心期刊的影响因子，影响因子大于 1 的期刊如表 11-1 所示。按照影响因子从高到低依次取前 5 种期刊，分别是《Information Sciences》《Journal of Information Technology》《Journal of the American Society for Information Science and Technology》《Scientometrics》《Library & Information Science Research》。检索这 5 种期刊 2000—2012 年的

摘录、引文数据,来判断情报技术的生命周期,检索时间为2013年2月13日。由于Web of Science索引库中,期刊《Journal of the American Society for Information Science and Technology》2000年的摘录和引文数据没有收录,故导致2000年的整体数据缺乏,最终检索结果共8547篇。

表11-1　2011年国外图书情报类核心期刊的影响因子排名

影响因子	期刊名称
2.833	Information Sciences
2.321	Journal of Information Technology
2.081	Journal of the American Society for Information Science and Technology
1.966	Scientometrics
1.625	Library and Information Science Research
1.539	Telecommunications Policy
1.457	Journal of Strategic Information Systems
1.425	Government Information Quarterly
1.423	Journal of Management Information Systems
1.299	Journal of Information Science
1.119	Information Processing and Management
1.058	The Journal of Documentation

11.3.1　数据预处理

为提高数据分析的有效性和准确性,本章对数据进行了如下清洗工作。

(1) 数据清理,删除噪声数据

5种期刊数据共8547条,其中,文献的类型包括一般论文(Article)、会议论文(Proceeding Paper)、综述(Review)、勘误(Correction)、书信(Letter)、书评(Bookreview)、书目(Bibliography)、传记(Biographical-Item)、社论(Editorial Material)、软件评论(Software Review)和再版(Reprint)。删除对于本研究分析作用不大的文献,主要涉及文献类型包括勘误、再版、书目等几类文献。

(2) 删除冗余属性

冗余属性包括与研究无关或相关性较差的属性、属性值相同的属性及空值较多的属性3类。本章数据主要是分析基于时间（年）、涉及相关技术的文献、作者、机构的量。数据中，publisher、month 等属性与研究相关性较弱，research-areas、web-of-science-categori 等属性区分度不高，而 autor-email 等属性空值较多，故将其直接删除。

(3) 提取文献所包含的相关词汇

本章主要是通过期刊文献分析情报技术的生命周期，因此，需要给每一篇文献加上一个相关技术的标签。该工作主要是通过将文献题录信息中的文章标题、关键词和摘要进行分词，对截取出的词语或短语与词库中的词语或短语进行匹配，提取出每篇文章涉及的相关词汇，为后续的工作准备。经过分词，最终得到26万个左右的词汇。

(4) 添加技术标签

该过程的主要工作是为每一条文献数据添加相关技术标签，将每一条文献进行归类。文献和技术标签是多对多的关系，用 P 表示一篇文献，用 T 表示技术标签中包含的技术。则归类标准为：只要在文献 P 中的技术标签中包含技术 T，那么，将该文献归为技术 T 中进行统计和分析。表 11-2 是一个归类实例，文献 P1、P2、P3 的技术标签中都存在 T1，则对 T1 进行统计分析，即是对文献 P1、P2、P3 进行相关的统计分析。

表 11-2 文献统计分析归类实例

文献	技术标签	归类结果
P1	T1，T2，T3	T1：P1，P2，P3
P2	T1，T3	T2：P1，P3
P3	T1，T2，T4	T3：P1，P2；T4：P3

11.3.2 技术术语标准化

在对每条文献数据进行归类工作之前，还需要对文献信息提取出来的技术术语进行预处理。主要涉及以下几种情况。

(1) 大小写形式统一

在提取技术术语时已经统一了单复数形式，但是没有考虑大小写的情况，因此在提取出来的技术术语中，存在多种大小写形式不统一的情况。例如，XML 与 xml，Clustering 与 clustering，Classification Algorithm 与 Classification algorithm、classification algorithm 等情况。为了避免大小写形式不统一造成的重复技术术语，统一将词汇全部改成小写形式。

（2）去掉重复技术术语

由于提取技术术语是以文献数据为单元进行的，不同的文献会包含相同的技术词汇（如表 11-2 所示，P1、P3 文献中包含相同的技术词汇 T2），所以，在最终的词汇表中要去掉多次出现的同一词汇。用 Excel 工具编写相应的 VBA 程序，对词汇表进行去重工作。经过去重之后，得到技术术语 11 万条左右。

（3）去除不相关词汇，选取相应的技术术语

由于分词过程比较粗糙，得到的词汇数据质量较差，需要通过人工辅助选择技术术语。首先，统计每个词汇在所有文献数据中出现的次数（注意：在一个文献数据中出现多次记为一次）。出现频次较高的词汇不具备明显的技术特性，而出现频次较低（词频低于 10 次）的词汇在后续的分析中零值较多，对于分析的意义也不大，因此，将极高频词汇和极低频词汇删除，仅考虑词频居于中间的词汇。最终，通过人工选择出具有明显技术特性的技术术语 136 条。

（4）缩写名、扩展名统一

由于不同作者都有自己独特的写作方式，期刊没有形成统一的对缩写名和扩展名的要求，导致在技术术语库中出现了缩写名和扩展名为不同词汇的现象。例如，support vector machine 与 svm 为同一技术的扩展名和缩写名。在处理的过程中，统一用缩写名代替扩展名，能够在减少重复项的同时也减少了词汇的存储空间。

（5）将代表相同技术的词汇合并

在描述同一技术时，不同的作者表达方式不同，其采取的表述词汇也有所差异。通过人工分析 136 条技术术语，将具有相同含义或描述同一技术的词汇进行合并，最终得到 64 条技术术语。统计每类词汇涉及的相关论文的数量、参与作者的数量、参与机构的数量，以及包含该技术类词汇的论文的类型（主要考虑 Web of Science 文献分类中的论文、会议论文两类）。

11.4 LogletLab 简介

LogletLab 是基于 Java 环境用来分析时间序列数据逻辑行为的软件包，支持 Windows、Linux 和 Mac OS 等多个系统，目前版本已经升级到 LogletLab2。用户可以通过该软件拟合 Logistic 曲线，也可以应用逻辑替代模型（Logistic Substitution Model）分析多个时间序列，其工作界面如图 11-4 所示。

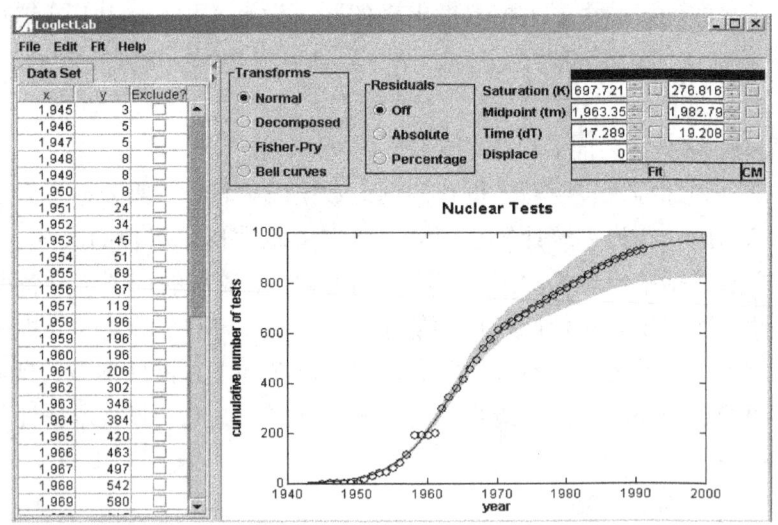

图 11-4 Loglet Lab2 软件的工作界面

其主要功能如下：

① 提供用户直接输入数据和导入数据两种数据输入方式。导入数据文件支持 Microsoft Excel 和 Text Document 两种文件格式。

② 提供 Logistic、Bi-Logistic 和 Logistic Substitution Model 3 种拟合模型。其中，Logistic 和 Bi-Logistic 模型拟合单时间序列，而 Logistic Substitution Model 拟合多条时间曲线，分析其替代过程。

③ 提供参数设置指令。通过拟合，LogletLab 在拟合曲线周围提供一个灰色的区间来反应参数拟合的置信度，在 LogletLab2 版本中，该功能自动完成。

④ 替代回归。采用 CM 算法进行替代回归，该功能也是采用自动完成的方式。

⑤ 提供多种变换方式。该软件提供了 Decomposed、Fisher-Pry 和 Bell

Curves 3 种变换方式。

⑥导出数据和图片。对 Loglet 分析结果导出保存。

11.5 实验结果及分析

11.5.1 技术生命周期阶段划分

结合 Gartner[2] 和 InSciTe[3] 的五阶段论和自然四阶段论[4-7]，同时考虑到 S 形曲线的特征，本章将情报技术生命周期分为五阶段，每个阶段表现的特征各不相同。

第一阶段——萌芽期：潜在技术开始出现，相关研究成果陆续出现，主要集中在基础性研究，技术的市场还不明确，参与者较少。

第二阶段——缓慢成长期：早期的公众宣传产生了一系列的影响，参与者开始增加，相应的研究成果持续增加，但由于技术的不确定性和技术研发的相关问题，参与者和相应研究成果的增速整体处于缓慢增长的阶段。

第三阶段——快速成长期：随着基本技术问题的解决和市场不确定性的消除，迎来了快速发展的成长期，参与者快速增加，早期参与者（创新者）进一步加大研发投资以进行创新技术活动，市场扩大，技术分布的范围扩大。

第四阶段——成熟期：新技术赢得了社会的广泛认同，并为广大用户所采用，成为主流技术，但是此时基础理论基本成熟，研究成果的总量已经很多，理论探索空间越来越小，参与者关注度降低，参与者及其研究成果增长速度开始趋缓。

第五阶段——衰退期：技术的领先优势逐步趋于消失，技术的发展濒临饱和，此时的技术为基础技术或常规技术，在此时期，参与者纷纷退出，有关领域的研究成果几乎不再增加。

11.5.2 分界点确定

对于 Logistic 曲线，纵坐标值为 $0.1 \times K$、$0.5 \times K$、$0.9 \times K$ 对应的 3 个时间点分别被定义为萌芽期、成长期、成熟期和衰退期之间的临界点[8]，其中，$0.5 \times K$ 处为曲线的拐点。如图 11-5 所示，$t_1 = t_m - \Delta t/2$ 为萌芽期与成长期的分界点，$t_2 = t_m + \Delta t/2$ 为成熟期与衰退期的分界点，t_m 为成长期与成熟期的分界点。也就是说，采用 Logistic 曲线对情报技术领域进行分析，只能得到 4 个阶段的技术生命周期。通过 Loglet 分析, 很容易得到参数 t_m、Δt 和 K 的值, 从而得到各生命周期阶段的分界点值。

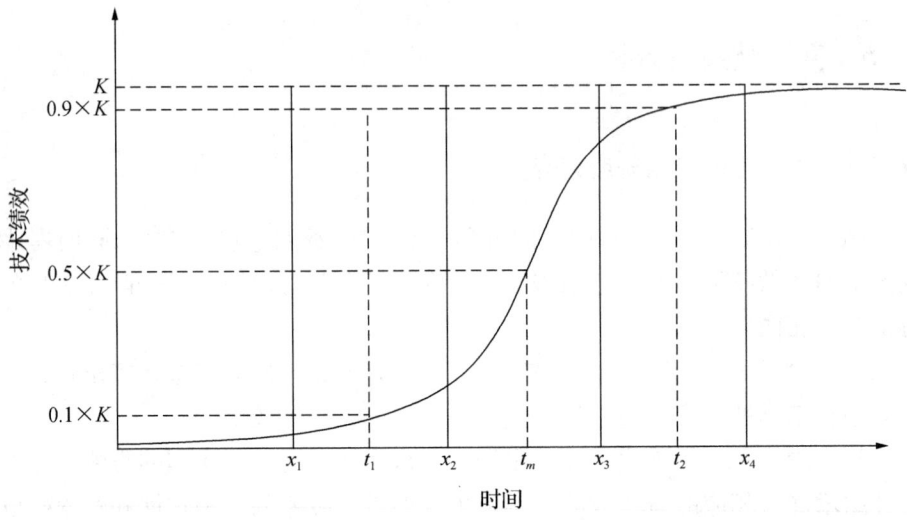

图 11-5 技术生命周期曲线分界点

根据 Logistic 曲线的特点, 其中, t_m 为 Logistic 曲线的中点, t_1 和 t_2 计算如公式 (11-8) 所示。通过 Loglet 分析, 很容易得到参数 t_m 和 Δt 的值, 从而得到各生命周期阶段的分界点的值。

$$\begin{cases} t_1 = t_m - \Delta t/2 \\ t_2 = t_m + \Delta t/2 \end{cases} \tag{11-8}$$

本章将情报技术生命周期分为五个阶段, 结合 Logistic 曲线判读技术生命周期的理论 (图 11-5), 令 x_1、x_2、x_3 和 x_4 分别为第一阶段、第二阶段、第三阶段、第四阶段和第五阶段的分界点, t_1、t_m 和 t_2 分别是 x_1、x_2、x_3 和 x_4 的中点, 则将很容易得到 x_1、x_2、x_3 和 x_4 的计算公式:

$$\begin{cases} x_1 = \dfrac{1}{2}(3t_1 - t_m) = t_m - \dfrac{3}{4}\Delta t \\ x_2 = \dfrac{t_1 + t_m}{2} = t_m - \dfrac{1}{4}\Delta t \\ x_3 = \dfrac{t_2 + t_m}{2} = t_m + \dfrac{1}{4}\Delta t \\ x_4 = \dfrac{1}{2}(3t_2 - t_m) = t_m + \dfrac{3}{4}\Delta t \end{cases} \tag{11-9}$$

根据 Logistic 曲线拟合曲线得到的拟合参数 t_m 和 Δt 的值，判断 5 个阶段分界点的值，从而可以判断特定时间处于的技术生命周期阶段。

11.5.3 Logistic 曲线拟合

经过数据预处理，最终得到 64 条技术词汇，统计该 64 条词汇，包括论文总量、参与作者量、参与机构量、论文类型文献量、会议论文类型文献量和有基金支持的文献量 6 类统计量，分别拟合每个统计量的 Logistic 曲线。

由于各个统计量的不同特点，其最终拟合的 Logistic 曲线也不尽相同。对于以上 6 个统计量，其随时间的变化曲线如图 11-6 和图 11-7 所示。由于论文类型的文献量占论文总量的比例较大，在两条曲线参数自动优化过程中出现重叠部分。从图 11-6 可以明显看出，4 条曲线的跨度相似，曲线中点的横坐标（时间轴）几乎重合，说明这 4 条 Logistic 拟合曲线的 Δt 和 t_m 两个参数几乎相同。

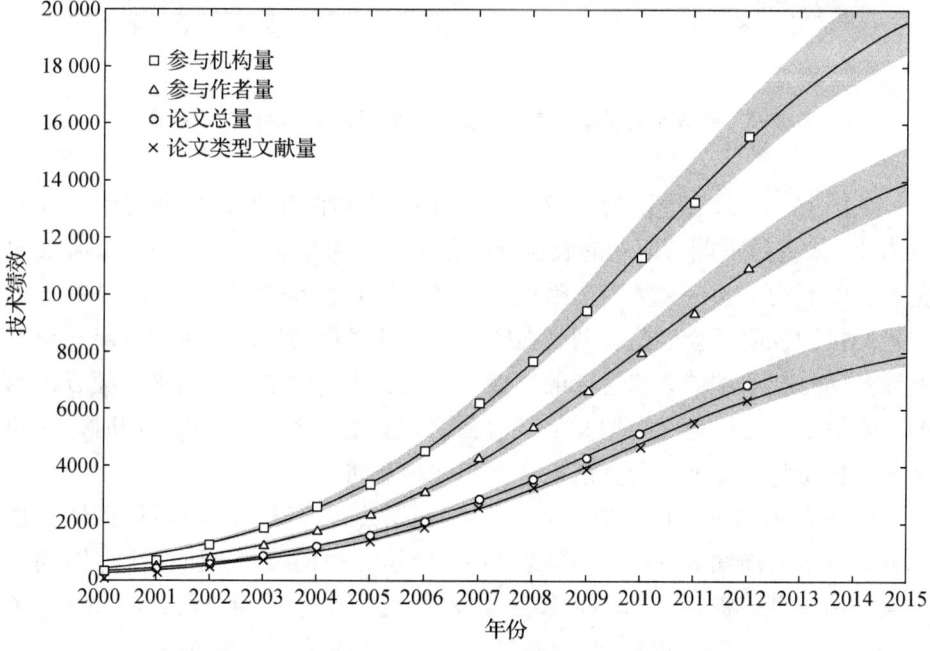

图 11-6　论文总量、参与作者量、参与机构量、论文类型文献量的 Logistic 曲线拟合图

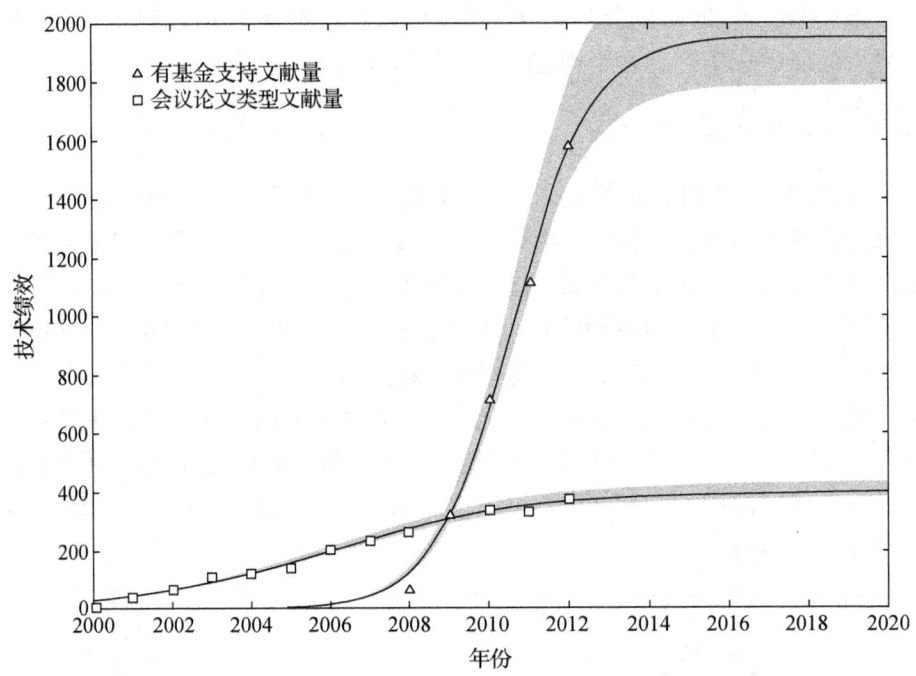

图 11-7　会议论文类型和有基金支持文献量的 Logistic 曲线拟合图

从图 11-7 可以明显看出，有基金支持文献量曲线在 2008 年之前，其值恒为 0，该现象可能与期刊的收稿标准相关。而会议论文类型文献量曲线的宽度和中点均小于论文类型文献量和论文总量 Logistic 拟合的宽度和中点值，这也间接地说明了会议论文期刊在整个技术的发展初期表现更加突出。技术发展初期是技术领域会议讨论的热点，并在会议文献中体现出来。随着技术的不断发展，会议论文类型文献将会在期刊文献中被大量引用。同时，期刊文献的数量将会增加，而会议论文类型文献量将逐渐减少。

Logistic 拟合曲线的参数见表 11-3，根据公式（11-9）可以得到情报技术五阶段生命周期的分界点，如表 11-4 所示。根据技术五阶段生命周期分界点的值，可以得到 2000—2012 年技术所处的生命周期阶段：2000—2006 年处于第二阶段缓慢成长期，2007—2012 年处于第三阶段快速成长期。从而得出，随着大数据（2009 年）和云计算（2007 年）的提出和发展，目前情报技术正处于一个快速发展的阶段，并且该阶段还将持续。

表 11-3　Logistic 拟合曲线参数

统计量	饱和值(K)	中点值(t_m)	特征时间(Δt)
论文总量	9541.554	2009.446	12.266
参与作者量	22933.149	2009.965	12.501
参与机构量	16360.814	2010.048	12.4
论文类型文献量	9062.622	2009.659	12.2
会议论文类型文献量	399.666	2006.013	10.758
有基金支持文献量	1951.767	2010.623	4.309

表 11-4　情报技术五阶段生命周期的分界点

统计量	x_1	x_2	x_3	x_4
论文总量	2000.247	2006.38	2012.513	2018.646
参与作者量	2000.589	2006.840	2013.090	2019.341
参与机构量	2000.748	2006.948	2013.148	2019.348
论文类型文献量	2000.509	2006.609	2012.709	2018.809
会议论文类型文献量	1997.945	2003.324	2008.703	2014.082

11.6　本章小结

情报技术的快速发展，给整个情报工作发展注入了新的生机与活力。了解情报技术的生命周期，跟踪情报技术的发展轨迹，是更好利用情报技术的基础。国内外对于技术生命周期的判断主要是基于专利文献，而期刊文献作为理论研究的重要载体，往往被忽略，本章尝试利用 LogLet 分析技术从期刊文献的角度对情报技术的发展进行了深入分析。

参 考 文 献

[1] Meyer P S, Yung J W, Ausube J W. A primer on logistic growth and substitution: The mathematics of the loglet lab software [J]. Technological Forecasting & Social Change, 1999, 61 (3): 247-271.

[2] Fenn A, Raskino M. Mastering the hype cycle: How to choose the right innovation at the

right time [M]. Brighton: Harvard Business Press, 2008.

[3] Kim J, Hwang M, Jeong D-H, et al. Technology trends analysis and forecasting application based on decision tree and statistical feature analysis [J]. Expert Systems with Applications, 2012, 39 (16): 12 618 – 12 625.

[4] Foster R N. Innovation: The attacker's advantage [M]. New York: Simon & Schuster, 1988.

[5] Haupt R, Kloyer M, Lange M. Patent indicators for the technology life cycle development [J]. Research Policy, 2007, 36 (3): 387 – 398.

[6] Campbell R S. Patent trends as a technological forecasting tool [J]. World Patent Information, 1983, 5 (3): 137 – 143.

[7] 高丽丹. 基于专利文献的技术生命周期分析模式研究 [D]. 西安：西安交通大学, 2008: 16 – 21.

[8] 钟华, 邓辉. 基于技术生命周期的专利组合判别研究 [J]. 图书情报工作, 2012, 56 (18): 87 – 92.

第十二章　专利技术功效图智能构建进展

12.1　引　言

专利是创新成果的载体，也是企业获取技术竞争情报的重要来源。通过对专利文献的分析，可以了解特定领域技术发展趋势、技术竞争态势，指导企业确定研发方向，启迪创新思路。专利地图是专利分析的一种工具，指通过对专利情报进行搜集、加工、挖掘后，以视觉直观的方式对各种专利信息予以解释和分析，在此基础上科学决策。专利地图具有直观生动、简洁明了、通俗易懂和便于比较等特点。

当前进行专利分析的主要手段包括定量分析、定性分析和拟定量分析等。专利技术功效图是专利地图的一种，属于拟定量分析类型。先由人工阅读进行技术和功效分类，然后定量统计，并制成可视化图表进行技术分析。专利技术功效图可以直观地反映专利技术和功效的类别及布局，主要用于研发人员的微观层面技术分析。专利技术功效图虽然有较早的应用案例，但由于制作成本高、研制周期长、缺乏深入系统的研究，因此没有大规模的推广使用。随着大数据技术、分布式处理、自然语言处理、信息抽取、机器学习、信息可视化等技术的发展，实现专利技术功效图的智能构建逐渐成为可能。

本章在介绍技术功效图相关知识基础上，分析传统人工构建模式和逐渐成为研究热点的智能构建模式，进一步分析智能构建过程中的关键技术研究进展及遇到的挑战，最后提出智能构建技术功效图下一步的研究重点和建议。

12.2 技术功效图概述

12.2.1 定义

专利技术功效图一般指同时含有"技术"和"功效"两种元素的专利地图。专利技术功效图也可简称为技术功效图，其分析对象一般为专利文献。其他文献（如论文、报告）中因为缺少或没有明确的功效描述，不适合作为技术功效图构建的资源基础。

肖沪卫[1]认为，技术和功效是专利技术功效图最基本的要素。通过对专利内容的解读，按照技术和功效分类、标引和统计，据此结果制作出同时包含技术和功效的专利地图，称为专利技术功效图。也有学者认为，只要图表中含有技术或功效的一种，就可以称为技术功效图。

技术功效图是由技术功效矩阵演化而来的，技术轴和功效轴交点处用专利数量来填充。由于信息可视化技术的发展，技术轴和功效轴交点处可用圆形的大小代表专利数量的多少，或用饼形图代表该交点处细分类的比例。同时，随着专利地图概念的引进，用技术功效图代替技术功效矩阵来称谓这种分析图更贴切。

技术功效图目前还没有权威的、统一的定义。本章认为，技术功效图是指对专利文献进行技术类别、功效类别标引，统计任意技术类、功效类交点处的专利数量，并用可视化技术呈现统计结果，至少同时包含技术和功效两种元素的专利地图，典型的技术功效图如图12-1所示。

技术功效图中的技术类，可以是产品、部件、材料、方法、原理等，也可以根据分析粒度的不同，分为多个层次，在横向或纵向上实现扩展。功效类指由于该专利方案的实施可达成的效果分类，也可以用技术方案能解决的问题来分类。交点处的显示形态可以用圆形表示数量，也可以用饼形图表示比例或用折线图表示随时间的变化趋势。

12.2.2 功能及应用

技术功效图对决策人员和研发人员在技术层面进行深度分析有重要作用，广泛应用在专利布局分析、技术创新路径分析、技术机会发现、辅助申请文件撰写等方面。

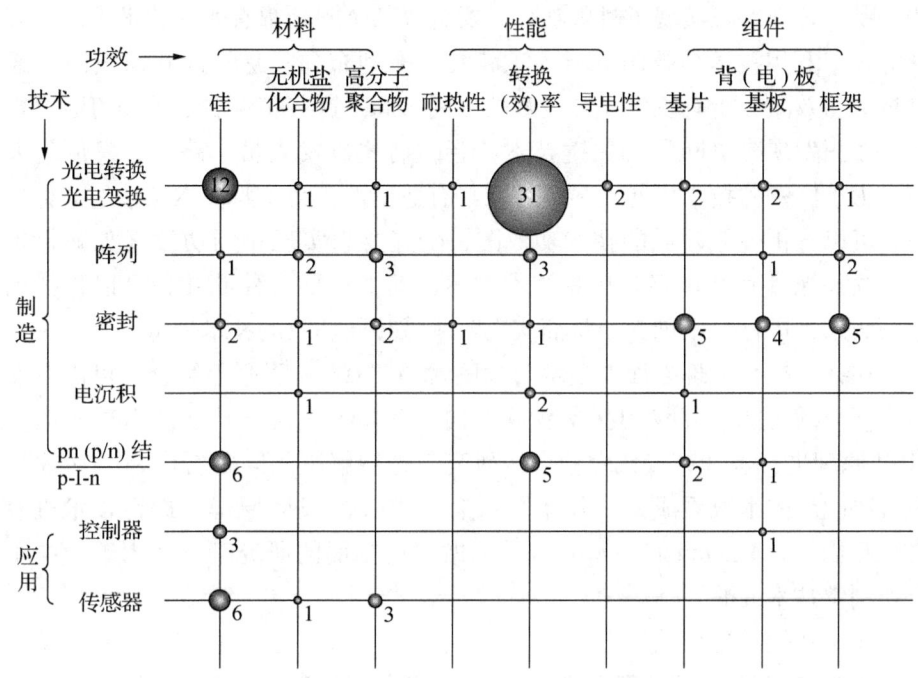

图 12-1 某技术主题的技术功效图

通过技术功效图对领域专利进行分析，可以了解该领域技术发展状况。该领域有哪些技术手段和业内关注的功效，分析专利密集区和空白区。专利密集区一般代表专利可行性高，但在此处进行研发要防止侵权发生，因此也称为"雷区"。空白区是否是研发机会还要评估其技术可行性。许海云和方曙[2]通过对深海潜水器导航技术与系统进行专利技术—功效图分析，发现该领域主要的技术方案和功效，进而了解目前的研发重点。

把技术功效图用在对竞争对手专利进行分析，可以了解竞争对手掌握的主要技术和功效，确定"敌我"的优势和劣势，在研发过程中避免侵权，最终目的其实就是在深入了解技术发展和竞争对手的基础上，确定自己的技术发展方向和建立专利战略。例如，抄佩佩等人[3]针对我国新能源汽车动力电池领域，对中、日、美 3 国专利进行技术功效图分析，发现不同国家的专利布局特点，从而发现我国在新能源汽车动力电池领域发展存在的问题，并针对性地提出我国在该领域的发展策略和专利战略建议。

技术功效图可以用在技术创新路径分析，如该领域主要的技术手段有哪些，哪些技术手段实现了哪些功效，要解决某个问题都有哪些技术手段。方曙等人[4]利用技术功效图分析人工膝关节专利布局，赵学武和田振国[5]通过技术功效图分析有机发光二极管的专利布局，这些实例展示了如何通过技术功效图发现解决问题的关键技术路径，启迪研发人员思路，激发创新火花。由于同一种技术可能在多个领域都有适用性，为了解决本领域的某种功效，可以分析类似领域的技术功效图，研究要想实现相同功效（如减轻重量、提高光滑度等）都有哪些技术方案，其中有哪一种或几种可以移植到本领域来，进行技术创新，从而实现跨领域相同功效的技术借鉴。

在技术机会发现方面，技术功效图常与 TRIZ 发明原理结合，可以有效回避侵权的可能，并找到技术发展方向。Shikha 等人[6]基于技术功效图和 TRIZ 原理进行烷基芳族化合物合成研究。把待解决的问题看作是"功效"，把解决问题的手段看成是"技术"，结合 TRIZ 的发明原理，进行技术机会发现和创新。Antonin 和 Warschat[7]也做了这方面的研究工作，用于为中小企业制定技术战略。

技术功效图还可辅助专利代理人进行专利申请文件的撰写。以技术功效图作为交流工具，可以帮助专利代理人与专利发明人进行沟通[8]，此外，技术功效图在专利聚类[9]和专利数量预测[10]方面也有较多的应用。

12.3 技术功效图构建模式

12.3.1 传统构建模式

传统构建模式以人工为主，其制作流程如图 12-2 所示。

首先确定技术主题和分析目的，如是要分析领域的竞争态势，还是竞争对手的专利布局，根据不同目的制定检索策略，进行专利检索。对检索结果阅读分析，制作专利摘要表，主要包括该专利采用的技术方案、达成的功效、解决的问题等。然后根据所有的专利摘要表，确定技术分类和功效分类。构图所用分类的选择可以根据各类含有的专利数量排序，取前 5 类或前 10 类，也可以根据公司的需求确定分类。接下来，利用确定的技术功效分类对所有的专利进行分类标引。一般一篇专利含有一项技术（如有多项技术一般会分别申请专利），但会含有多项功效。最后，要对技术类和功效类进行"多—多"组合统计，利用可视化技术把统计结果制作成技术功效图。

第十二章　专利技术功效图智能构建进展　　201

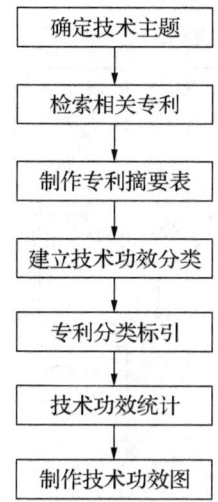

图 12-2　传统构建模式制作流程

12.3.2　智能构建模式

容易看出，传统构建模式存在诸多问题，主要有构建速度慢、人力成本高、构建周期长及即时性不够等。因此，如何在机器辅助下实现技术功效图智能构建逐渐引起人们的重视。但目前该领域的研究还处于初步阶段，大多数智能构建模式是人工辅助下的半自动化构建模式，市场上还没有能够真正实现自动化构建技术功效图的产品或方案。

综合调研现有的技术功效图智能构建模式，本章提出如图 12-3 所示的智能构建模式流程。

（1）确定数据源

技术功效图构建的数据源有多种，如中文专利[11]、美国专利[12,13]及德温特专利[14]资源等，基本都是基于单一语种的专利资源，目前尚没有基于跨语言专利资源进行技术功效图构建的尝试。

（2）确定抽取字段

要从专利文档中抽取技术词、功效词，考虑到专利文档本身的特点[15]，一般选择从标题和摘要中抽取技术词，从摘要中抽取功效词。

（3）技术分类

技术分类包括两个步骤：抽取技术词和技术分类标注。一般从标题和摘

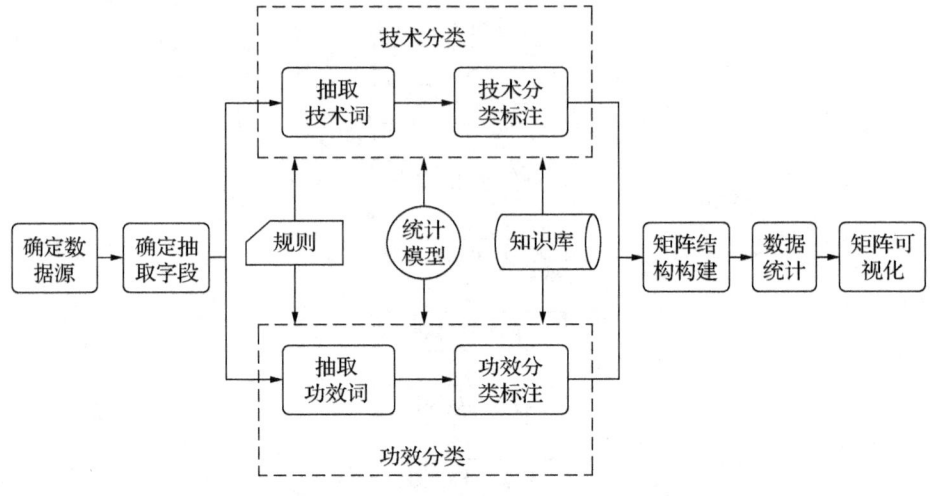

图 12-3 智能构建模式流程

要中抽取的技术词较多,需选择最接近专利主题的代表性术语,同时结合词表中的同义关系,选择合适的分类词对专利进行标注。技术词抽取有基于规则的方法[14]和基于统计的方法[11]。

(4) 功效分类

功效分类也包括两个步骤,抽取功效词和功效分类标注。专利中实现功效的描述有时是以短语的形式存在的,可通过句法分析和知识库进行抽取,并选择简洁且有代表性的功效词对专利进行标注。

(5) 矩阵结构构建

技术功效图是针对某一技术主题构建的,技术轴和功效轴都属于该技术主题范围。如何选择符合该技术主题的技术分类和功效分类是决定技术功效图构建成功与否的关键。

(6) 数据统计

基于已选择的技术类别和功效类别,统计相应位置上的专利数量,如果维数过多或数据量过大,也可以采用分布式计算的方式[14],提高计算效率。

(7) 矩阵可视化

把已统计好的数据填充到矩阵中的每一个交点处,这是传统技术功效矩阵的做法。随着可视化技术的成熟和发展,把交点处的数字以气泡图的形式展示出来,更能给人以直观的感受,更容易发现潜在的规律。

目前，针对技术功效图智能构建，基本上都遵循以上所述流程，但在不同的阶段通常会有领域专家参与。根据专家参与阶段不同，形成不同的具体构建方式。另外，技术分类、功效分类、矩阵结构构建和矩阵可视化是智能构建过程中的关键技术，下一节将对这几类关键技术的研究进展进行分析。

12.4 关键技术研究进展

12.4.1 技术功效图构建模式研究进展

目前的技术功效图智能构建主要是人工辅助的半自动化构建。通过专家在构建过程中不同阶段的参与，提高技术功效分类的准确性。根据参与阶段不同，可分为前期参与构建和后期参与构建。在构建前期参与，侧重于对技术功效类别的定义，同时建立类别的同义词库和知识库，用于匹配检索。在构建后期参与，侧重于对处理结果进行技术功效类别的选择和评估。根据技术功效分类来源不同，具体构建模式有基于匹配检索的构建模式、基于分类法的构建模式、基于文本挖掘的构建模式等。

在基于匹配检索构建模式方面。主要是预先定义技术分类和功效分类，建立技术和功效的同义词库。然后编写检索表达式，通过检索目标专利集合中同时符合技术类和功效类的专利，统计结果数量来构建技术功效图。如王丽等人[16]构建了一种标引功效图自动化工具 Patent-TEM，通过词库构建、主题标引、功效矩阵、文本提取等步骤对专利文本进行挖掘和分析，自动生成专利技术功效图。该方法的优点是简单，缺点是需要较多人工参与配置技术功效分类和主题词库，以便完成精准匹配检索。如果标引词库中没有收录最新的技术，很可能会遗漏有价值的新技术。

在基于分类法构建模式方面。主要是利用现有的专利分类作为技术类别的主要来源，从分类号的内容描述中抽取技术类别，功效类别依赖人工阅读判断。如 Liu 和 Yen[17]介绍了一种构建技术功效图的方法，把 USPC（United States Patent Classification）的一个分类作为分析的技术主题，USPC 下的子类作为技术列分类，抽样阅读确定功效列类别，根据功效列类别确定每个功效的检索式，然后在每个技术列子类中检索，确定技术及技术功效交叉点处专利的数量。此外，也有学者利用 IPC[12,13] 和 FI/F-term[18]等分类体系开展构建研究。基于分类法建立技术功效类别的缺陷是技术类别范围太大、粒度不够细、对技术的描述不具体。

在基于文本挖掘构建模式方面。主要是利用信息抽取技术从标题、摘要等字段中抽取技术词和功效词,利用专家评估选择,结合词表和知识库建立技术功效层次分类,从而构建技术功效图。如陈晨[14]基于规则及张博培[11]基于统计模型的方式抽取技术功效词,最后,由专家辅助筛选技术功效分类。从而实现了技术功效图的半自动化构建。基于文本挖掘方法的缺点是对技术功效词抽取的准确率不高,含有大量的噪声词,需要后期较多的人工干预筛选。

表12-1对比分析了3种构建模式的优缺点,总体来说,前两种方式需要有较多人工参与且准确率高,第三种方法自动化程度较高、准确率低,但这种方法符合未来自动化构建的思路,可以通过不断的模型优化和知识库构建,提高技术功效类别选取的准确度。

表 12-1 构建模式对比

类别	技术功效词来源	优点	缺点	人工参与阶段
匹配检索模式	人工定义	操作简单	人力成本较大	前期
分类法模式	分类描述	技术分类易获取	粒度粗,不具体	前期
文本挖掘模式	标题、摘要	自动化程度高	准确度低	后期

12.4.2 技术功效分类

随着大数据处理与自然语言处理技术的发展,基于文本挖掘的构建模式会成为未来构建技术功效图的重要方向,而技术功效词的抽取和技术功效类别的选择是其中关键一环,目前,主要是运用专利文本语言特征、知识库、规则、统计模型等方法与技术处理该问题。

在专利文本语言特征方面,主要是运用专利文本的写作格式标准和用词习惯,进行技术功效词的识别。如陈颖和张晓林[15]提出一种基于专利结构—语法—线索词特征的技术词、功效词识别方法和三维矩阵构建词汇模型[19],对技术功效词的选择有一定的指导意义。

在利用知识库方面,主要是运用知识库中的词表和规则等提高技术功效词识别的准确度。如张兆锋等人[20]利用汉语科技词系统中的技术词及词间关系对专利文本中的技术词进行抽取。Liu等人[21]提出了一个半自动的方法来基于分区语料库抽取中国专利摘要中的技术功效短语。在运用规则进行技术功效词发现方面，主要是结合技术词、功效词出现的句法、词法特征构建模板进行抽取[22,23]。规则的发现过程也是知识积累的过程，技术功效词抽取的准确度依赖于知识库的丰富程度。

由于基于规则的抽取方式有一定局限性，如受限于专家的知识、需要较强的领域背景等。研究人员逐渐采用基于统计模型的机器学习方法进行技术功效词抽取。在标注好的语料上，通过机器学习训练模型，用于其他专利的技术功效词抽取。常用的学习模型有条件随机场模型和隐马尔科夫模型。如黄绍杉等人[24]采用条件随机场模型，通过添加词性特征、位置特征、冠词特征、频次特征作为特征空间的 4 个元素，抽取技术和功效信息。张博培等人[25]提出了一种基于隐马尔科夫模型的专利功效词识别方法。

技术功效词抽取后，可以通过相似性计算选择最贴近专利技术主题的术语，然后通过词表中词间关系合并同义技术词或同义功效表达，选出具有代表性的词作为分类用词，对专利进行技术功效分类标注。目前，技术功效词的抽取还不够理想，单独靠专利语言特征、规则或统计模型中的任意一种方式，抽取结果准确度有限，应该综合运用 3 种方法，同时构建丰富的知识库作为支撑，以更好地实现技术功效分类的获取。

12.4.3　矩阵结构构建

技术功效矩阵结构包括：技术主题、技术分类、功效分类。传统的技术功效矩阵结构由专家通过阅读一批特定技术主题专利，根据主观判断或实际关注的技术点、功效点决定相应分类及矩阵结构。陈颖和张晓林针对用户关注层次的不同提出三维矩阵构建词汇模型[19]，模型包括技术维、功效维、应用层次维，应用层次维又分为宏观层、中观层和微观层，不同层次用不同的选词原则和粒度标准进行结构构建。

一般的智能构建模式都是针对一个技术主题来检索专利，对该批专利检索结果进行处理，从中抽取出的技术分类和功效分类，直接用来构建矩阵结构，或通过专家筛选分类后构建矩阵结构。由于抽取出的技术功效分类可能较多，陈晨[14]引进了分布式计算来提高效率。但由于检索精确性不够，可能会包含多个技术主题。张博培[11]把技术词抽取的结果用 LDA 模型进行聚类，针对每类的技术主题进行矩阵结构的构建。Liu 和 Yen[17]采用直接利用分类号的上下位关系来构建，把 USPC 的一个类别作为技术主题，把该类别的子类作为技术分类，从该技术类别下的专利中寻找功效描述，建立功效分类。

现有的矩阵结构构建方式主要是检索前确定技术主题，在检索结果中抽取技术功效分类。此方法存在技术主题混杂、技术分类不精确等问题，需要专家后期较多参与。本章认为一个技术功效图的技术主题指的是技术领域，技术功效图展示了该技术领域可以应用的技术和功效。而专利申请书撰写要求必须在专利说明书正文第一段说明"技术领域"，格式为："本发明设计……技术领域，具体涉及……"可以从此部分内容中抽取专利的"技术领域"作为"技术主题"。例如，有一篇专利的"技术领域"描述为："本发明属于电动汽车领域，特别涉及一种电动汽车的驱动系统及驱动方法，尤其是驱动电机前置驱动的小型纯电动汽车的驱动系统及驱动方法。"可以从中抽取"驱动系统"作为技术领域。把所有技术领域为"驱动系统"的专利检索出来，在此检索结果基础上抽取技术功效分类，构建技术主题为"驱动系统"的技术功效图，以便提高构建主题的准确性。

12.4.4 矩阵可视化

对技术功效统计结果进行可视化展示是构建技术功效图的最后一个步骤，也是重要的一环，好的信息可视化效果可以提高用户体验，增强交互和展示更多信息等。可视化一般采用气泡图的样式，常用的可视化方法有Excel、开源可视化组件和一些企业专利平台。

Excel 有生成气泡图功能，可以用来间接生成技术功效图，但操作一般比较烦琐。运用开源可视化组件生成技术功效图一般需要二次开发，把组件功能集成到系统中，如 ECharts①、DataV②、CanvasJS③ 及 Moochart④ 等。现在有企业专利平台逐步意识到技术功效图在企业深层技术分析中的作用，尝试在自己专利平台提供辅助构建技术功效图的功能，如 Innography[26]、智慧芽⑤及连颖科技⑥等，但目前大多数平台需要用户自己建立技术功效类别体系，并对目标专利集合进行标引分类，平台只是实现对数据的简单展示，缺

---

① ECharts：http://echarts.baidu.com/doc/example/scatter2.html。
② DataV：http://datavlab.org。
③ CanvasJS：http://canvasjs.com/html5-javascript-bubble-chart/。
④ Moochart：http://moochart.coneri.se。
⑤ 智慧芽：http://analytics.patsnap.com。
⑥ 连颖科技：http://www.ltc.tw/cn/products-iptech.html。

少交互性,不能对不合适的分类进行修改或合并;不能在技术分类不同层次间实现自由上钻和下钻功能。特别是在要实现全自动构建技术功效图时,需要提供面向客户的丰富交互功能和及时生成功能。

12.5 本章小结

本章在简单介绍技术功效图相关知识和应用的基础上,分析了传统构建模式和智能构建模式,并深入分析了智能构建模式中关键技术的研究进展,发现构建过程中的薄弱环节和主要问题。为了实现智能化、即时化、精准化、交互友好的技术功效图的构建,更好地服务于研发决策、启迪创新,下面给出几条对未来研究的参考建议。

(1) 研究综合智能构建方法

综合运用句法、词法、语义分析方法,结合专利文本撰写特点,运用机器学习模型,加入词系统和知识图谱等知识库的支持,实现"规则+统计+知识库"综合构建方法,提高技术功效分类层次的合理性和专利分类标注的准确性。

(2) 提升信息可视化效果,增加交互功能

现在的技术功效图,大多都是以气泡大小代表技术功效交点处的专利数量,可以在交点处引入更多样的可视化元素,如用饼形图、折线图、年轮图等替换,以展示更多的信息,如该交点处可展示专利权人占比、专利数随时间变化的趋势等,进而提升用户体验。提供交互功能,实现用户随时修改或合并技术功效分类,即时生成调整后的结果。为避免用户等待时间过长,可引入分布式计算等大数据处理技术。

(3) 研究跨语言技术功效图构建

目前,技术功效图的智能构建研究都是基于中文或英文单语种专利资源,这可以从一定程度上满足专利预警的需求,如分析某一个国家或企业的专利布局。构建技术功效图目的如果是启迪思路、指导创新,就需要汲取全世界专利中蕴藏的智慧,因此,跨语言技术功效图的构建研究迫在眉睫。

(4) 跨领域相同功效的技术借鉴与转移应用研究

同一种技术可能在不同领域都能实现相同的功效,如何通过技术功效图揭示其他领域具有相同功效的技术,实现在本领域的跨界应用,具有重要的现实意义。

参 考 文 献

[1] 肖沪卫. 专利地图方法与应用 [M]. 上海: 上海交通大学出版社, 2011.
[2] 许海云, 方曙. 基于专利功效矩阵的技术主题关联分析及核心专利挖掘 [J]. 情报学报, 2014, 33 (2): 158-166.
[3] 抄佩佩, 万鑫铭, 吴胜男, 等. 新能源汽车动力电池专利分析 [J]. 重庆理工大学学报: 自然科学版, 2013, 27 (8): 18-25.
[4] 方曙, 张娴, 肖国华. 专利情报分析方法及应用研究 [J]. 图书情报知识, 2007 (4): 64-69.
[5] 赵学武, 田振国. 维信诺专利申请态势及其布局分析 [J]. 电子知识产权, 2010 (1): 83-88.
[6] Shikha T, Jain S K, Lokhande R S. Synthesis of Alkyl aromatic compounds, AACs: Forecasting emerging technology through patent analysis [C]// Proceedings of the 2nd International Conference on Management of Intellectual Property Rights and Strategy, Bombay, 2014.
[7] Antonin A, Warschat J. Win3: A SME-customized approach towards a sustainable technology strategy [C]// Proceedings of the Portland International Center for Management of Engineering and Technology Management for Global Economic Growth, Phuket, 2010.
[8] 冯志云. 试论技术功效矩阵图在专利挖掘和完善专利组合中的应用 [C]// 2014 年中华全国专利代理人协会年会第五届知识产权论坛, 北京, 2014.
[9] 陈旭, 冯岭, 刘斌, 等. 基于技术功效矩阵的专利聚类分析 [J]. 小型微型计算机系统, 2014, 35 (3): 526-531.
[10] Liu K, Chen Y. A study of patent numbers forecasting by linear regression on cloud storage technology [J]. International Journal of Arts and Commerce, 2014, 3 (8): 207-217.
[11] 张博培. 面向专利的术语识别与技术功效矩阵构建技术 [D]. 北京: 北京工业大学, 2015.
[12] Cheng T, Wang M. The patent-classification technology/function matrix: A systematic method for design around [J]. Journal of Intellectual Property Rights, 2013, 18 (3): 158-167.
[13] Cheng T. A new method of creating technology/function matrix for systematic innovation without expert [J]. Journal of technology management & innovation, 2012, 7 (1): 118-127.
[14] 陈晨. 基于 Mapreduce 计算模型的专利技术—功效—应用图构建与应用研究 [D]. 北京: 北京工业大学, 2013.

[15] 陈颖,张晓林.专利中技术词和功效词识别方法研究[J].现代图书情报技术,2011(12):24-30.

[16] 王丽,张冬荣,张晓辉,等.利用主题自动标引生成技术功效矩阵[J].现代图书情报技术,2013(5):80-86.

[17] Liu K, Yen Y. A quick approach to get a technology-function matrix for an interested technical topic of patents [J]. International Journal of Arts and Commerce, 2013, 2(6): 85-96.

[18] 霍翠婷,蒋勇青,凌锋,等.日本FI/F-term分类体系在专利技术/功效矩阵中的应用研究[J].情报杂志,2013(11):140-144.

[19] 陈颖,张晓林.专利技术功效矩阵构建词汇模型研究[J].情报科学,2012(11):1704-1708.

[20] 张兆锋,桂婕,张运良,等.基于汉语科技词系统的专利文献标引及应用研究[J].数字图书馆论坛,2013(11):9-14.

[21] Liu D, Peng Z, Liu B, et al. Technology effect phrase extraction in Chinese patent abstracts [C]// Proceedings of the 16th Asia-Pacific Conference on Web Technologies and Applications, Changsha, 2014: 141-152.

[22] Hou T, Lv X Q, Xu L P. Chinese patent efficacy phrase recognition [J]. Applied Mechanics and Materials, 2015, 743(3): 510-514.

[23] 李卫超.面向专利的功能信息抽取方法的研究[D].天津:河北工业大学,2012.

[24] 黄绍杉,乔晓东,桂婕,等.基于条件随机场的专利摘要信息抽取研究[J].数字图书馆论坛,2010(9):7-12.

[25] 张博培,杜永萍,马文建.基于隐马尔科夫模型的专利功效词识别[J].情报工程,2015,1(3):81-89.

[26] 张曙,张甫,许惠青,等.基于Innography平台的核心专利挖掘、竞争预警、战略布局研究[J].图书情报工作,2013,57(19):127-133.

附录1 词性说明

词性代码	宏定义	取值	词性描述
a	NATURE_D_A	0x40000000	形容词、形语素
b	NATURE_D_B	0x20000000	区别词、区别语素
c	NATURE_D_C	0x10000000	连词、连语素
d	NATURE_D_D	0x08000000	副词、副语素
e	NATURE_D_E	0x04000000	产品词
f	NATURE_D_F	0x02000000	方位词、方位语素
i	NATURE_D_I	0x01000000	成语
l	NATURE_D_L	0x00800000	习语
m	NATURE_A_M	0x00400000	数词、数语素
mq	NATURE_D_MQ	0x00200000	数量词
n	NATURE_D_N	0x00100000	名词、名语素
o	NATURE_D_O	0x00080000	拟声词
p	NATURE_D_P	0x00040000	介词
q	NATURE_A_Q	0x00020000	量词、量语素
r	NATURE_D_R	0x00010000	代词、代语素
s	NATURE_D_S	0x00008000	处所词
t	NATURE_D_T	0x00004000	时间词
u	NATURE_D_U	0x00002000	助词、助语素
v	NATURE_D_V	0x00001000	动词、动语素
w	NATURE_D_W	0x00000800	标点符号
x	NATURE_D_X	0x00000400	非语素字
y	NATURE_D_Y	0x00000200	语气词、语气语素

续表

词性代码	宏定义	取值	词性描述
z	NATURE_D_Z	0x00000100	状态词
nr	NATURE_A_NR	0x00000080	人名
ns	NATURE_A_NS	0x00000040	地名
nt	NATURE_A_NT	0x00000020	机构团体
nx	NATURE_A_NX	0x00000010	外文词
nz	NATURE_A_NZ	0x00000008	其他专名
h	NATURE_D_H	0x00000004	前接成分
k	NATURE_D_K	0x00000002	后接成分

附录 2 FAO-780 数据集前 25 条高频术语组成的共现信息矩阵 C

66	23	20	0	14	11	9	0	1	1	4	6	12	8	1	10	4	0	0	6	0	2	7	2	1
23	61	31	1	14	16	5	1	2	1	2	5	9	4	4	10	3	2	0	2	1	0	7	3	1
20	31	59	0	14	14	5	0	1	0	3	6	5	6	2	14	5	1	0	2	1	1	8	4	3
0	1	0	55	2	1	9	29	12	0	2	2	0	3	11	5	3	15	0	1	15	0	1	4	0
14	14	14	2	52	17	1	0	2	6	0	1	3	3	1	6	3	2	0	2	0	7	8	0	2
11	16	14	1	17	50	3	0	1	3	1	2	6	1	1	6	5	0	0	3	1	4	8	1	1
9	5	5	9	1	3	50	5	1	3	8	9	8	7	1	2	3	5	2	5	8	0	3	0	1
0	1	0	29	0	0	5	45	13	0	2	0	0	1	6	1	1	17	0	2	14	0	0	0	0
1	2	1	12	2	1	1	13	44	3	0	3	1	2	7	2	0	9	0	4	6	3	0	3	1
1	1	0	0	6	3	3	0	3	44	1	0	0	4	0	1	1	0	6	2	0	9	5	2	2
4	2	3	2	0	1	8	2	0	1	42	9	8	1	0	0	0	3	4	2	2	0	5	0	1
6	5	6	2	1	2	9	0	3	0	9	41	6	0	2	2	0	1	0	3	0	0	1	0	5
12	9	5	0	3	6	8	0	1	0	8	6	40	2	2	0	3	0	3	0	0	0	1	1	5
8	4	6	3	1	1	7	1	2	4	1	0	2	39	0	4	5	2	1	1	2	1	1	3	2
1	4	2	11	1	1	1	6	7	0	0	2	0	0	37	2	1	1	0	4	2	0	0	4	3
10	10	14	5	6	6	2	1	2	1	0	2	4	4	2	37	3	4	0	1	3	1	2	1	1
4	3	5	3	3	5	3	1	0	1	0	0	2	5	1	3	37	0	1	1	3	0	2	1	2
0	2	1	15	2	0	5	17	9	0	3	1	1	2	1	4	0	35	0	0	11	0	0	0	0
0	0	0	0	0	0	2	0	0	6	4	0	0	1	0	0	1	0	34	0	0	6	3	1	0
6	2	2	1	2	3	5	2	4	2	2	3	6	1	4	1	1	0	0	34	1	3	0	1	1
0	1	1	15	0	1	8	14	6	0	2	0	0	2	2	3	3	11	0	1	31	0	1	0	0
2	0	1	0	7	4	0	0	3	9	0	0	0	1	0	1	0	0	6	3	0	31	2	1	0
7	7	8	1	8	8	3	0	0	5	5	1	1	1	0	2	2	0	3	0	1	2	30	0	0
2	3	4	4	0	1	0	0	3	2	0	0	1	3	4	1	1	0	1	1	0	1	0	30	0
1	1	3	0	2	1	1	0	1	2	1	5	1	2	3	1	2	0	0	1	0	0	0	0	30

附录2 FAO-780 数据集前 25 条高频术语组成的共现信息矩阵 C

上面共现信息矩阵 C 的各行/各列对应的术语如下：

ID	术语	ID	术语	ID	术语
1	rural development	10	aquaculture	19	fishery management
2	role of women	11	FAO	20	Africa
3	women	12	food security	21	forest management
4	forest resources	13	agricultural development	22	fish culture
5	training	14	planning	23	legislation
6	extension activities	15	fuelwood	24	data collection
7	sustainability	16	social consciousness	25	developing countries
8	forestry policies	17	case studies		
9	Asia	18	forestry development		

附录3　FAO-780数据集挖掘得到的所有最大频繁项集

ID	最大频繁项集	ID	最大频繁项集
1	{agricultural resources, agricultural sector, labour, social conditions, national planning, decision making, legislation, extension activities, training, women, role of women, rural development}	8	{wood, wood products, Asia}
2	{choice of species, selection, genetic resources, resource conservation, forestry policies, forest resources}	9	{wood, supply balance, Asia}
3	{forest management, forestry development, forestry policies, forest resources}	10	{oceania, trends, Asia}
4	{female labour, role of women, rural development}	11	{wood, trends, Asia}
5	{forest management, sustainability, forest resources}	12	{wood products, trends, Asia}
6	{forest products, forestry policies, forest resources}	13	{fruits, vegetables}
7	{forestry development, Asia, forestry policies}	14	{social consciousness, extension activities}

附录3 FAO-780 数据集挖掘得到的所有最大频繁项集

续表

ID	最大频繁项集	ID	最大频繁项集
15	{food aid, food supply}	39	{fuelwood, forest resources}
16	{trade policies, international trade}	40	{statistical data, international trade}
17	{aquaculture, training}	41	{fish culture, aquaculture}
18	{fishery management, aquaculture}	42	{forecasting, Asia}
19	{Africa, rural development}	43	{agricultural development, FAO}
20	{rural population, rural development}	44	{inland fisheries, fishery resources}
21	{sustainability, rural development}	45	{planning, sustainability}
22	{plant production, harvesting}	46	{supply balance, forest products}
23	{employment, agriculture}	47	{fisheries development, fishery management}
24	{disasters, food aid}	48	{supply, Asia}
25	{development policies, role of women}	49	{FAO, sustainability}
26	{diffusion of information, rural development}	50	{statistical data, data collection}
27	{budgets, financing}	51	{forecasting, trends}
28	{poverty, rural development}	52	{forest products, Asia}
29	{fish ponds, aquaculture}	53	{exports, production data}
30	{resource conservation, sustainability}	54	{prices, production data}
31	{inland fisheries, fisheries development}	55	{production data, international trade}
32	{rural population, poverty}	56	{inland fisheries, fisheries}
33	{rural areas, rural development}	57	{fisheries, fisheries development}
34	{exports, international trade}	58	{data analysis, data collection}
35	{planning, rural development}	59	{evaluation, data collection}
36	{fertilizer application, plant production}	60	{south pacific, Asia}
37	{land use, sustainability}	61	{forest products, forest management}
38	{forecasting, supply balance}	62	{forest products, forestry development}

续表

ID	最大频繁项集	ID	最大频繁项集
63	{wood, fuelwood}	81	{wood industry, trends, Asia}
64	{charcoal, fuelwood}	82	{supply balance, trends, Asia}
65	{renewable energy, fuelwood}	83	{social consciousness, women, role of women}
66	{forest management, Asia}	84	{social consciousness, rural development}
67	{planning, women}	85	{forest protection, forest resources}
68	{employment, women}	86	{food security, rural development}
69	{rural areas, women}	87	{plant production, extension activities}
70	{food security, women}	88	{social consciousness, training}
71	{men, women}	89	{fish culture, training}
72	{shellfish culture, infrastructure, markets, food consumption, fishery production, surveys, fish culture, fishery management}	90	{imports, forest resources}
73	{wood industry, wood products, Asia, forestry policies, forest resources}	91	{international cooperation, FAO}
74	{wood industry, supply balance, wood products, Asia}	92	{animal production, livestock}
75	{social change, women, role of women, rural development}	93	{agricultural development, extension activities}
76	{wood, Asia, forest resources}	94	{desertification, erosion control}
77	{female labour, employment, role of women}	95	{resource management, sustainability}
78	{trends, Asia, forestry policies}	96	{food production, food supply}
79	{employment, decision making, role of women}	97	{food security, FAO}
80	{fishery resources, fisheries, fishery management}	98	{agricultural development, rural development}

附录3　FAO-780数据集挖掘得到的所有最大频繁项集

续表

ID	最大频繁项集	ID	最大频繁项集
99	{households, food security}	121	{Africa, agricultural development}
100	{wood industry, wood}	122	{land use, planning}
101	{nutritive value, human nutrition}	123	{statistical data, production data}
102	{fisheries development, aquaculture}	124	{forecasting, production data}
103	{nonwood forest products, forest resources}	125	{poverty, food security}
104	{philippines, role of women}	126	{inland fisheries, fishery management}
105	{budgets, FAO}	127	{fishery policies, fisheries}
106	{technical aid, FAO}	128	{development policies, decision making}
107	{agricultural development, role of women}	129	{surveys, data collection}
108	{agricultural development, sustainability}	130	{fish ponds, fish culture}
109	{fisheries, aquaculture}	131	{diffusion of information, extension activities}
110	{inland fisheries, aquaculture}	132	{stoves, fuelwood}
111	{employment, rural development}	133	{development plans, forestry development}
112	{diffusion of information, FAO}	134	{biomass, fuelwood}
113	{imports, wood products}	135	{energy, fuelwood}
114	{trends, forest resources}	136	{trade, Asia}
115	{imports, exports}	137	{fuelwood, Asia}
116	{food security, sustainability}	138	{philippines, women}
117	{development policies, FAO}	139	{female labour, women}
118	{agricultural development, food security}	140	{households, women}
119	{fuelwood, forestry policies}	141	{rural population, women}
120	{international cooperation, sustainability}		

附录4 原子术语及相应的编码

为了方便读者验证，现将第四章用到的一些原子术语及相应的编码列表如下：

PT	Code（·）	PT	Code（·）
木头	{Al04B01＝，Bm03A01＝}	压	{Fa05B01＝，Gb16B01＝，Gb21E03＝，Ha05A01＝，Hn08A02＝，Id21C01＝，Ih09B01＝，Je08C01＝}
燃气	{Bg05A24#}		
智能	{De04C08@}		
气门	{Bo03A48#}		
时	{Ca02B01＝，Ca03A01＝，Ca03B01＝，Ca04B01＝，Ca10A02＝，Ca20A01＝，Ca30A01＝，Ca30B01＝，Eb28B01＝，Ka10A01＝}	动力	{Dd14B25#，Dd14B36#}
		系	{Dd06A01＝，Di09D28#，Fa17C01＝，Fa17D01＝，Ja01A01＝，Je01C01＝}
投射	{Fa15A01＝，Ia07A01＝}	发动机	{Bo01A06＝}
光电	{Bg04A05#}	引擎	{Bo01A06＝}
四	{Dn04A05＝，Dn04B05＝}	抱	{Dn08A11＝，Fa07C01＝，Gb01E01＝，Hi38A02＝，Ib01D03＝，Jc01C01＝，Jd06B01＝，Je12A01＝}
驱动	{Je04C01＝}		
陶瓷	{Ba05A10#，Bm15D01@}		
电容器	{Bo04A16＝}	真空	{Cb01C02@}
传感器	{Ba05A10#}	提前	{Ih07A01＝}
电动机	{Bo01A09＝}	释放	{Hm05C01＝}
计算机	{Bo01A27＝}	磁	{Bg04C01@}
离合器	{Bo03A21＝}	销钉	{Bo03A20＝}
片	{Bb04B01＝，Dn08A28＝，Dn08A50＝，Eb01B01＝，Eb02D01＝，Fa27A02＝}	联	{Dk27F01＝，Ie08B01＝}
		轴	{Dn08A13@，Dn08A33＝}

续表

PT	Code（·）	PT	Code（·）
阀	{Bo03A17=}	多	{Dn05B04=，Dn05C01=，Eb01A01=，Ih05A01=，Ka01A02=，Ka01B01=，Ka05D01=}
压力	{Bc02C19#，Dd14B15=}		
多晶硅	{Ba01F04=}		
太阳能	{Dd14C06#}		
薄膜	{Bk17B06#}	板	{Bb04B01=，Bg07C01=，Bm07A01=，Bp13A27=，Eb10A02=，Ee16B01=}
材料	{Al03B01=，Ba06A02=，Dk17A01=}		
汽车	{Bo21A26#}	车灯	{Dk29C07@}
可变	{Ih02A03@}	力	{Dd14A01=，Dd14B01=，De04C01=}
正	{Bc02C02=，Dn04B02=，Ea09A01=，Hj66E01=，Ka12C01=，Ka26A01=}	辅助	{Ed28B01=，Hi36A01=}
调控	{Hc03C11#}	柴油	{Bm10A02#}
系统	{Db07B01=，Dd05B04=，Dd06A01=}	汽油	{Bm10A02#}
		防	{Bn14B01=，Je11A01=}
反射	{Da25B01=，Ia07A05=}	死	{Ee16B01=，Ib03B01=，Id20B01=，Ka01A01=}
式	{Dc01C01=，Di13A01=}		
前轮	{Bo25C02#}	制动	{Je08C02@}
轮	{Bb04A02=，Bo22A01=，Bo25C01=}	点火	{Hj43A01=，Hj43B01=，Hj57A01=}
电阻	{Bo04A26@}	机构	{Di09D02=，Dm01A03=}
转速	{Ih02B11=}	粉	{Bb02A01=，Bp32A04=，Br06C08=，Br06C09=，Ec04A01=，Hd03A01=}
直流	{Ea08A02@}		
离心	{Ha07A04@}		
控制	{Gb16B01=，Hc10A01=，Je09A01=}	安全	{Ef08A01=}
微机	{Bo01A27=}	器	{Ba05A01=，Bk14A02=，Bo01B01=，Gb21A01=}

续表

PT	Code（·）	PT	Code（·）
机油	{Bm10C05#}	硅	{Ba01F04=}
非	{Da14C01=, Hi21A01=, Ka18A01=}	电池	{Bo04C02=}
晶	{Ba01B03=}		

图书购买或征订方式

关注官方微信和微博可有机会获得免费赠书

 淘宝店购买方式：
直接搜索淘宝店名：科学技术文献出版社

 微信购买方式：
直接搜索微信公众号：科学技术文献出版社

 重点书书讯可关注官方微博：
微博名称：科学技术文献出版社

 电话邮购方式：

联系人：王 静	
电话：010-58882873，13811210803	**汇款方式：**
邮箱：3081881659@qq.com	户　名：科学技术文献出版社
QQ：3081881659	开户行：工行公主坟支行
	帐　号：0200004609014463033